陣内 秀信

Hidenobu Jinnai

# 水都ヴェネツィア

## その持続的発展の歴史

法政大学出版局

透視画法の構図で描かれたサン・マルコのピアツェッタ（小広場）．図書館（左）は建設途中
（作者不詳，16 世紀，コレール博物館蔵）

イッポリト・カッフィが描いたサン・マルコ岸辺から大運河入口，サルーテ教会を眺める夕景（1864 年）

ガブリエル・ベッラが描いたキリスト昇天祭のサン・マルコ広場での見本市
（18 世紀，クエリーニ・スタンパーリア財団蔵）

ガブリエル・ベッラが描いたリアルト市場のサン・ジャコモ広場の賑わい
（18 世紀，クエリーニ・スタンパーリア財団蔵）

大運河での祝祭．総督マリーノ・グリマーニの妻，モロジーナ・モロジーニ夫人の戴冠式へのお召し船出航場面（作者不詳，1597 年，コレール博物館蔵）

フォスカリ家の邸宅からの大運河の眺め

サン・パンタロン地区の共有の中庭での生活風景（19 世紀）

サン・ボルド運河の眺め

コルテ・ボッラーニのソットポルテゴの眺め

パラッツォ・バルバリゴ・デラ・テラッツァとカナル・グランデの眺め

エグレ・レナータ・トリンカナートが描いたヴェネツィアの風景
（水彩画，1940 年代後半頃，東京藝術大学大学美術館蔵）

カンナレージョ運河でのヴォガロンガ（撮影：樋渡彩）

イル・レデントーレ祭の花火（撮影：樋渡彩）

最先端の商業施設に改修されたドイツ人商館（元中央郵便局，設計：OMA）

その新設された屋上テラスからの眺め

ラグーナ南部に立地するヴァッレ・ザッパの建物外観

ヴァッレ・ザッパの塔からの眺望，巨大な養魚場が広がる

目　次


序章　比類なき水都の魅力　1

第1章　海の都市国家としての誕生　13

1　都市の立地条件　13
2　初期の歴史　15
3　都市の基本構造　16
4　港湾都市としての機能配置　17
5　リアルト市場　22
6　外国人コミュニティ　25
7　旅人・巡礼者　26
8　娼婦　27

第2章　一六世紀における庶民の生活空間　29

1　中世の都市風景　29
2　「中心」と「周縁」の形成　33


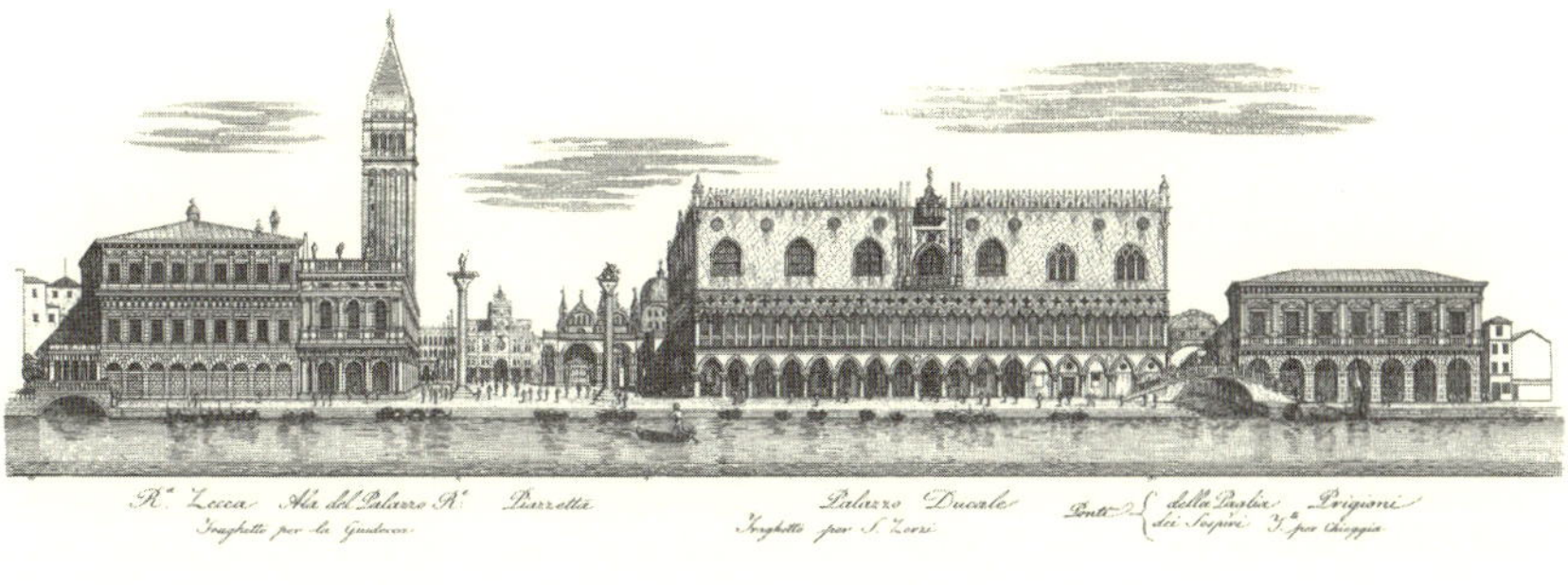

3　都市におけるスクオラの役割　49
4　庶民の集合住宅　56
5　一六世紀の集合的生活環境　67
6　むすび　80

第3章　一六世紀における都市空間の統合　87

1　都市像の転換　87
2　中世後期における都市統合への動き　89
3　地図の表現法に見る都市のイメージの変化　93
4　ピアツェッタの理想都市空間への改造　99
5　祝祭の舞台としての広場　106
6　象徴空間の水上への展開　114

第4章　カナル・グランデの機能と意味　125

1　水辺の意味を問い直す　125
2　運河成立の背景　126
3　港湾機能の展開　127
4　聖なる空間　131

5 ステイタス・シンボルとしての館 133
6 今に生きる大運河 136

第5章 カナル・グランデを望む貴族住宅 137
1 開放的な商館建築の成立 137
2 高密な水の都市へ 141
3 舞台装置的な都市空間 143

第6章 教会建築と運河の関係 147
1 はじめに 147
2 分析の方法 148
3 中世における教会の配置の一般原則 149
4 内部の運河と教会の関係 150
5 大スケールの運河と教会建築 159
6 おわりに 165

第7章 祝祭空間としての都市構造 169

1 都市研究の新たな潮流 169
2 祝祭の社会的性格 172
3 都市空間の中のパフォーマンス 180
4 ファンタジーの中の都市 195

第8章 都市図における表現法の変遷 197
1 はじめに 197
2 中世の都市図 197
3 ルネサンスにおける鳥瞰図の技術 199
4 都市図に表われた世界観や文化状況 205
5 理想都市の図的表現 209
6 地形図の登場とその展開 212
7 日本の都市図との比較の視点から 215

第9章 水都史から見た東京との比較 219
1 水都史とは何か 219
2 水都の立地、河川整備、埋立て 220
3 水害からの防御と水の活用 227

4 舟運と港の機能——228
5 市場と広場——231
6 都市の繁栄を支えた周辺地域——木材と食料の供給——233
7 聖なる場としての水辺——236
8 劇場の立地——238
9 港湾機能の外側への移動——240
10 水辺の喪失、そして再生へ——242

第10章 水を現代に生かす都市づくり——247
1 一周遅れのトップランナー——247
2 物流の歴史空間を生活と文化の現代空間へ——248
3 水辺空間のタイプごとの現代的な機能と役割——250
4 市民生活と国際都市の営みを支える多彩な舟運——253
5 冠水とつきあい、水の恵みを楽しむ市民たち——256

第11章 今、水都が直面する危機（共同執筆・樋渡 彩）——259
1 はじめに——259
2 ヴェネツィアの立地——260

3　水との戦いの歴史 260
4　直面する課題 264
5　おわりに 273

第12章　水と共生する苦悩と喜び 275
1　アックア・アルタの宿命 275
2　水上の立地がもった有利な条件 276
3　水に開く建築と都市 277
4　水の都の生き残り戦略 278
5　ラグーナの水の管理 279

終章　交易都市から文化都市へ、そして環境都市へ 283
初出一覧 299
図版出典一覧 301
あとがき 307

# 序章　比類なき水都の魅力

## 1　華麗なる都市の誕生

ラグーナと呼ばれる浅い内海の水の上に誕生し、自然の脅威とも戦いながら、水環境の特異な条件を活かし、華麗なる都市をつくり上げたヴェネツィア。この浮島には資源はなにもない。人々は、石材も木材も、あらゆる資材を運び込み、ユニークな水都をここに築き上げた。海に向けては、アドリア海、地中海を通じてオリエントの先進文化圏の国や都市と交流を結び、種々の高価な大理石も船で遠隔地から容易に運び込むことができた。高度に進んだ文化が東方から続々とこの都市にもたらされ、中世のヨーロッパの中で、一際《ひときわ》大きな輝きを放つ存在となった。本土（テッラフェルマ）にも支配を伸ばし、アルプスの手前の山地に広がる広大な森から大量の木材を伐り出し、建物、船の建設用の資材として調達を図った。共和国が管理する森林も育てられた。川の流れを利用し、筏に組まれた木材が続々とヴェネツィアに運ばれたのである。

ヴェネツィアの美が生まれた秘密を理解するには、このように、華麗なる都市そのものだけに目を向けていたのではだめで、オリエント諸国とのつながり、本土の地域とのつながりに注目する必要がある。

イタリアの人々のお国自慢には感心させられるが、なかでもヴェネツィアは特別である。ヴェネツィアの人たちはよく自分の街を、世界で唯一の都市（チッタ・ウニカ）といって自慢する。確かに、水と共生し、まるで虚構のような人工的な美をもつこの水都は、世界に類例がない。しかも、今なお、車が一切入らず、都市空間は広場も道も人々に開放され、どこも人間がふるまう劇場空間のようにも見える。

## 2 異次元の体験を生み出す都市

ヴェネツィアを訪ねると、誰もが、普段の生活とは違う異次元の体験に魅了されるだろう。それは、今に始まったことではない。歴史のなかで、すでに外部からヴェネツィアを訪ねる人々は常にそういった感覚を体験し、その驚きと悦びを書き残してきた。ヴェネツィア人自らが、自分たちの都市を神話化し、一層、その独自の優越性をアピールしたのだ。

とりわけ効率、便利さを追求する都市に住み慣れた近代人にとっては、この街のゆったりしたリズムは格別に楽しい。ここには、近代都市が否定したものが豊かに存続し、文化的創造力によってそれを活かし、世界に発信している。

ヴェネツィアを形容する一連の言葉が思い浮かぶ。水上都市、迷宮都市、祝祭都市、演劇都市、ヒューマン・スケールの都市、五感の都市、エコシティ……。あるいは、都市の光と影、複合機能をもつ都市、幾度も危機を乗り越えたサステイナブルな都市……。人口が島の中では六万を切り、本土側を入れても二六万のちっぽけな街が、今なお世界の人々を魅了し続けるのは、奇跡でもある。

## 3 都市の魅力を解き明かす方法論

この街の魅力はどうして生まれるのか、その理由を解き明かしてみよう。

私が一九七〇年代の前半にヴェネツィア建築大学に留学した際に指導を受けたのは、エグレ・レナータ・トリンカナート教授だった。彼女は、一九四八年という早い段階で、『ヴェネツィア・ミノーレ』と題する魅力あふれる著書を出版した。そこでは、この水都の名もなき建物の一つ一つが、いかにその敷地において、運河、路地、広場などの周辺要素を考え、有機的な関係をつくりながら、機能的にも、環境的にも、そして美的にも理にかなった内部の平面構成と外観を生み出したかを、豊かな事例とともに見事に説いている。配置図、各階の平面図、立面図、場合によっては断面図をフリーハンドのスケッチで示した彼女の方法はまさに革命的だった。著名な建築家が設計したモニュメンタルな建築作品を研究するのが主流だった一九四〇年代という早い時期にこうした発想がもてたのは驚きである。ヴェネツィアのさりげない小さな住宅がもつ隠れた魅力を、トリンカナート女史の先見性が見事に描き出したのだ。この街では、どんな街角も表情豊かに見えるのは、その名もない建物たちのお蔭でもある。

ヴェネツィアの都市空間は、ある時期に一気に計画的につくられたのとは対極にある。ラグーナの微妙な地形、水の流れといった自然の条件を読みつつ、時間をかけてでき上がったから、複雑に見えながら、実に理にかなった面白い都市空間が誕生した。

この水上の迷宮都市、ヴェネツィアで、一九五〇年末に「都市を読む」という考え方が生まれ、大きな影響を与えた。サヴェリオ・ムラトーリとその弟子、パオロ・マレットが、大学教育において、この街の歴史的形成のなかで複雑に織りなされた都市組織（テッスート・ウルバーノ）を解読するサーヴェイを展開したのだ。そこにこそ、水上に形成されたヴェネツィアならではの空間的、文化的アイデンティティを見出したのである。世界中で近代化をめざし、既存の都市を破壊して再開発に邁進していた時代、ヴェネツィアがそれとは大きく違う、歴史の集積を評価する都市の姿を目指したのは注目すべきである。

## 4 中世的な複雑系の空間プログラム

ヴェネツィアの都市の魅力は、その基層部分に中世的な複雑な空間プログラムが存在することからもたらされる。この都市はいったい、どこまで自然発生的で、どの程度、計画的につくられたのか？　それを考えると、興味が尽きない。

詳細な地図を眺めていると、さまざまなことが見えてくる。古い運河（九〜一二世紀）ほど曲線的であり、周辺の新しい（といっても一三〜一五世紀）運河は直線的だ。一方、道（カッレ）はどれも短いピッチでつくられ、直線的である。曲がった道もあるが、多くは運河を埋めてできたもので、リオ・テッラと呼ばれる。

ヴェネツィアの象徴的な水の空間軸として、逆S字形に大運河（カナル・グランデ）が流れるが、半分は自然の水の流れであり、半分は人工的に整備して生まれたものといえる。その入口あたりに、ナポレオンがこの地を征服した時に、世界一美しい広場と絶賛したサン・マルコ広場がある。大運河、そしてサン・マルコ広場とその周辺こそ、水都ヴェネツィアの晴れがましい〈光〉の空間そのものである。

この広場がラグーナの水面に開き、共和国の美しい正面玄関として置かれ、同時にまた、大運河の中央部に、世界の中央市場といわれ共和国の経済を支えたリアルト市場が設けられているのは、実に巧妙で、その配置には計画的意図があったと考えるのが自然だろう。

一方、ヴェネツィアの街を奥の深い不思議な存在にしているのは、隅々にまで巡るリオと呼ばれる小運河だ。〈光〉の空間に対するこうした〈影〉の空間の多様な表情が、また人々の心を奪う。実は、曲がった運河ほど古く、また水から直接立ち上がる建物が古い時代のものである。岸辺の道、フォンダメンタがついているところは新しい。といっても一三〜一四世紀のことだ。フォンダメンタのある水辺には迷宮都市の濃密な面白さはないが、開放感のある快適な空間で、これもまた水都ヴェネツィアの魅力の一つとなっている。

この街を歩いていると、ポンテ・ストルトと呼ばれる捻《ねじ》れた橋によく出会う。実はこれこそ、ヴェネツィアができ上がっていく発展段階を物語ってくれる貴重な存在だ。もともとそれぞれの島で教会を中心に小さなローカル・コミュニティができ、自立性が高かった。道の仕組みもその内部で生まれた。後の時代に島と島の間を相互に結んで、歩行のネットワークをつくり出す時期に、無理やり捻って橋を架けることになったのである。このように水都ヴェネツィアの基層には、中世的な複雑系の空間プログラムが存在している。迷宮性はこの街のもっとも大切な遺伝子である。

## 5 歩行者の感性による街づくり

中世の早い段階から馬の通行も禁止され、歩行者専用の街になったから、歩く人の感性で都市づくりが進んだ。迷宮のなかの個々の敷地で、建設が進んだが、歩く人の目を愉しませる工夫として、路地の先の壁面にゴシックの美しい窓が一つ、印象的に置かれたり、近代に街灯が普及した際にも、橋の上にワンポイントの灯りを置くことを忘れなかった。

「神は細部に宿る」という言葉がよく似合うのがヴェネツィアだ。複雑系の路地のネットワークの中にありながら、要所要所に場所の効果を考えつつ、聖母マリアの祠《ほこら》が置かれている。こうして狭い空間も不潔にならずに済んだし、夜間照明の役割ももった。

この祠の置かれ方に明確なタイプがあることを発見した。まずは、道（カッレ）がT字路をなす場所。道を進む人の前方の突き当たりの壁に置かれ、目を奪う。先ほどの捻れた橋（ポンテ・ストルト）の向こう側の建物の壁に置かれることも多い。

運河沿いのソットポルテゴ（トンネル状の空間）の突き当りで橋のたもとに当たる位置も、定番の一つである。また、ふつうのカッレがトンネルになるソットポルテゴの内部（これは南イタリアに多いタイプ）、さらに、大運河の渡し船の船着き場の、乗降客の目に止まる位置にも必ずある。実に考えた配置なのである。民衆の知恵の中で培われた計画性といえよう。

ある程度の大きな敷地に建つ邸宅は、どれも運河の曲がり、道の向きなどと関係して、不整形な姿になるのが普通だった。こうした条件をものともせず、上手に建物を設計した。運河の曲がりに沿って正面が弧を描く邸宅もある。都市のコンテクストに建築が柔軟に従ったのだ。こうして有機的な性格をもつ都市構造というものができ上がった。

## 6 西欧のなかのオリエント都市

私的空間である邸宅の内部には、コルテと呼ばれる中庭が設けられ、秘められた小宇宙を形づくる。アラブ世界とも共通し、水と緑を持ち込んで、地上に楽園を実現しているかのように見える。

ここで注目したいのは、ヴェネツィアの中世的性格をより魅力的にしている要素として、オリエントとの類似性があるという点である。一二世紀頃、オリエントは西欧に比べ、はるかに先進地域であった。その優れた文化が海洋都市ヴェネツィアにどんどんもたらされた。なかでも、ビザンツ、そしてアラブの装飾性豊かな建築様式がヴェネツィアの建築の外観を飾ることになった。「西欧のなかのオリエント都市」といった印象を与えるゆえんである。

ヴェネツィアは「アドリア海の花嫁」と呼ばれ、海洋都市ならではの国際性を誇った。多文化、多言語、多民族が混じり合い、異文化共存がこの都市の特徴となった。その自由な文化風土というものがあったからこそ、後のルネサンスの時代に、フィレンツェ、さらにはローマが政治的事情や外国勢力の制圧で自由を失った際に、多くの思想家、芸術家がヴェネツィアに逃げ込んでこの地で活躍することになった。

ヴェネツィアの人々は、しかし、私が建築大学に留学していた七〇年代前半には、同じキリスト教であるビザンツ世界からの影響には関心を示すものの、イスラームの世界にはまったく目を向けようとしなかった。幸い私は一九七四年という早い段階で、列車を乗り継ぎイスタンブール経由でイランに行き、この国の広い範囲の調査に参加する機会があり、イスラーム文化のすごさを知ることができた。その後も、アラブ世界を意識的に巡って、ヴェネツィアの建築や都市空間のなかに見出せるイスラーム的性格に着目してきた。近年、ようやくヴェネツィアの人たちもイスラーム世界との交流の歴史の重要性を認め、二〇〇七年には、総督宮殿で、『ヴェネツィアとイスラーム』と題する大きな展覧会が開催され、話題になった。

### 7 イスラーム世界との類似性

都市構造の上で、イスラーム世界との類似性を示すのは、リアルト市場である。現在、内戦による破壊という悲しいニュースが伝わるシリアのアレッポの市場（スーク）などは、特にリアルト市場とよく似て、小さい店がぎっしりひしめく活気ある商業空間を形成している。

リアルト市場は水都の国際性を最もよく示す場所であり、同時に多様な要素が集積し、祝祭性をもつ賑やかな場所である。このような商業に特化した大空間というのは、西欧ではきわめて珍しい。一一世紀には市場が成立し、一二世紀には住民を追い出して、今のような構造になったという。

外国人も含め多くの人々が集まる市場のまわりには、もてなしの空間が広がった。一階に居酒屋、上階にベッドを置く所が幾つも出現し、上の階には、夜の女性が出入りするようにもなった。リアルト市場の背後には、娼婦の館そのものもあり、アンダーワールドもまた形成されたのである。

中世的な構造と密接に結びつくのは、それぞれの地区の仕組みである。ヴェネツィアは、小さな島＝教区が寄木細工のように数多く集まり、有機的な全体を形づくる。七〇ほどの島＝教区には、それぞれ教会があり、背後にカンポという広場をもつ。なかでもサン・ポーロ、サンタ・マリア・フォルモーザなど、幾つかの広場は、大きなスケールの空間で、市場が立ち、重要な祝祭の舞台でもあった。

カンポの役割の一つは、飲料水を市民に供給することだった。広場の下に雨水を集める大きな貯水槽が埋め込まれており、地上に設けられた井戸からつるべで水を汲み上げた。上流階級の邸宅には、中庭を利用し、私的な貯水槽がそれぞれ設けられていたが、庶民は誰もが、広場の井戸に汲みに来ていた。そこで井戸端会議が行われ、コミュニティの結びつきが強まった。

カンポは現在でも、ヴェネツィア人の暮らしにとって、重要な役割を演じている。露店市が立ち、カフェが屋外にテーブルを並べ、広場全体が今なおコミュニティの経済社会活動の中心であり、人々の交流センターでもある。子供も、車の心配なくのびのびと遊んでいる。観光の中心地には見られないが、東のカステッロ地区に足を伸ばすと、広いカンポには、子供たちの歓声が響き、木陰のベンチでくつろぐ年配の住民の姿が多く、生活感に溢れている。

水都の全体に分散する素敵なカンポがあるにしても、やはり中世的ヴェネツィアを引き締めているのは、何といってもサン・マルコ広場の華やかな存在だ。海に開いた世界で最も美しい広場といって過言ではない。二本の円柱構えのある正面玄関をラグーナに向けて開き、水の側からアクセスする形をとっている。一五世紀末のヴェネツィアを描いた、ユトレヒトの画家による貴重な景観画を見ると、すでに現在と基本的には変わらない美しい正面玄関が表現されている。

周囲を囲われたサン・マルコ広場全体に今と同じように柱廊が巡る構成をとったのは一二世紀だ。シエナやフィレンツェの中心広場には、市庁舎などの象徴建築を除けば、市民たちの住む住居が囲んでいた。面白いことに、ヴェネツィアのサン・マルコ広場だけが別格で、市民の住居は最初から締め出されていた。頭の位置には、サン・マルコの教会、そして、総督宮殿（パラッツォ・ドゥカーレ）、縦長の広場を囲んでは行政官の館が囲み、しかも国家のデザインで、柱廊が統一的に巡るという古代ローマ時代のフォルムに似た古典的な形式がこの地に導入されたのだ。東方で古代を受け継いだイスラーム世界にも、都心に、大きな中庭に柱廊がめぐる宗教施設、公的な施設がたくさんあり、中心部のスークのまわりに市民の住いがなかったことも、ヴェネツィアとよく似ていた。

ラグーナの水上という特殊な場所に形成された環境条件、そして、進んだオリエントからたっぷり影響を受けってできたという歴史的条件が、ヴェネツィアの特異で魅力あふれる建築や都市空間の基層部分をつくりあげたといえる。

## 8 新しい時代精神による改造

これまで、ヴェネツィアならではの水と共生する不思議な都市の魅力の源泉として、中世の話をもっぱらしてきた。だが、われわれが今、この水都に惹きつけられる背景には、一六世紀前半に始まるローマ風の古典的な性格を取り込んだ本格的なルネサンス、一七〜一八世紀にかけて展開した華麗なるバロックの時代のスケールの大きな建築や都市空間が生んだ輝きもまた同時に存在しているのである。大陸の普通の都市では、この時期に都市の大改造、大拡張を実現したところも多いが、土地が限られていたヴェネツィアではそれはあり得ず、基本的に、中世にすでにでき上がっていた有機的な独自の構造を受け継ぎながら、個々の建物の建て替えを通じて、新しい時代の精神を表現した。

都市の空間で唯一、新たな時代の価値観に従って本格的な改造を加えたのは、サン・マルコの小広場（ピアツェッタ）だった。当時、賢明なるヴェネツィアの指導者であった総督アンドレア・グリッティ（一五二三〜三八年）は、それまで進んでいるとみなされていた中世のオリエント的な様式に見切りをつけ、イタリア本土で新たな時代原理となりつつあった古典的、西欧的な様式に切り替える決断をした。堕落したフィレンツェや外国勢力に蹂躙されたローマに代わり古典的なルネサンス文化を継承、発展させる役割を自ら担おうと考えたのだ。建築史家、マンフレード・タフーリは、こうしたグリッティの文化政策を「都市の革新」として高く評価した。

サン・マルコの小広場は、すでに一五世紀末から登場していた正面奥の、鐘をつくムーア人の像のある時計塔を焦点とする一点透視画法の構図に見立てられ、ルネサンスの理想広場のイメージのもとに改造されることになった。左（西）側のパン屋や旅籠《はたご》が雑然と並んだ界隈を撤去し、二層構成の古典的な様式をもつ、奥行きが小さく広場に面して大きな間口をもつアーバン・スケールの図書館建築を実現させた。広場の造形を優先させた優れた書き割り的建築ともいえる。それを担ったのが、トスカーナ出身で、ローマで活躍した後、この地に自由を求めてやってきた建築家ヤコポ・サンソヴィーノであった。しかし、この古典的な手法を得意とする建築家は、中世の広場を壊したのではない。すでに定まっていた海に開くこのピアツェッタの基本構造をしっかり受け継ぎ、しかも中世の海洋都市の最大の象徴、総督宮殿に敬意を表して、その高さ、ヴォリュームより控えめに抑えた構成をとり、さらには中世のサン・マルコ広場周辺の建物を特徴づけていた一、二層を連続アーチとする造形を古典的に翻案しながら、この広場を新しい時代の先端的なイメージをもつ空間に見事に変身させたのである。

この建築の登場をきっかけに、ピアツェッタは、ルネサンスの理想都市の広場のイメージをもつと同時に、さまざまな演劇、見世物が行われる劇場空間の性格を獲得したのである。この空間で行われるパフォーマンスの場面を描いた絵が無数にある。

## 9 新たな水の都市像の誕生

中世のヴェネツィアの建築は、個々には連続アーチの窓を大きくとり、開放的なつくりを見せていたが、都市の大きなスケールは、まだ閉じた構成をとっていた。修道院は壁で自らを囲っていたし、大きく伸びる空間の軸線といったものは、存在しなかった。

そこに登場したアンドレア・パラーディオの建築が果たした役割は極めて大きい。サン・マルコ広場のムーア人の時計塔の下に立ち、ピアツェッタを貫き海へ延びる軸線の先に、しかも二本の円柱のちょうど間に、沖に浮かぶサン・ジョルジョ・マッジョーレ教会がある。古代神殿風の正面の印象的な姿が、距離があるとはいえ目に飛び込む。

一五〇〇年のヤコポ・デ・バルバリの鳥瞰図で見ると、この修道院は塀で囲われていた。一五六五年頃、教会の建設の仕事を依頼されたパラーディオは、彼がヴェネトの田園で別荘を設計するのに用いていた建築から自然のなかに軸を延ばすランドスケープ的な手法を、この水都では、ラグーナの水面に適用したのだ。こうしてサン・マルコの沖合のラグーナの水上に、大きなスケールでの空間軸が生まれ、ダイナミックな水都の景観構造が登場したのである。

その建設が進む頃、パラーディオはジュデッカ島にもイル・レデントーレ教会を設計した。これも同様、古典的な技法の神殿風の正面が、広い運河の側に向けられ、水の上に軸を延ばす形をとっている。実際、七月末に行われるイル・レデントーレの祭りの時期には、このジュデッカ運河の広い水面にボートを並べた浮橋としての仮設の参道が設置される伝統が今も繰り返されている。

中世の教会は原則として東西方向に軸をもち、西に正面入口を置くのが常だった。それをパラーディオの教会は打ち破り、教会の正面を大きな水面に向け、大スケールのなかで際立つ存在として、遠くからも見られることを意識して造形されたのである。中世の迷宮的構造のなかに挿入されるのを常とした中世の建築の存在の仕方とは大きく異なる、新たな水の都市像がヴェネツィアに誕生したのである。

### ⑩ 象徴的なモニュメントの配置

それは次のバロック時代にも受け継がれた。既存の中世の有機的都市構造を壊すのではなく、そのコンテクストのなかに象徴的なモニュメントが巧みに配置された。サン・マルコ広場の少し西に、大運河の入口がある。そこに荷をチェックする税関が中世以来、置かれていたが、建築的には質素な存在だった。それが一七世紀に古典的な威厳のあるモニュメンタルな建築に取って代わられた。遠方からも引き立つこの建物が、近年、安藤忠雄氏の設計により、内部を見事にリノベーションし、現代美術館としてよみがえったのだ。

大運河をすこし進むと、同じ側に、やはり一七世紀に建設されたサルーテ教会の巨大だが優美な建築が登場する。バロックの元祖ローマの男性的な力強い造形とはいささか異なり、女性的、官能的な性格をヴェネツィアのバロックは示すが、このサルーテ教会は、ちょっと東洋風のドームの形にも、スクロールの柔らかい曲線の美にも、女性的な優美さを感じさせる。威厳、権力などとは遠い、祝祭の大きな装置とも見ることができる。この前面が大運河の岸辺の広場となっているのが素晴らしい。建築とその外部に繋がる都市空間が、地元ヴェネツィアの建築家バルダッサーレ・ロンゲーナによって、一体として設計されている。この水辺空間で、夜間、ファッションショーが行われることもある。

サルーテ教会の登場により、ヴェネツィアに新たなスカイラインが誕生した。特に、サン・マルコ広場の側から、日没の時間帯、サルーテ教会の方を見ると、遠近感を失った画面のなかに、サルーテ教会のドームと塔の姿が美しいシルエットを生む。刻々と変化する水と空の色とあいまって、誰もが絵にしたくなるようなシーンが眼前に展開する(口絵②頁下参照)。

このようにチッタ・ウニカとしてのヴェネツィアの魅力は、さまざまな時代に積み重ねられたこの街の歴史の層の厚みからもたらされているといえよう。ラグーナの大きな水面の向こうにパラーディオやロンゲーナの象徴建築が見える風景、大運河の華やぎ、内部の運河沿いのさりげない水辺、ジョン・ラスキンがこよなく愛したオリエントの香りをもつ装飾性豊かな建物の表情。どこに目を向けても絵画の空間に収めたくなる風景、情景に満ちているのだ。

# 第1章　海の都市国家としての誕生

## 1　都市の立地条件

東西世界を結び、中継貿易で長期にわたって繁栄を誇ったヴェネツィア[1]は、港町としての独特の構造を見せる。その性格を理解するには、まず都市の立地の仕方に注目する必要がある。

ヴェネツィアは、ラグーナ（浅い内海）という特異な地形の上に誕生した。本土（テッラフェルマ）から多くの河川が流れ込み、土砂を運んだため、浅瀬が生れ、一方、アドリア海の波の力との拮抗の中で、リドからマラモッコ、ペッレストリーナ、キオッジアへと伸びる自然の防波堤のような細長い島が形成された。その途中の三か所にある小さな海峡（潮流口）で外と内の海が繋がり、常に海水が出入りしてラグーナの水が浄化される[2]（図1）。

ラグーナは一様に浅いわけではなく、この内部には水の流れる運

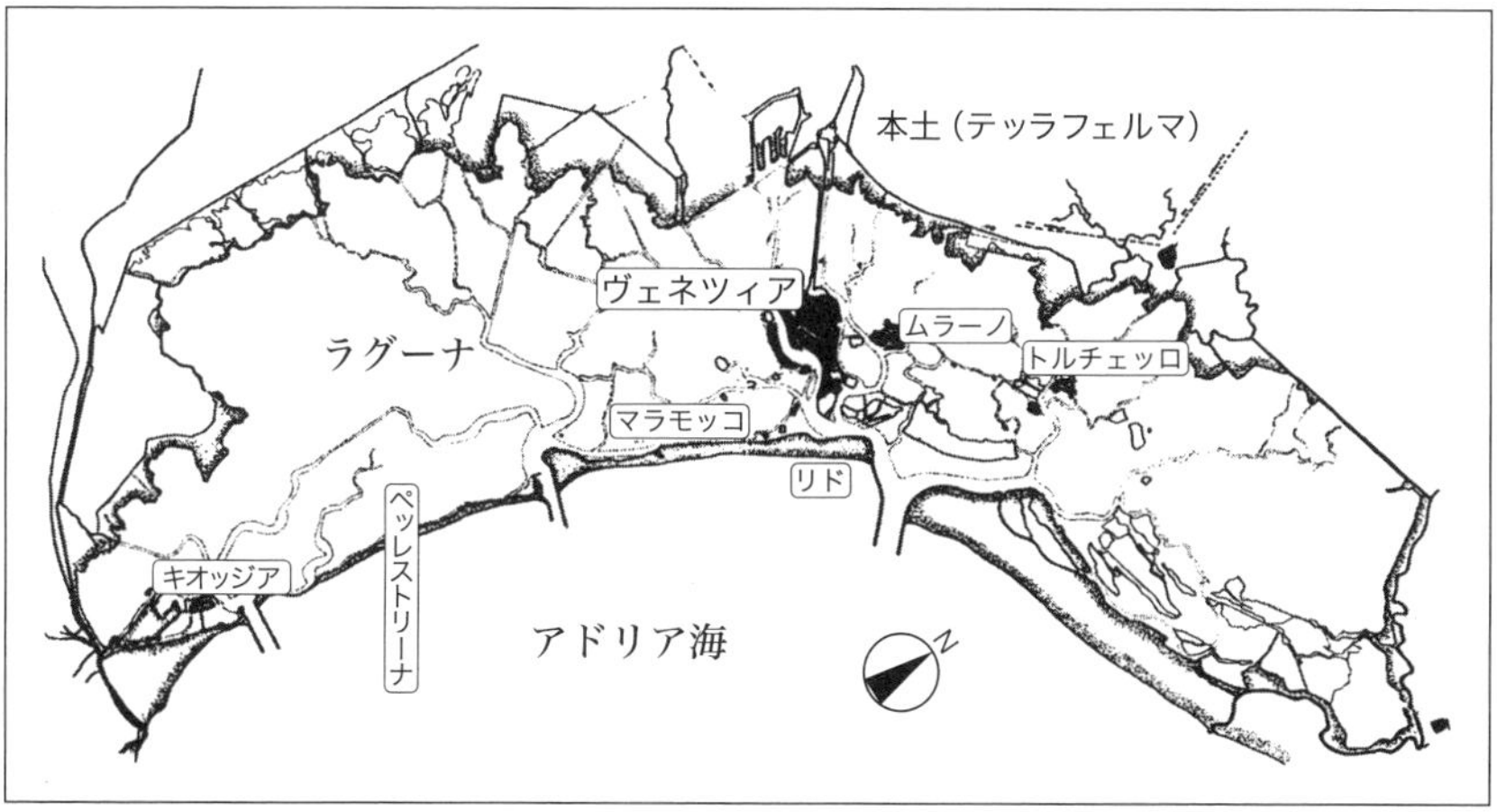


図1　ラグーナの地形（現在）

河が幾筋も巡る。船はこうした運河を航行する必要があり、このルートを外れると坐礁してしまう。従ってヴェネツィアは、ラグーナの状態にうとい外敵には攻めることが不可能な、天然の要塞としての都市であった。

大陸の一般の都市では、城壁によって内と外が区切られる。それに対し、城壁をもたないヴェネツィアの人々にとっては、アドリア海は危険を伴う〈外〉の海であり、ラグーナは勝手知ったる穏やかな〈内〉なる海であった。このことが最も象徴的に現れるのが、「海との結婚」と呼ばれる国家最大の祭礼であった。サン・マルコ広場から御召し船で水上パレードを行った後、内なるラグーナから外なるアドリア海に出る所で、総督が金の指輪を海に投げ込み、平和と安全、繁栄を祈願して、海との結婚を誓ったのである(3)（図2）。

ヴェネツィアは、アドリア海を通じて東方諸国と結ばれたが、本土においても、多くの河川、運河のネットワークによって、舟運で他の都市と結ばれていた。ポー川により、フェラーラ、マントヴァ、クレモナ、ピアチェンツァまで船で上がれたし、レーノ川でボローニャまで行けた。現在でも、パドヴァやトレヴィーゾまで、船で上がることができる。食料から建設材料まで、すべて外から運び込まねばならない島の都市にとって、こうした船によ

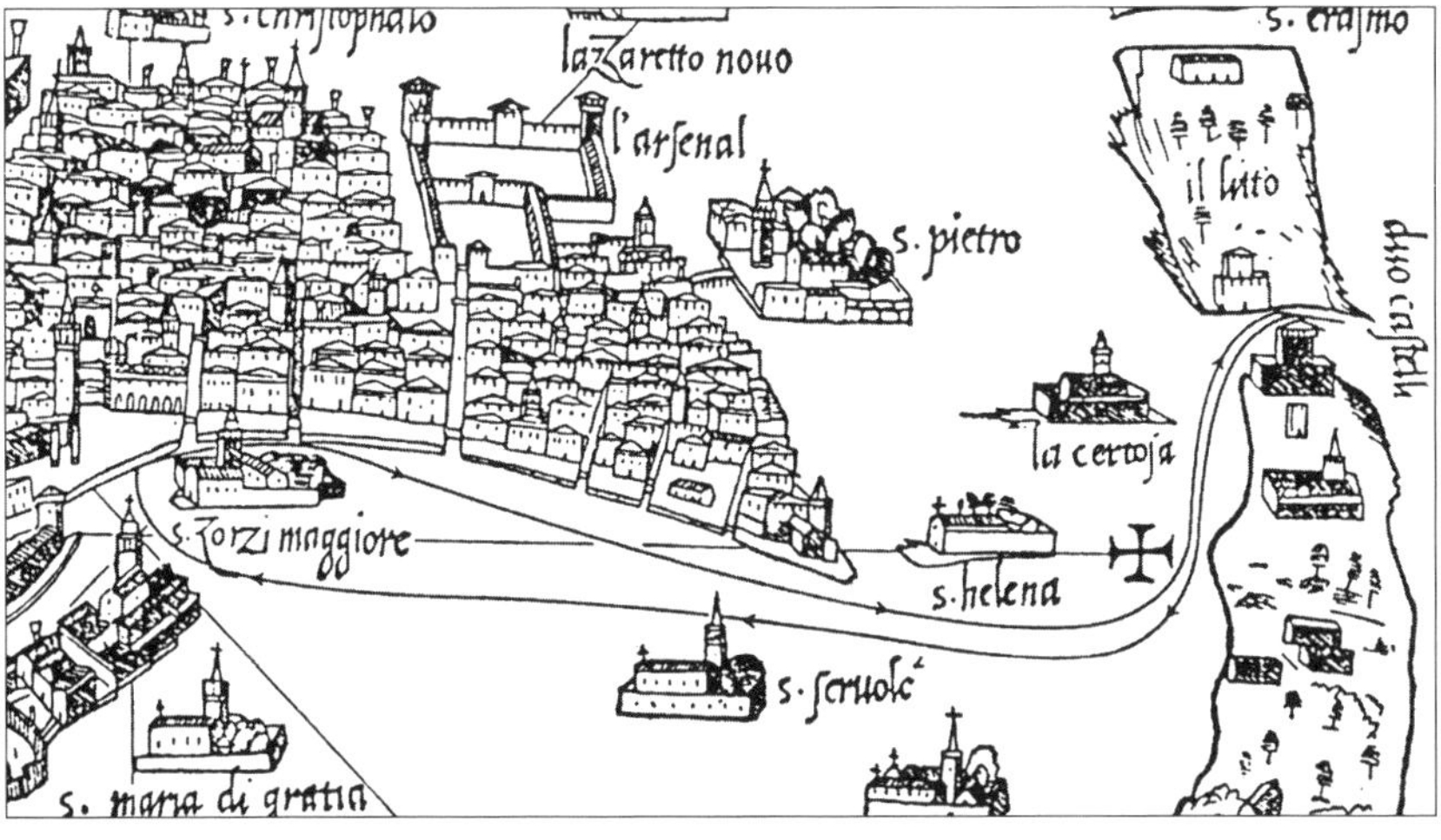


図2 「海との結婚」の水上パレード・コース（A. Zorzi による）

る物資の輸送は極めて重要であった。

## 2　初期の歴史

大陸の都市の多くがローマ時代以前に起源をもつのに対し、ヴェネツィアは中世につくられた都市である。安全なラグーナの海は、ローマ時代から船の往来が多く、六世紀には、東ローマ帝国の皇帝につかえるカシオドロという人物が、ヴェネツィアの島に漁と製塩で生計を立てる人々が鳥の巣のような家に分散して住んでいたことを手紙に書き残している。

一九九一年の春、ラグーナのトルチェッロ島近くの水中から、古代ローマの別荘が発掘され、ヴェネツィアの起源に関する論争が起こった。古代には、現在よりもラグーナの水位が低く、農地として開発されていた土地が広がっていたという説も唱えられている。(4)

しかし現在のヴェネツィアの地で、本格的な都市の建設が開始されたのは、九世紀初頭のことと考えてよい。このあたりの沼沢地には数多くの島が集まって一種の群島を形成し、島と島の間には水面が広がり、ボートで行き来するしかなかった。全体として土地がやや高くなっていたため、Rivoalto（高い岸）と呼ばれた場所から、町づくりが始まった。現在のリアルト市場あたりをリアルトと呼ぶのは、むしろ後からの言い方であり、当時は、今のヴェネツィアの中心部に大きく広がる一帯をさしていた。同じ世紀の間に、ラグーナの海に開くサン・マルコ地区に、総督宮殿とサン・マルコ寺院がつくられ、一一世紀には確実に存在したことが知られるリアルト市場とともに、都市の中心を形成した。

## 3 都市の基本構造

ヴェネツィアはもともと、小さな島々がわずかに水面上に顔をのぞかせるという状態であった。それぞれの島の上に大陸から移住してきた人々が、有力家を中心に教会を建設し、小さな集落をつくった。結局七〇ほどの教区が寄木細工のように集まる独特の都市構造ができ上がった（図3。第9章図5上も参照）。従って、一つの中心をもって明快に形成されている都市ではなく、数多くの水路が巡り、一つ一つの島が地区としての独立性をもつという形で、都市がつくられていった。こうして迷宮状に織りなされる水網都市、ヴェネツィアが誕生したのである[5]。

だが同時に、都市全体を組織する計画的意思が働いたことも見落とせない。まず、逆S字形に街を貫く大運河（カナル・グランデ）が形成された。この水路も、もともとは大陸から流れ込み、ラグーナを巡る川筋の一つにあたるものだが、人工的に運河として整備され、水の都の象徴的な空間軸になった。

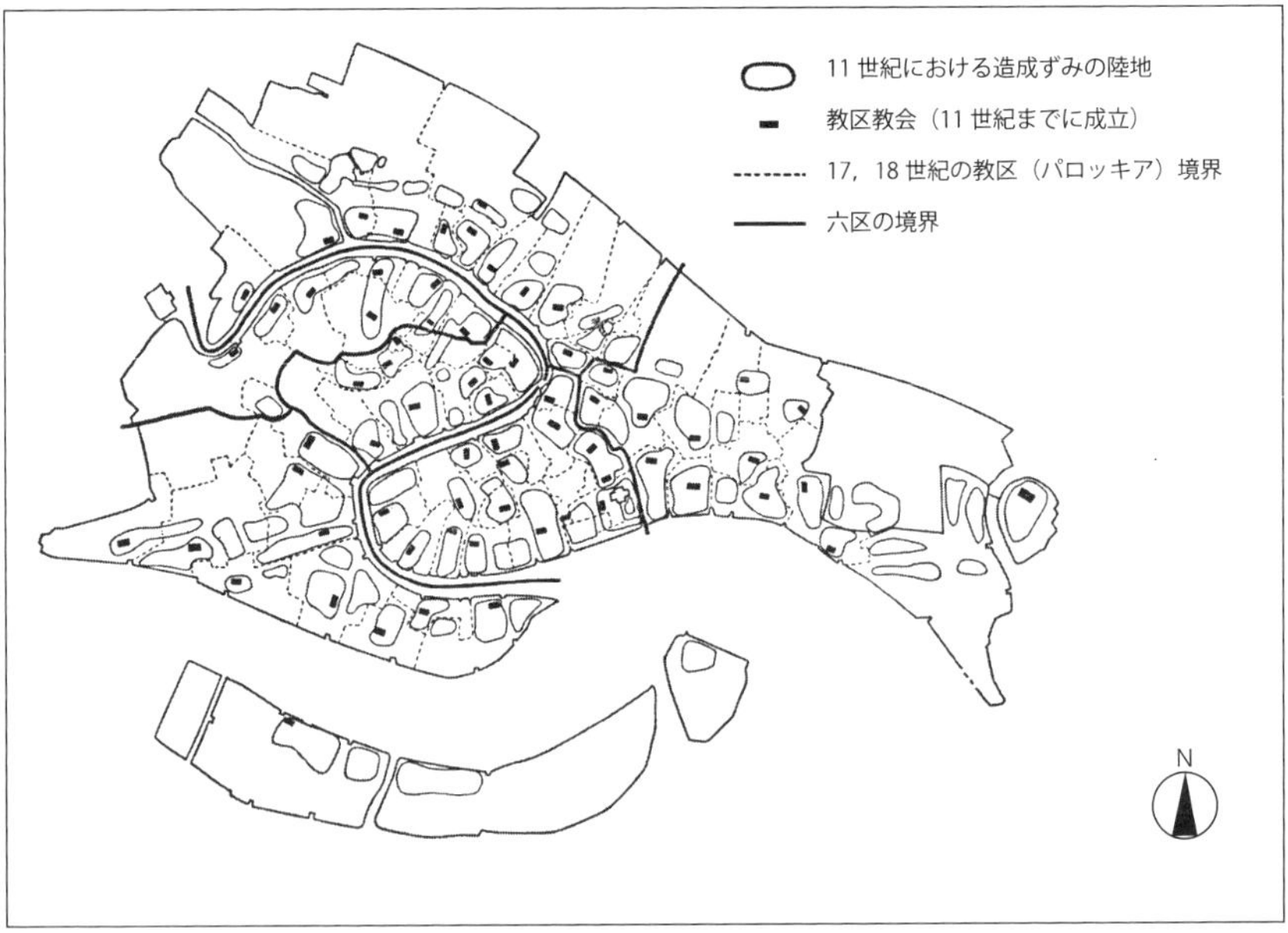


図3　ヴェネツィアの教区による多核的都市構造（陸地分布は全ての教区が出そろった 11 世紀の状態を示す．E.R, Trincanato, *Venise au fil du temps* にもとづく．都市の輪郭および教区・六区の境界は，17，18 世紀の状態を示す．D. Beltrami, *Storia della Popolasione di Venezia* にもとづく）

そして、すでに述べた経済の中心リアルト地区、政治、宗教、文化の中心サン・マルコ地区に加え、東のやや内側に入った防御上もより安全な一角に、アルセナーレ（造船所と海軍基地の機能をもつ）が建設された。一二世紀初頭に最初の核ができ、共和国の力の増大に伴い、一四世紀前半に、大きく拡張された。アルセナーレは軍事中心であるとともに、分業と連結の流れ作業によって効率よく生産できる最新の技術を開発し、周辺地区にも関連の生産部門を発展させて、世界で最初の本格的な工業地帯を形成した[6]。これらの三つの中心が、いずれも水と結びついて成立したことはいうまでもない（図4）。

## 4　港湾都市としての機能配置

水の都、ヴェネツィアを港湾都市という視点から観察してみると、その機能がどのように都市全体の中で配置されていたかが見えてくる。中継貿易都市ヴェネツィアには、かつては海からアプローチした。船でこの地にやってくる人々にとって、ヴェネツィアはまさ

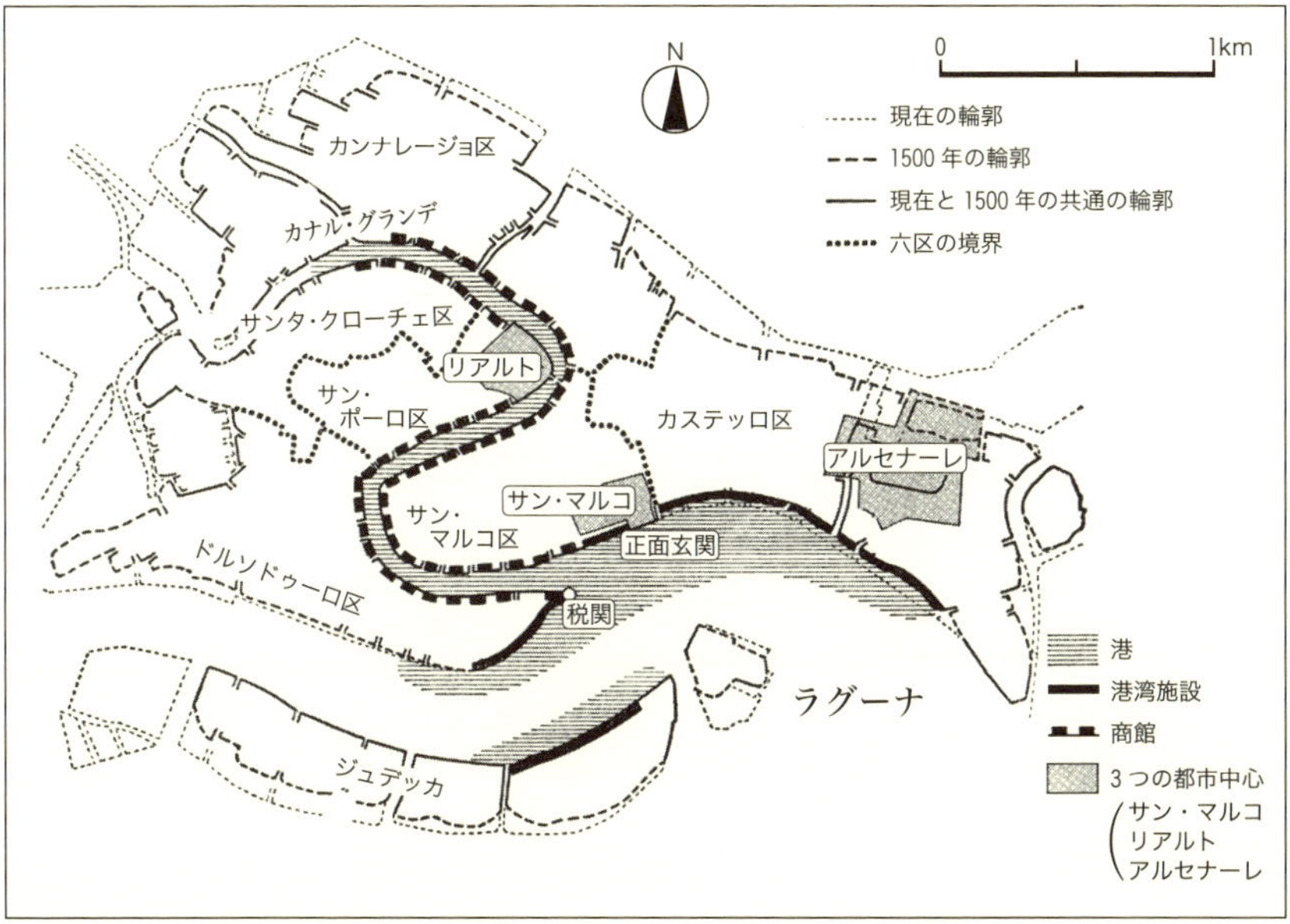


図4　中世における3つの都市中心（ヴェネツィアは1171年以降、行政組織としてセスティエーレ＝六区制をとっている）

に海の中の浮島として目の前に出現した。porto（港）の名称は、アドリア海からの三か所の入口に与えられていたが、リドのサン・ニコロのportoが最も重要であった。ここからラグーナに入った船は、実際の港湾施設がひしめくヴェネツィアの本島に向かった。

サン・マルコ地区から東に伸びるスキアヴォーニの岸辺の沖合に数多くの大型船が停泊していた様子が、絵に描かれている（図5）。このスキアヴォーニから東に続く岸辺は、とりわけ東方の海との繋がりが深く、中世末には船乗りのための病院や、その家族のための住宅が、海を望む土地に建設された。

海からの象徴性をもつ正面玄関は、サン・マルコの小広場（ピアツェッタ）にとられた。総督ジアーニの時代に、サン・マルコ広場の拡大と整備が行われたのに伴い、小広場の水際に、オリエントから運ばれた二本の円柱が立てられ、玄関構えが実現した。階段状の立派な船着き場もつくられていた（図6）。

サン・マルコの沖を少し西へ進むと、大運河の入口に、海の税関が置かれていた。現在みられるモニュメンタルな建物は一七世紀のものだが、中世のより簡素な姿はヤコポ・デ・バルバリの鳥瞰図（一五〇〇年）に見て取れる（図7）。この税関の周辺には、積荷のコントロールを考え、大運河に沿って公共の岸辺がとられた。

図5　ヴェネツィアの東部地区（ヤコポ・デ・バルバリの鳥瞰図，1500年より．丸印は船乗りのための病院）

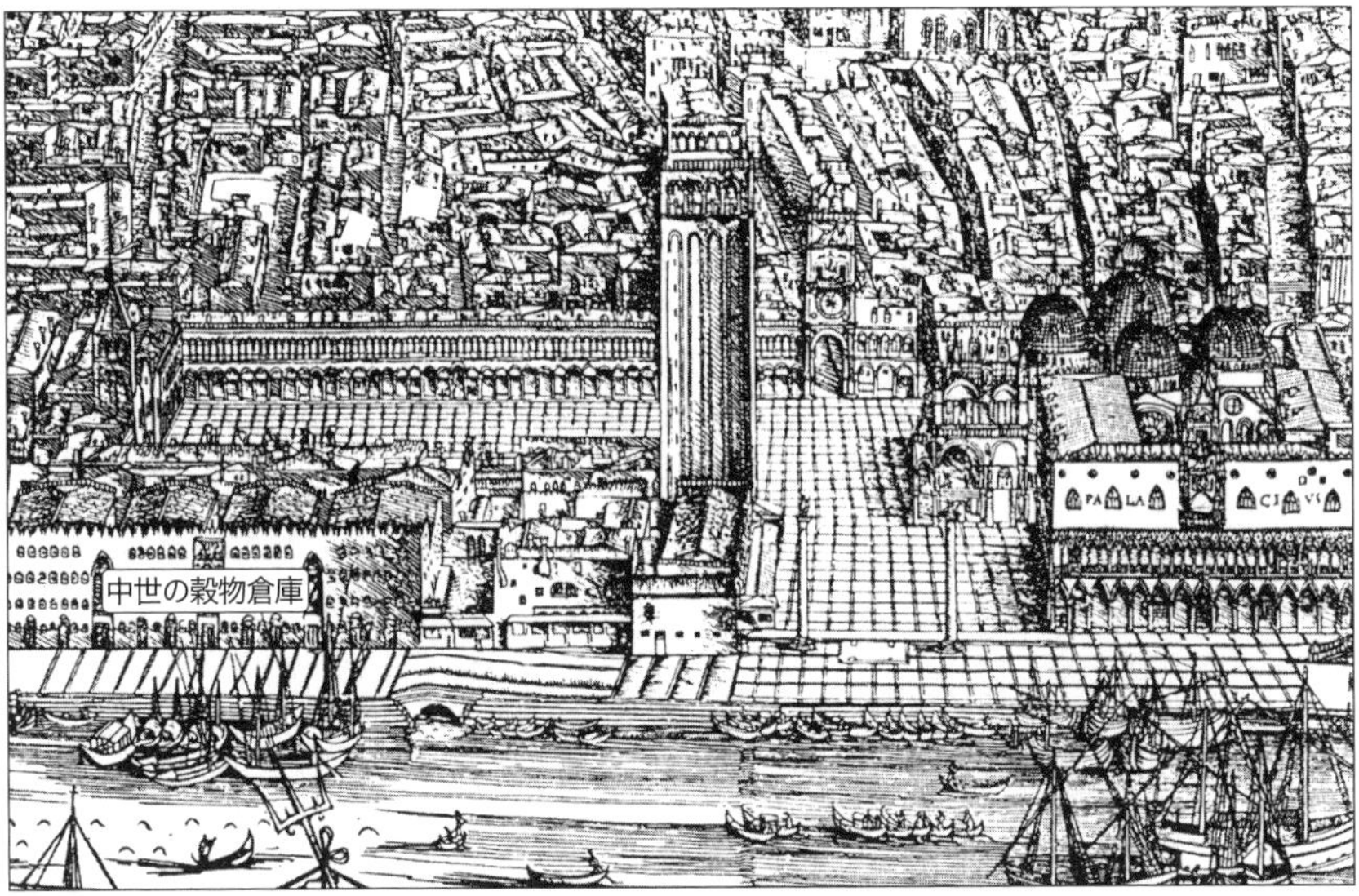


図6　サン・マルコ広場の周辺（ヤコポ・デ・バルバリの鳥瞰図，1500 年より）

図7　大運河の入口と税関（ヤコポ・デ・バルバリの鳥瞰図，1500 年より）

東地中海に君臨し、東西世界の中央市場の役割をもつようになったヴェネツィアは、その政治力によって、オリエントからの物資を自分の都市にひとまず集め、ここを経由してからイタリア、ヨーロッパへと流れるような中継ネットワークをつくり上げた。ワイン、オイル、小麦、そして特に高価な香料などが、扱われる主な商品であった。この街に運ばれ、荷揚げされ、一時保管される物資には関税がかけられ、それが共和国の重要な財源になった(7)。

荷を満載した船が行き交う大運河全体が、港湾施設としての性格をもったといえる。一二〜一三世紀には、リアルトを中心とする大運河の岸辺に、東方貿易で活躍する商人貴族の住まいと商館を兼ねる邸宅が次々に建設された。これらはカーザ・フォンダコ、あるいはヴェネツィアの方言でカーザ・フォンテゴと呼ばれる。いずれも運河の側に正面を向け、水に開放的な構成をとる（図8）。一階は、船着き場であり、荷揚げ場、倉庫の役割をもつ。私的な建物が荷を揚げる河岸の機能を取り込んでいるともいえる。そのためアーチを連ね、荷の搬入を容易にしている。二階は商品展示場、オフィス、接客の空間であり、また個人の生活空間として使われた。建築様式としては、東地中海の諸地域に受け継がれていた古代ローマの別荘建築の形

図8　カ・ロレダン（左）とカ・ファルセッティ（右）（D. Moretti, *Il Canal Grande di Venezia,* Venezia 1828 より）

式、さらに一二～一三世紀には支配的であったビザンティン建築、イスラーム建築の影響を受け、それらを組み合わせた独特の建築を水辺に生み出した。経済の交流は、文化の伝播を常にもたらした。

個人の邸宅としての商館に加え、交易都市ヴェネツィアに欠かせない外国人の商館が大運河沿いに幾つかつくられた。リアルト橋のたもとのドイツ人商館（図9）、その隣のペルシア人商館、ちょっと離れた所にあるトルコ人商館がその典型である。

これらがまさに「フォンダコ」と呼ばれ、この言葉が実は、北アフリカを中心にしたアラブ圏に広範に見られる「フンドゥク」に由来したものだといわれる。これはペルシア語のキャラバンサライにあたるもので、隊商宿であり、同時に取り引き場でもあった。こうした商館という考え方そのものをヴェネツィア人が、交易にかけてはずっと長い経験をもつアラブ、イスラーム世界から学んだことは疑いがない(8)。

こうして中世には、交易の幹線水路であった大運河も、一六世紀には、その性格を変化させた。オスマン帝国の脅威、新航路の発見などによって東方貿易が低下したこと、土砂が堆積して運河の水深が浅くなったこと、船が大型化して大きな帆船が入らなくなったことなどが、その背景にある。それに代わって、

図9　ドイツ人商館（D. Moretti, *Il Canal Grande di Venezia,* Venezia 1828 より）

ルネサンスを迎えたこの時代には、大運河は華やかな水辺の象徴空間としての性格を強め、そこに面する貴族の館も、物資を荷揚げする商館から人を招き社交の舞台となる豪華な邸宅へと役割を転じていた。リアルト橋が、木の開閉橋から石のモニュメンタルなアーチ橋に架け替えられたのも、同じような時代背景による。

ところで、港湾都市ヴェネツィアにとって、共和国が管理運営する倉庫も重要な役割をもった。まず、穀物倉庫が四か所につくられた。スキアヴォーニの岸の東に続くサン・ビアージョの岸には、船団の基地であるアルセナーレに近いため、長期の旅に出る船に積み込む保存用のパンのための穀物倉庫がつくられた。最大の穀物倉庫は、サン・マルコ小広場のすぐ西の一角に一三世紀に建設された。一八世紀末にこの地を支配したナポレオンによって取り壊されるまで、中世のいかついつくりの倉庫が水辺に建っていた（図6参照）。第三のものは、リアルト地区の南西の一角に一二世紀後半に創設された、小麦を扱う公的な商館である。現在は取り壊されて存在しない。もう一つの穀物倉庫は、大運河をだいぶ上がった地点のトルコ人商館の隣に位置し、小麦や飼料の粟を扱った。共和国の象徴、翼のある獅子のレリーフを正面の上方に飾っている。

塩の倉庫も共和国にとって重要であった。元はサン・ビアージョの岸辺にあったが、そこに穀物倉庫を建設するに伴い、後に海の税関ができることになるカナル・グランデの入口近くのザッテレ運河に面した一画に移された[9]（図7参照）。

## 5　リアルト市場

交易都市、ヴェネツィアの真の中心は、リアルト地区であった（図10、11）。逆S字形に街を貫く大運河のほぼ中央部にあり、地理的にもヴェネツィアの中心を占める。最も早くから形成が開始された場所であり、この地にあるサン・ジャコモ教会は五世紀頃の創設（現在の建物は一一世紀）と言い伝えられ、ヴェネツィア最古の教会といわれている。

現在に通じるような市場は、一〇九四年の創設とされる。もう一つの中心サン・マルコ広場の拡大と整備がなされた一二世紀の時点で、両者を結ぶ目的で最初のリアルト橋が架けられた。カナル・グランデは、このリアルト地区で幅が最も狭まり、橋を架けるには都合がよかった。最初の橋は、小舟を横に並べ、その上に浮橋として架けられた。それが後に、木の跳ね上げ橋に架け替えられた。橋を越えると、教会の前に回廊

図 10　大火前のリアルト地区（ヤコポ・デ・バルバリの鳥瞰図，1500 年より）

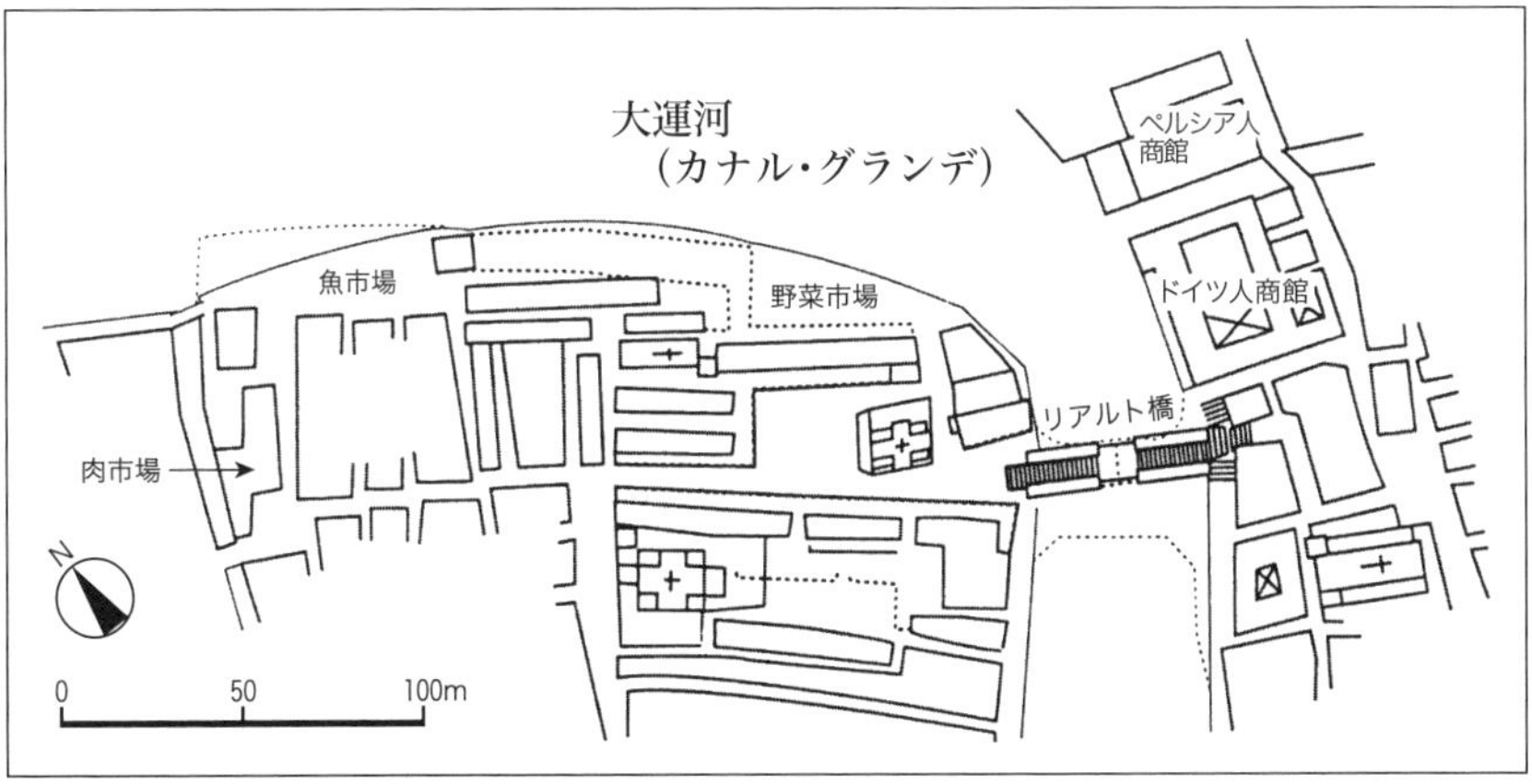

図 11　15 世紀のリアルト市場（A. Salvadori による）

の巡った小ぢんまりとした矩形の広場がある。このサン・ジャコモ広場こそ、かつて東西を結ぶ世界の中央市場の役割を果たした場所で、その柱廊の中には、銀行や両替商、保険会社が連なっていた（図12）。

　このまわりにイスラーム都市のバザールのように数多くの店がぎっしりと並び、高密な商業空間を形成した。中心軸に沿って、アーケードの中に貴金属をはじめとする高級品を商う店が並び、それに続いて食料品などの店が集まっていた。その上部には、さまざまな税金を統括する一種の大蔵省のような役所があり、政治や都市づくりをつかさどるサン・マルコの役所に対し、こちらは経済活動を担った。

　北側の大運河に沿った荷揚げのしやすい広い空地には、ちょうど今日と同様に、場所をとる生鮮食料品の市場が置かれていた。しかも、中心に近い東側に野菜、遠い西側に魚、さらにその奥に肉という具合に、汚れやすい物を扱う業種を中心から遠ざけるように工夫していたことが読み取れる。

　生鮮食料品以外の日常的なかさばる物も、市場のまわりの大運河に沿った公共の河岸に荷揚げされ、売られた。ワイン、オイル、鉄、石炭などの岸辺の名前が残されており、塩、胡椒、木材、鉛などの金属、さらに羊毛や生糸などの高級品も、リア

図12　サン・ジャコモ広場（18世紀の版画）

ルトの河岸で荷揚げされた。こうした商品にかけられる税金や河岸の使用料は、共和国の重要な財源であった。

## 6　外国人コミュニティ

港町には当然、外国人が溢れる。国際交易都市、ヴェネツィアにも、古くから大勢の外国人が訪れ、また居住した。特に、サン・マルコ広場やリアルト市場には、いつもたくさんの外国人が集まった。街のあちこちに置かれたムーア人（ムスリム）の彫像を見ても、かつてアラブの商人たちが大勢いたことが想像できる（図13）。

前述の外国人の商館（フォンダコ）として、ドイツ人、ペルシア人、トルコ人の商館が設けられた。中でもトルコ人商館は、オスマン帝国と表向き戦争状態にあった一七世紀初めに開設され、交易の拠点となったものであり、ヴェネツィアの狡猾な外交政策がうかがえる。

それ以外に、ギリシア人、アルバニア人、アルメニア人、ユダヤ人らが大勢住んだ（次頁図14）。それぞれ自分たちの教会やスクオラ（相互扶助組合）をもち、コミュニティを形成した。ヴェネツィアは、外国人に対し寛容で、彼らは都市社会における商業、生産部門などで重要な役割を果たした。ドイツ人の靴屋、ルッカの絹織物商などは、特に有名である。一六世紀には、人口の一〇パーセントを外国人が占めた(10)。

外国人の中でも、特異な位置を占めたのがユダヤ人である。商才にたけた彼らは早くからリアルト市場の周辺で経済活動に携わった。一五世紀末には、イベリア半島から追い出されたユダヤ人が流れ込み、その数は一段とふえた。ユダヤ人が一般市

図13　ムーア人の彫像

民と一緒に住む上でのさまざまな問題が生じたため、共和国政府は一五一六年、すべてのユダヤ人を街の北西部のややはずれにある島の中の限定された土地にまとめて住まわせることにした。これがいわゆるゲットーであり、この言葉もヴェネツィアで生まれた。ただし、この一角は他の都市空間と隔離されていたのではない。夜間は閉められたが、普段は市民が自由に出入りできた。特に、広場のまわりにある利子をつけて金を貸すユダヤ人の銀行は、人々の暮らしにとって重要であった(11)。

## 7 旅人・巡礼者

ヴェネツィアは、古くから聖地エルサレムへ向かう巡礼者が立ち寄り、しばらくとどまる中継地点にあたっていた。そのため、交易や商業以外の目的でも、この都市は多くの外国からの旅人が集まった。

地中海世界にはすでに古代ギリシアの時代から、旅人や病人、貧民を泊めさせる施設が存在し、中世にはキリスト教の慈愛精神とともに、こうした施設は非常に普及した。ヴェネツィアでも、「オスピツィオ」（養護院）と呼ばれる慈善施設

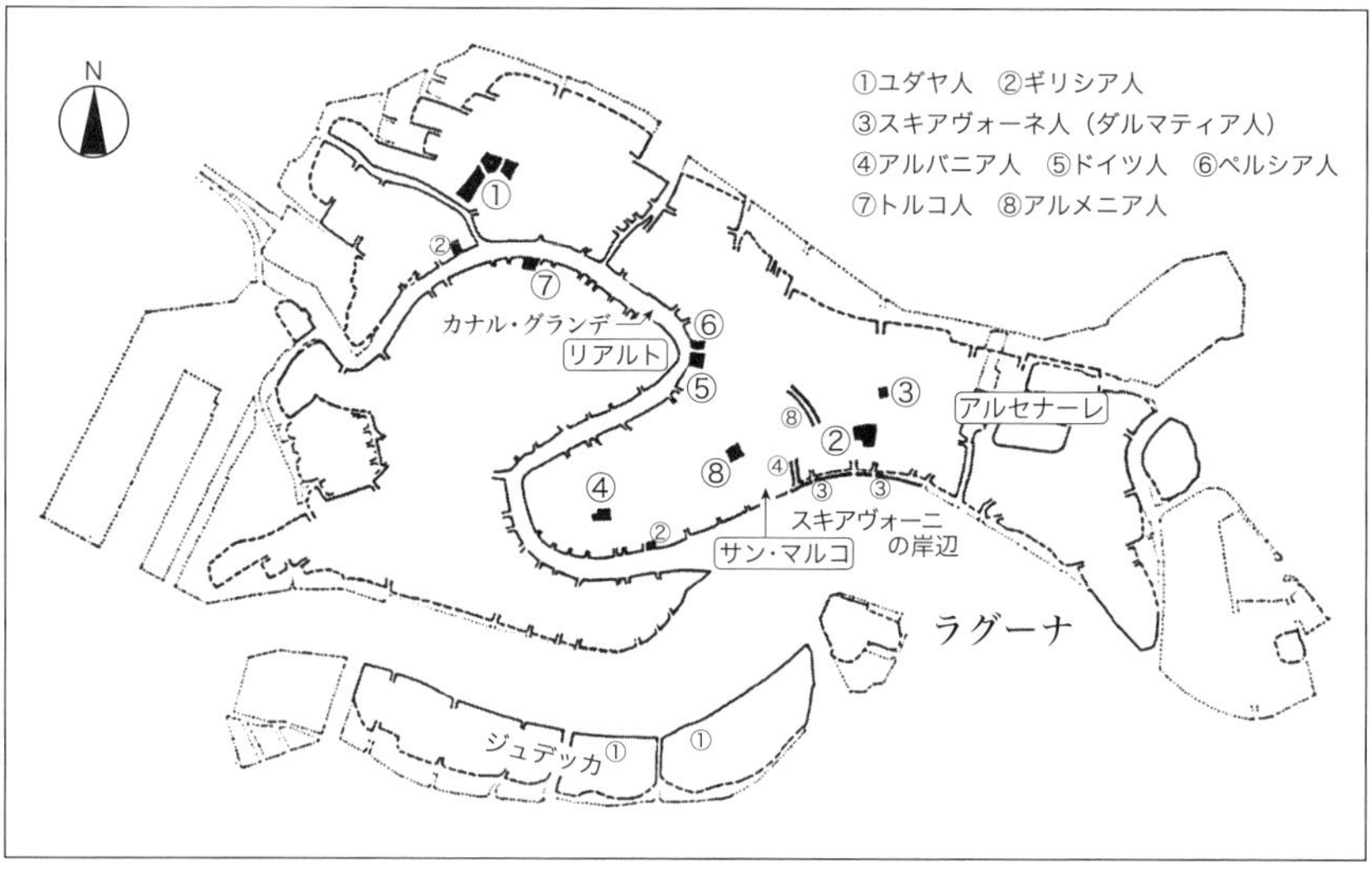


図14　ヴェネツィア内の外国人コミュニティ（A. Salvadori による）

が一〇世紀からつくられるようになった。一三世紀までの古いオスピツィオの中には、巡礼者を泊める機能をもつものが多く、サン・マルコからスキアヴォーニの岸辺やその背後に集中する傾向が見られた。サン・マルコ広場の南面にも、一一世紀に創設されたオスピツィオ・オルセオロがあり、巡礼者を泊めていた（図15）。一二七二年にスキアヴォーニの岸辺に登場した「神の家」と呼ばれるオスピツィオもやはり、元は巡礼者を泊める目的でつくられたものである。この海に面した位置は、聖地へ旅立つ旅人にとっては都合がよかった。

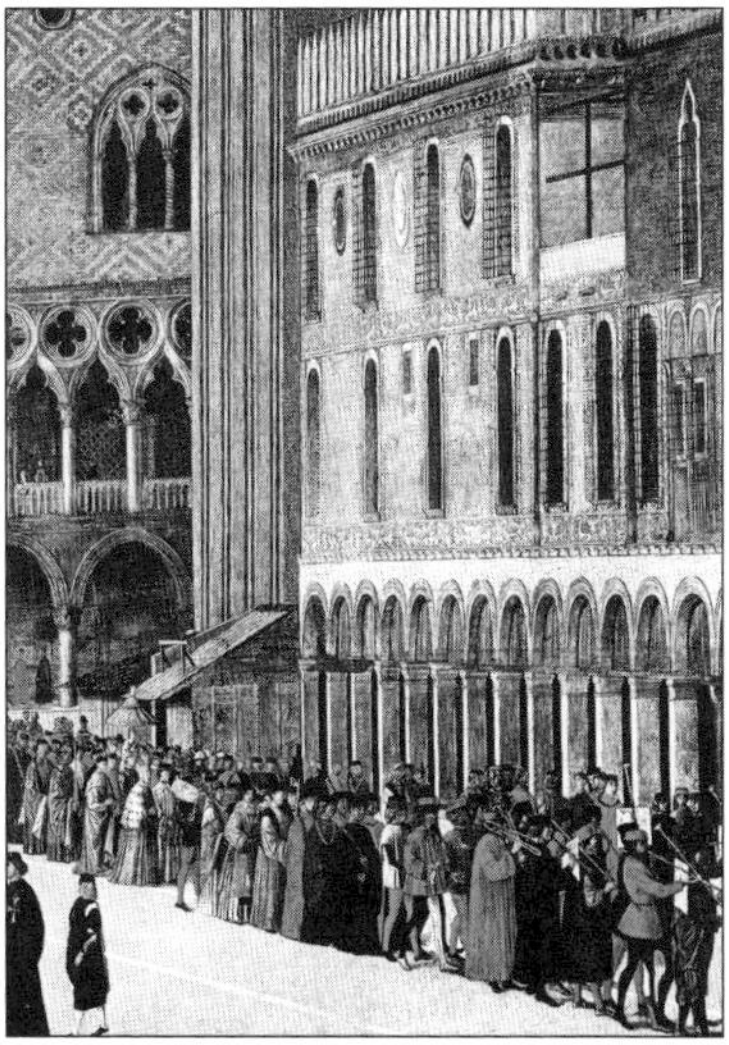

図15　オスピツィオ・オルセオロ（G. ベッリーニ「聖マルコの奇跡を祝う行列」1496年，部分）

## 8　娼婦

外国からの旅人、商人が大勢集まる港町を語るのに忘れられないのは、娼婦の存在である。ヴェネツィアは特に娼婦の多い街としても知られた。一六世紀には、一〇万の人口に対し一万人の娼婦がいたという指摘もある(12)。リアルト市場の背後には、旅人が宿泊できるオステリア、あるいはタヴェルナと呼ばれる場所が数多くあった。一階が居酒屋であり、上階にベッドのある部屋が設けられ、ホテルの役割をした。オステリアやタヴェルナは娼婦の集まる場所でもあり、売春窟となっていた。

野放図な状態の売春の取締りに力を入れた共和国は、一三六〇年に、リアルト市場の少し西裏のサン・マッテオ地区にある民間の二軒の住宅を利用して、「カステレット」（ベッドの城）と呼ばれる公営の売春宿を設けた。娼婦を一か所に集めて、公的な管理の下に置く政策をとったのである。娼婦の管理は一四世紀末から一五世紀はじめにかけて一層厳しくなり、夜間の外出が禁止され、さらに街を自由に歩き回ることも禁じられて、売春はカステレットとその周辺の地区だけに限られることになった(13)。

だがやがて、こうした制度は破られ、娼婦たちの出没するいかがわしい場所が広がっていった。一方で、売春は優雅な方向へも発展し、オステリアを捨て、豪華な貴族の館の階段を上がる女たちが登場した。売春婦が、いわゆる「コルティジャーナ」と呼ばれる高級娼婦になったのである。

ヨーロッパ中に知れ渡った彼女らの発する華麗なイメージが、また多くの人々をヴェネツィアに旅させることになった。

注

(1) ヴェネツィアの交易史については、W・H・マクニール、清水廣一郎訳『ヴェネツィア――東西ヨーロッパのかなめ、一〇八一―一七九七』岩波書店、一九七九年に詳しい。
(2) 「水とともに生きるヴェネツィア」『都市問題研究』四一巻、八号、一九八九年。
(3) 拙著『ヴェネツィア――水上の迷宮都市』講談社、一九九二年、二八頁。
(4) 拙著『ヴェネツィア――栄光の都市国家』(共著)、東京書籍、一九九三年、一四四～一四六頁。起源論を巡る展開については、第9章2を参照。
(5) 拙著『都市のルネサンス』中央公論社、一九七八年、三五～六七頁。
(6) E. Concina, *L'arsenale della Repubblica di Venezia*, Milano 1984, pp.25-50.
(7) D. Calabi, P. Morachiello, *Rialto: le fabbriche e il ponte*, Torino 1987, p.18.
(8) 拙著『ヴェネツィア――都市のコンテクストを読む』鹿島出版会、一九八六年、一三七～一四四頁。
(9) E. Concina, *Il Canal Grande*, Milano 1988, p.8.
(10) G. Perocco, A. Salvatori, *Civiltà di Venezia*, vol.2, Venezia 1973, pp.771-805.
(11) ゲットーを建築、都市空間の視点から扱ったものとして次の研究がある。E. Concina 他、*La città degli ebrei*, Venezia 1991.
(12) M. Cortelazzo 編、*Arti e mestieri tradizionali*, Milano 1989, p.63.
(13) R. Cessi, *Rialto: l'isola-il ponte-il mercato*, Bologna 1934, pp.276-287.

# 第2章　一六世紀における庶民の生活空間

## 1　中世の都市風景

### 1 複合的コミュニティ

激動の中世を生きたテッラフェルマ（本土）の都市住民たちは、外敵から身を守るため、ラグーナ（浅い内海）に浮かぶ小島群の上に移住することを決断した。九世紀初頭からヴェネツィアでは、数多くの有力家が島を一つずつ占領し、教会を建て、小さな集落を築くという、一風変わった形で街づくりが始まった。橋はなく、隣りの島との連絡は舟による以外はなかった。こうして教会のあるカンポ（広場）を中心とした小さなスケールの島々が、その後のヴェネツィアの都市国家を構成するコミュニティの基本単位となった。都市の発展とともに、初期に見られた島内部での自給自足的性格こそ失われたが、教区であると同時に都市の開発単位でもあったこのような各島の自立性は、ヴェネツィアの都市構造にとって最大の特徴となった。東方貿易で繁栄を極め、煉瓦や石造で本格的な街づくりを実現しても、生い立ちと結びついたこの独特の都市構造（第1章図3参照）は崩れるどころか、一層強化、洗練され、ルネサンスを迎える一五〇〇年頃には、水都ヴェネツィアの今日見るような都市の骨格がほぼ完成したのである。(1)

こうして形態的にも社会構成的にも水の上に浮かぶ多核的都市として独特の形成を行ったヴェネツィアでは、ミラノやウィーンなどの一つの中心によって単純明快に統合されるヨーロッパの一般の都市とは異なり、生活の場である「部分」としての地区[2]（教区）が都市の「全体」に従属することはなく、個々の島が独立性の強い豊かな生活環境と複合的なコミュニティの性格をもっている。そのコミュニティの複合性は次の二つの面に表われているといえよう。

まず第一に、ヴェネツィアでは都市全体における階層による住み分けが見られず、各地区ごとにさまざまな階層が混在している[3]。もちろん階層によって享受できる生活環境には大きな差があり、貴族が運河やカンポに面して快適なパラッツォ（邸宅）を構えるのに対し、庶民は背後の狭いカッレ（路地）に沿った長屋風の質素な集合住宅に住むという不平等はあるとしても、同じ島の中に貴族から庶民[4]まで諸階層が混在することになった。そしてカンポを中心とする求心的な地区構造（図1・2）は一四、一五世紀のゴシック時代に確立し、各階層に対応するさまざまな住宅建築が独特の配列‐結合を示しながら、地区の明快な構造をつくり上げた。

コミュニティの複合性の第二としては、生活のさまざまな機能

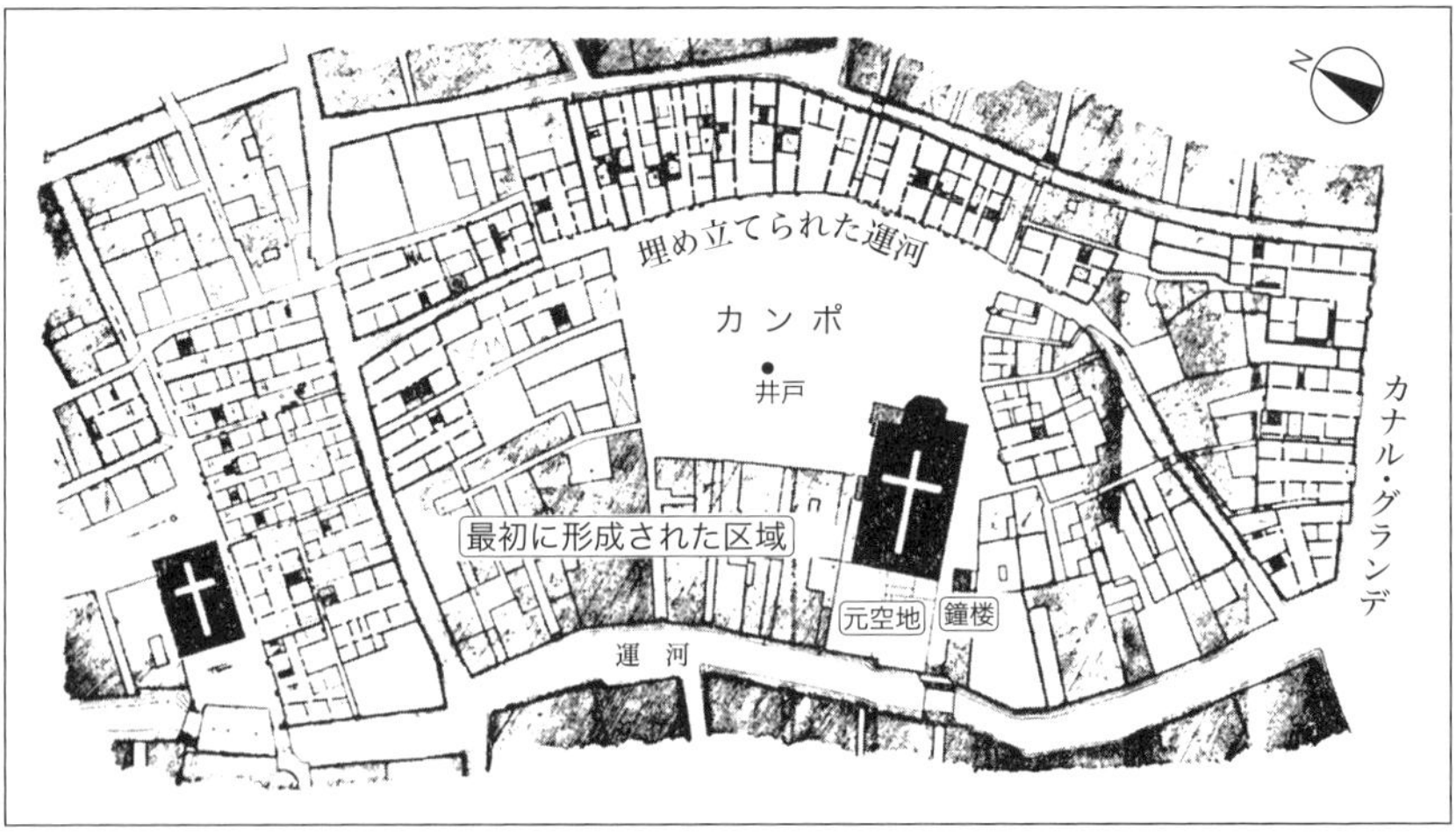


図1　カンポを中心とする求心的地区構造　サン・ポーロ地区２階平面図（P. Maretto, *L'edilizia gotica veneziana* より）

の混在をあげることができる。ヴェネツィアの各島は自立的な集落として形成を開始したから、宗教活動や住機能ばかりか生産、商業、社会サービスなどの機能も備わり、特にカンポの周辺には住民生活にとって必要なさまざまな施設が並んだ。このような中世のヴェネツィアは「地区完結型」[5]の社会であったといっても過言ではなかろう。こうして生まれた職住近接の構造は、歴史的にほとんど崩れることがなかったし、今日もなお基本的にはその性格が受け継がれ、ヴェネツィアの都市環境の大きな魅力となっている。[6]

これら二重の意味での複合性は、この都市の中世的構造と密接に結びつくものであり、以後のヴェネツィアの都市社会の在り方を最も根底において規定することになったといえよう。

### 2 中世都市の完成

とはいえ、このように本質的に多核的都市の性格をもつヴェネツィアにあっても同時に、全体として連続的で有機的な一つの都市国家に統合される上で、性格の異なる三つの中心地区が早くから重要な役割を果たしてきた。パラッツォ・ドゥカーレ（総督宮殿）とサン・マルコ寺院をもつ政治と宗教の中心＝サン・マルコ地区、市場をもつ商業の中心＝リアルト地区、そしてさらに軍事

図2　住民が集まるカンポ・サン・ポーロ

と造船産業の中心＝アルセナーレ（造船所）地区である（第1章図4参照）。特に、サン・マルコとリアルトは、都市全体の統合と発展が進むのに先んじて、東方貿易による経済的繁栄を背景に、都市の中軸をなす空間として本格的な地区形成をおし進めていた。

そしてまた、これらの三つの中心地区は、海上の交易で生きる水の都にふさわしく海－運河の水系で密接に結ばれ、都市全体をまとめ上げていた。まず、都市ヴェネツィアにとっての水からの正面玄関であるサン・マルコのピアツェッタ（小広場）を中心に、港湾施設が東西に広がっていた。街の東端に位置するアルセナーレは、防御の目的でやや奥まった場所に形成されたが、一本の運河でラグーナと密接に結ばれていた。そしてサン・マルコからこのアルセナーレの南にかけて湾曲しながら伸びるカステッロ区[7]のスキアヴォーニの岸辺には倉庫が並び、無数の帆船が停泊して、港特有の賑わいを見せていた。一方、サン・マルコの南西の対岸でカナル・グランデ（大運河）の入口に当る重要な突端には、税関が置かれ、港湾活動を管理していた。その西に続くドルソドゥーロ区の南岸や、対面のジュデッカ島の北岸にも塩をはじめとする大量の物資を扱う倉庫が並んだ。[8]その様子は一五〇〇年に描かれたヤコポ・デ・バルバリの鳥瞰図の中に詳しく見てとれる。

なお、街の東に偏極して位置したアルセナーレやこれらの大型の港湾施設は、ヴェネツィアの産業や経済にとって中心的な役割を果たし、その周辺には関連する多種多様な仕事と安い住居を求めて庶民階層が集まって、活気ある周辺地区が形成された。

東方との交易と結びついた港湾的な施設はさらにまた、早い時期からカナル・グランデによって都市の内部にも深く入り込んでいた。商業の中心、リアルト地区のまわりは、運河に面して商館が並び、商人貴族の住いであると同時に河岸、倉庫、取引所を兼ねる商業センターの役割を果たしたのである。そこには、もっぱら艀《はしけ》で、小さくて高価な物資が運び込まれた。都市のほぼ真中を逆S字形に貫き、リアルトとサン・マルコを結ぶこのカナル・グランデは、水の都ヴェネツィアのまさにメイン・ストリートとなっていたのである。こうして都市のあちこちにいまだ沼沢地が大きく残されていた一二、一三世紀に、全体の統合発展がなされるのに先んじて、水都ヴェネツィアの中軸部が都市の顔としてまず形成された。

ヴェネツィアにとって都市建設の真の黄金時代は、続く一四、一五世紀のゴシック時代であった。この時期にはじめて、一一世紀までに確立していた約七〇の教区[9]のそれぞれの居住地を核としながら、島を単位としつつも連続的に織り成されるヴェネツィアの独特の有機的な都市構造が形成されたのである。都市空間を構成するカンポ（広場）、カンピエッロ（小広場）、カッレ（路地）、フォンダメンタ（岸辺の道）、リオ（運河）といったさまざまな語彙を生み出し、それを駆使して人々の生活と結びついたヒューマン・スケールの空間を都市の隅々まで見事に組み立てた。この過程の中で実は、各地区では、前述のようなカンポを中心とする求心的な空間構造が生まれ、そこに地区完結型の複合的なコミュニティが形成されたのである[10]。

一四、一五世紀のゴシック時代は、後に述べるような周辺への都市拡大によってすでに新たな地区形成の様相をも見せ始めていたとはいえ、基本的には階層による住み分け、機能、都市活動によるゾーニングの少ないヴェネツィアの複合的な生活環境を広範に形成したとみることができるのである。

## 2 「中心」と「周縁」の形成

### 1 新たな都市戦略

生活の論理と結ばれながら緻密に組み立てられたこの街の中世的な都市構造にも、一六世紀に入ると大きな変化が現われた。この時期のヴェネツィアは、東地中海におけるオスマン帝国の進出、ポルトガルによるインドへの新航路発見などで経済の危機に直面したとはいえ、実際にはヨーロッパとオリエントを結ぶ中央市場としての役割をある程度保っていた。都市内の産業はむしろさらに活発となり、フィレンツェに代わって織物工業の中心となったし、ガラスなどの奢侈品の製造、印刷などの文化産業も栄えた。人口も一五〇九年の一一万五〇〇〇人から、ピーク時にあたる一五七五年にはおそらく一八万人強に達していたと推定されている[11]。そして高度な政治技術によって、ハプスブルグをはじめとする外国勢力の支配から独立して自由を保ったばかりか、伝統的な反聖職権主義もこの時期にいよいよ強まり、共和国の国際的声望は著しく高まった[12]。

だが一六世紀には、ヴェネツィアの都市の体質は大きく転換することになった。オスマン帝国の進出で東方貿易に行き詰まりを感じたヴェネツィア共和国は、すでに一五世紀からテッラフェルマ（本土）へ領土を広げ、海の領土の首都であるばかりか、北イタリア本土の諸都市、領土の首都にもなりつつあった。こうして、それまで東方にばかり関心を向け、西欧の中のオリエントとでもいうべきエキゾチックな都市環境を築いていたヴェネツィアに、一五世紀も押し迫った頃、本土ですでに広まっていたルネサンスの様式が次第に導入され始めた。一六世紀に入ると、カンブレー同盟の脅威やポルトガルの新航路発見による経済上の危機

紀末）が遠近法の構図の焦点になっている（D. Moretti, *Il Canal Grande di Venezia,* Venezia 1828 より）

感の切迫といった共和国をとりまく政治、経済的状況の大きな変化の中で、かつて経験したことのない不安定な時期に直面したヴェネツィアにとって、ヨーロッパ全体に対する新しい立場の表明がまさに必要となってきたとみられる。国際社会の中でよりよく生き延びるための真の都市戦略が求められていたのである。

ヴェネツィアの中心を占める幾つかの重要な都市空間に象徴的な造形が現われ始めたのも、このような状況においてであった。そしてそれを構成する個々の建築の様式や形態にも大きな変化が起こった。すなわち、共和国の指導者たちは、それまでのビザンツ、イスラームの色彩の強いオリエント的な様式や、一五世紀末にロンバルド一家やマウロ・コドゥッチの手で導入された地方的なルネサンスに見切りをつけ、西欧世界全体でより普遍的に通用するトスカーナとローマの古典主義の形態を大胆に導入し始めたのである(13)。

このような古典主義による大規模な都市改造の事業が行われたのはまず、都市の中心でありながらいまだ中世の下町的雰囲気を色濃くとどめたサン・マルコ広場であった。露店の肉屋や布地の商人を広場から追放

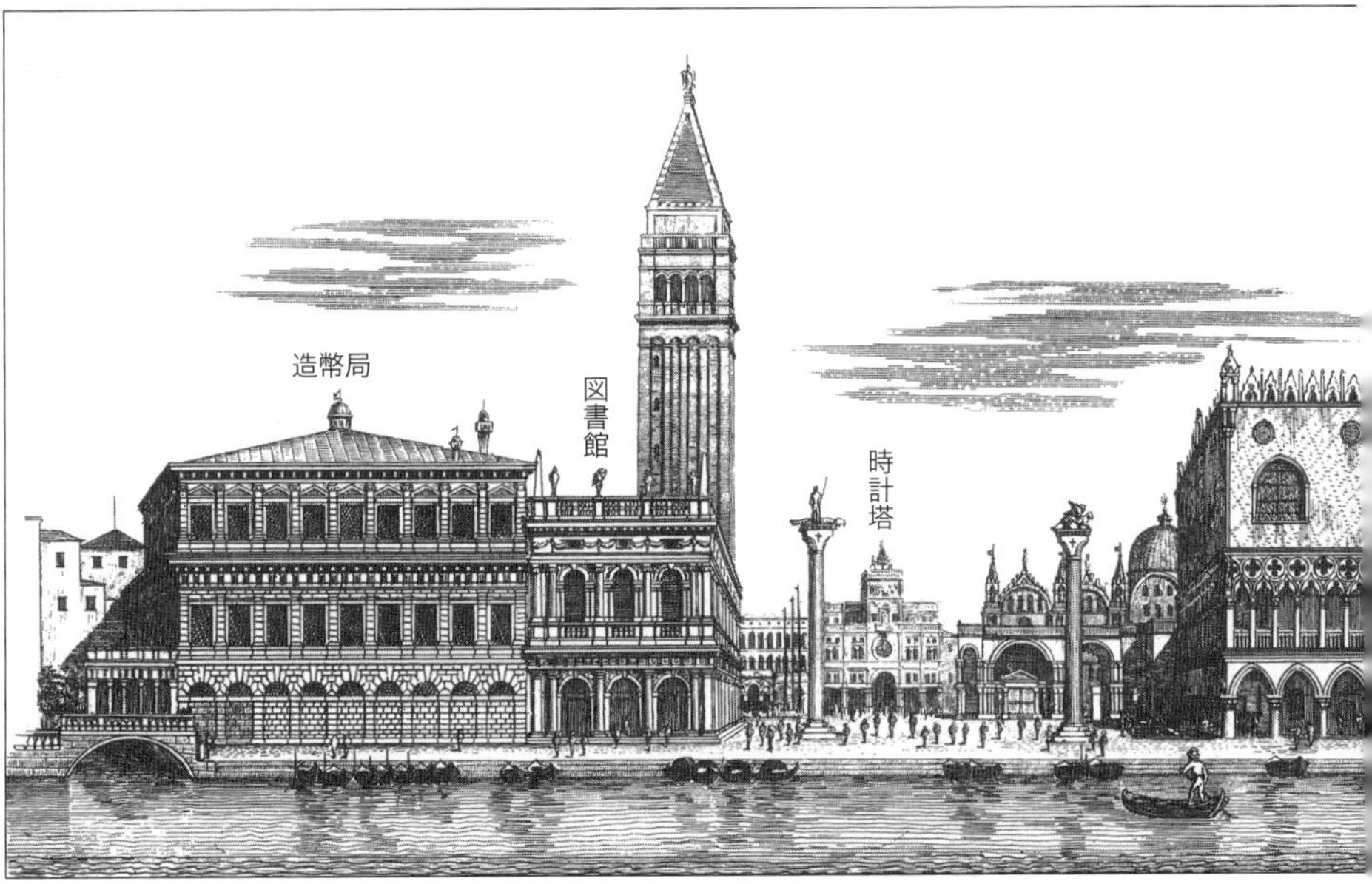


図 3　サン・マルコの小広場　右がゴシック様式のパラッツォ・ドゥカーレ（総督宮殿），左が古典主義による図書館，さらにその左が造幣局（これもサンソヴィーノの設計），正面奥の時計塔（15 世

した後[14]、パラッツォ・ドゥカーレの対面の質素な宿屋やパン屋が並ぶピアツェッタ（小広場）西面において、これらの建物を取り壊しながら、古典主義様式の見事な図書館が建設された。それは海からの正面玄関である小広場に、遠近法の構図にのっとったいかにもルネサンスらしい都市空間をつくり出した（前頁図3）ばかりか、後のピアッツァ（広場）の南面、西面の古典主義による改造を完全に方向づける重要な役割を果たした。こうしてサン・マルコ広場は、一六世紀の間に容貌を刷新し、共和国を代表する象徴的な都市空間へと高められたのである[15]。

一方、商業の中心、リアルト地区にも、一六世紀の中頃に大きな変化が訪れた。ここにはそれまで、一五世紀末のカルパッチョの絵に見られるような、中央がはね上がる木の橋がかかっていた。カナル・グランデにかかる唯一の橋であったこのリアルト橋の再建に際し、応募案の中から選ばれたのは、無名の建築家アントニオ・ダ・ポンテの、差し渡し二八メートルの巨大なアーチによってひとまたぎでカナル・グランデにかかる、力強い石の橋（図4）の計画案であった。このような大胆な案が受け入れられた背景にはもはや、東方からの物資を満載した無数の艀が行き交う幹線水路としての実際的な機能を誇ってきたカナル・グランデも、この時代にはむしろ、象徴的で舞台装置的な都市空間として再び脚光を浴びるようになっていたことが考えられる[16]。

こうしたカナル・グランデのもつ意味の変化は、その水辺に登場するパラッツォの建築表現の中にも明瞭に

図4　リアルト橋

表われていた。この頃、ヴェネツィア貴族は、東方貿易に乗り出す冒険的な精神を弱めて、テッラフェルマ（本土）の農村地帯に関心をもつ土地貴族へと転じ、安定した豪勢な生活を求めるようになっていた[17]。カナル・グランデ沿いのパラッツォは、東地中海を舞台に活躍する貴族の商館建築の在り方をもはや失い、本土の土地を管理したり国政に積極的に参加する貴族のステイタス・シンボルとしての堂々たる居館という性格を強めたのである。こうして一六世紀のヴェネツィアでは、サン・マルコ、リアルト、カナル・グランデが都市の中心的空間として一層大きな象徴性を獲得した[18]。

一方、この時期の一般市民の生活の場である古くからの市街地で実際に展開した都市形成は、中世に確立した地区構造の上に、より安定した形で進められたとみられる。そもそもカナル・グランデ沿いに登場した前述のような斬新な容貌を備えた豪邸を新築できるのは、ごく一部の富裕な指導者階級に限られていた。貴族階級でさえ普通には、中世の既存の建物の構造を生かしつつ改造を行い、新たな様式で再生する方法をとることが多かったようである。また建築と外部空間（広場、道路、運河など）との結びつき方、すなわち都市空間の構成方法にも、本格的な変革はほとんど何ももち込まれなかった。結局そこでは、中世につくり上げた古い豊かな器を財産として受け継ぎ、新しい容貌と中身をもり込みながら、成熟した華麗な都市文化を築き上げたといえるのである[19]。

### 2 周辺開発と修道院の役割

その点からすると、この時期の都市形成の上で注目すべき動きは、こうした古くからの一般地区よりもむしろ、経済の繁栄と人口の増加を背景として周辺部に本格的に開発された庶民地区に見られたといえよう。それらはサン・マルコ、リアルト、そして両者を結ぶカナル・グランデといった共和国の象徴的な都市空間の形成とちょうど表裏の関係をなしていた。こうして階層による住み分け、機能に応じたゾーニングの弱い複合的な都市社会を特徴とするヴェネツィアの街の中にも、中心と周縁の構造が明確な姿をとり始めたのである。このような干拓と造成によって新規に開発された周辺の拡張地区は、フィジカルな都市形態の上でも、あるいは地区の機能や住民の社会組織の上でも、それまでとは異なる新たな都市環境の質をもっていた。

これらの周辺地区は一六世紀に大規模に開発され、庶民地区としての性格を強めたが、実はその形成の端緒は中世の一三、一四世紀の建設活動の中にすでに見られた。すなわち、このような周辺地区の形成を促した要因として、まず、教区がモザイクのように集まって組み立てられていた従来の都市有機体の中に、都市形成の新たな推進役である修道院が幾つも入り込んだという事実をあげることができよう（図5）。ヨーロッパの歴史的街区の形成にとっての修道院の果たした大きな役割については、マンフォードによってもすでに指摘された[20]通りであるが、ヴェネツィアにおいてもそれが独自な形で展開し、都市発展の重要な基礎となった。実際、デ・バルバリの地図を見ると、とりわけ群

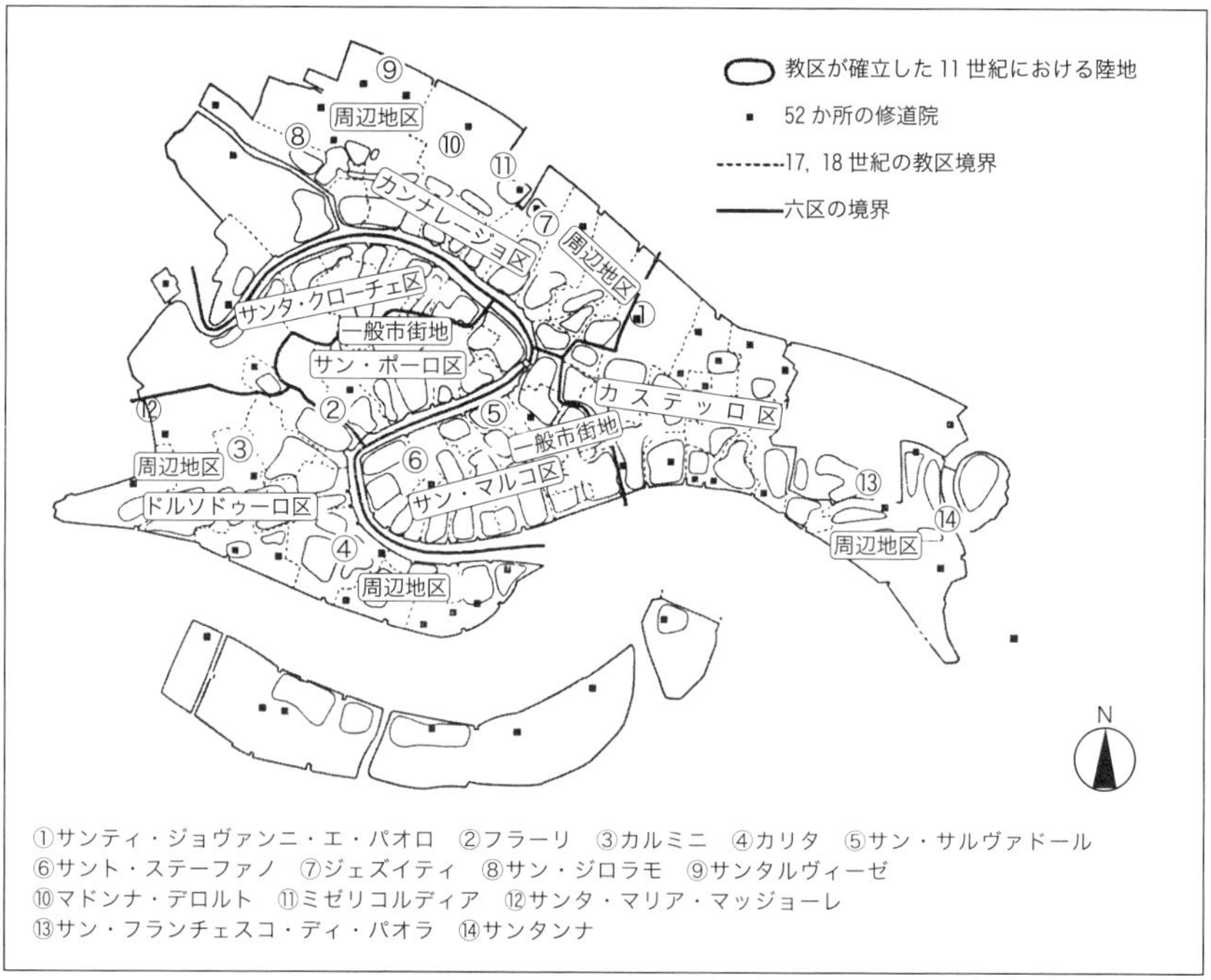


図5　52か所の修道院の位置と主な修道院名

島の縁の幾か所かで沼沢地の埋立てが行われ、そこに現われた修道院を核に都市発展が進んでいる様子が手にとるようにわかる。また、一八四八年のコンバッティによる詳細なヴェネツィアの地図には、五二の修道院の建築平面が描き込まれており、その数の多さに驚かされる。[21] 図5はその五二か所の修道院の位置を全て示している。

これらの修道院は、説教を中心に布教につとめる一方、庶民階級の救護に力を注ぎ、社会構造の中に深く入って、人々の日々の生活の中に広く浸透した。[22] このような修道院は富裕な商人貴族や総督によって直接援助、融資され、建設されることが多かった。彼らは修道院の庶民への慈善的活動の中に社会生活の強い不均衡を是正する有効な方法を見出したのである。[23] たとえば、総督ヤコポ・ティエポロは、一二三四年、ドメニコ派に、北部の沼沢地をサンティ・ジョヴァンニ・エ・パオロ教会（図5の①）建設のために寄贈した。また、一二三六年には、カナル・グランデの西南に残されていた沼沢地をフラーティ・ミノーリの修道士に寄贈し、そこにフラーリ教会（図5の②）ができた。この教会は、その後さらに、グラデニーゴ家、ジュスティニアーニ家、そしてサヴェノリ家による寛大な贈与によって、一四世紀の中頃、ゴシック様式の大きな聖堂に建て替えられた。[24]

このようにして修道士たちは、都市周縁のいまだ湿地で形の定まらぬ地価の安い場所に、修道院の立派な複合的施設を建設することによって、都市発展の重要な核を形づくったのである。[25] そしてこういった修道院は、次第に文化的活動の分野でも積極的にイニシアチブをとるようになった。図書館やさまざまな形態の学校を創設し、サンティ・ジョヴァンニ・エ・パオロ修道院に見られたように大学を建設するほどになった。一七、一八世紀にはさらに、劇場、[26] 会議場、コンサートや祝祭のためのホール等を設けるまでに至った。[27] こうして修道院は、宗教的、慈善的活動の中心であるばかりか、都市の文化センターとしての色彩を強めたのである。そのため、地理的には周縁に形成された庶民地区も、こうした修道院の活動を通じて、次第に都市全体との絆を強めることができたものと思われる。

これらの修道院の中には、中心部、あるいは中心近くに位置しながらいまだ沼沢地として残されていた場所に建設され都市内部の空洞を充塡し、ヴェネツィア全体を連続的で緻密な組織に高める上で大いに貢献したものもある。カナル・グランデの西側では、北からフラーリ（一二二七年、図5の②）、カルミニ（一二〇〇年、図5の③）、カリタ（一二一〇年、図5の④）、その東側では、サン・サルヴァドール（一二〇九年、図5の⑤）やサント・ステーファノ（一二七四年、図5の⑥）などの修道院がそれにあたる。

## ③ 脱中世の都市構造

しかしヴェネツィアの修道院の圧倒的多数は、ラグーナに面した都市の外延部に沿って新規に開発されたものである。図5を見ても、これらの修道院の建設が都市の外側への拡大発展を促進したことが容易に想像できる。そしてこれらの修道院が密度高く分布する地区としては、北、西、東の三つのゾーンをあげることができる。

まず最も際立つのは、カンナレージョ区とカステッロ区にまたがって伸びる街の北側の帯状ゾーンである。この北ゾーンには既存の教区教会が全く存在せず、一二世紀中頃にジェズイティ修道院（図5の⑦）が創設されるまで、完全に沼沢地であったと考えられる。浅い水深の土地を干拓しつつゆっくりと都市化を進行させたに相違ない。もっぱらある種の工業、木材の荷揚げ場、小さな舟のドック、果樹園などが見られたが、次第に最下層の労働者の住宅も建てられた[28]。

この北ゾーンは、都市的構成から見て、さらに東西の二つに分かれる。まず、カンナレージョ区の大半を占める西側は、ゴシック時代の非常に明快な都市化事業の在り方を示す例として注目される[29]（図6）。その推進の核となった古い修道院として、西からサン・ジロラモ（一四〇〇年）、サンタルヴィーゼ（一三〇〇年）、マドンナ・デロルト（一三五〇年）、ミゼリコルディア（一三〇八年）などがあげられる。

ここでは平行な三つの長い運河が計画的に通され、それに沿って帯状の島の南側には、三つの長いフォンダメンタ（岸辺の道）が設けられている。そしてフォンダメンタを東西の軸とする計画的な地割に基づく、単純明快な住宅群の形成が行われたことが読み取れる。それぞれの宅地は短冊型をとり、南側の道に面して住宅が建ち並び、裏は空地として残されたことも知られる。教区教会の代わりに前述のような幾つかの修道院教会がつくられ開発を促進したが、それらの前面にとられたちょっとした空地を見ると、伝統に従ってカンポの名称はもつものの、形態的にも空間的にも、ヴェネツィア独特の地区の中核をなす広場としてのカンポの性格は全く失われ

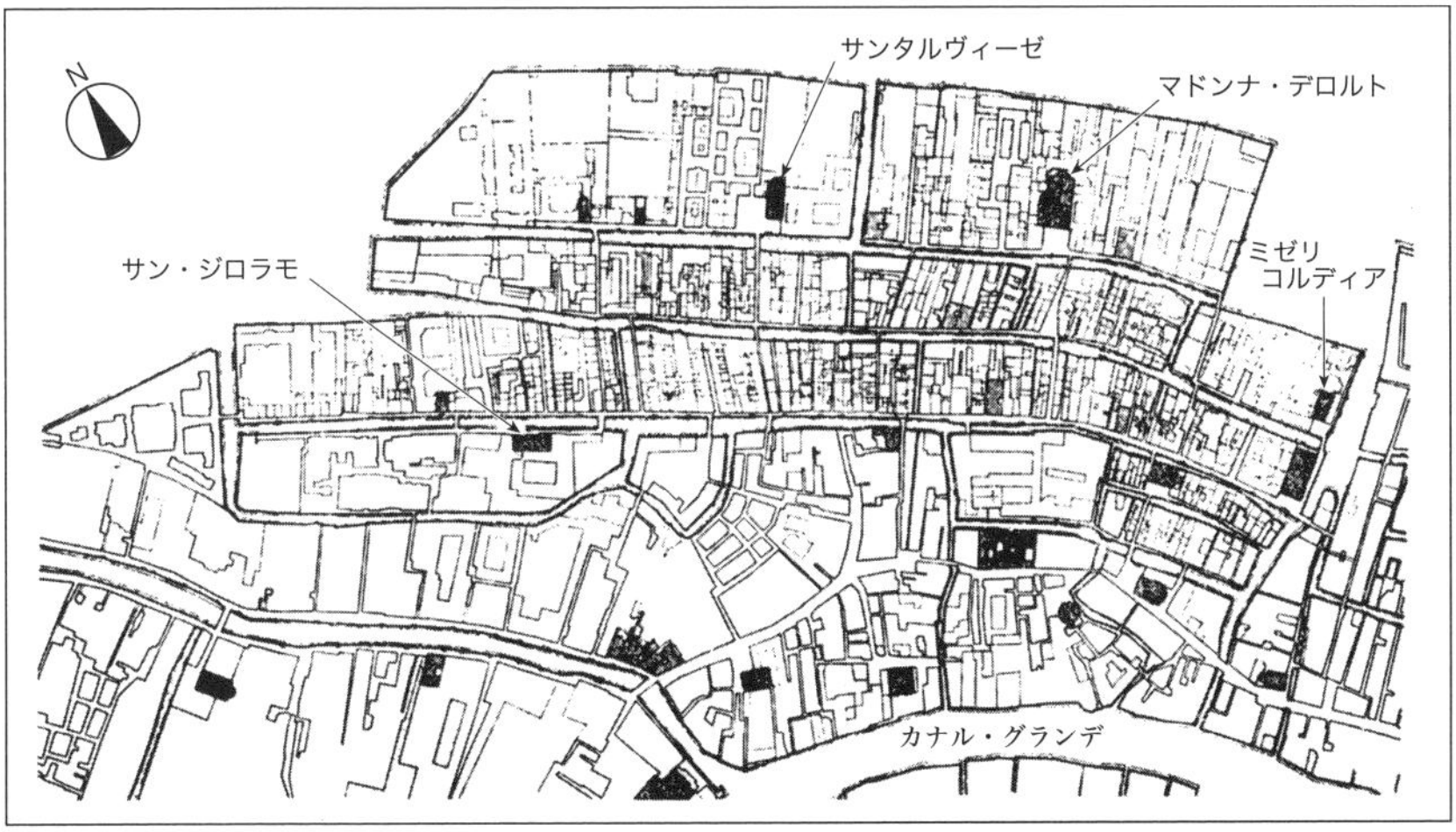


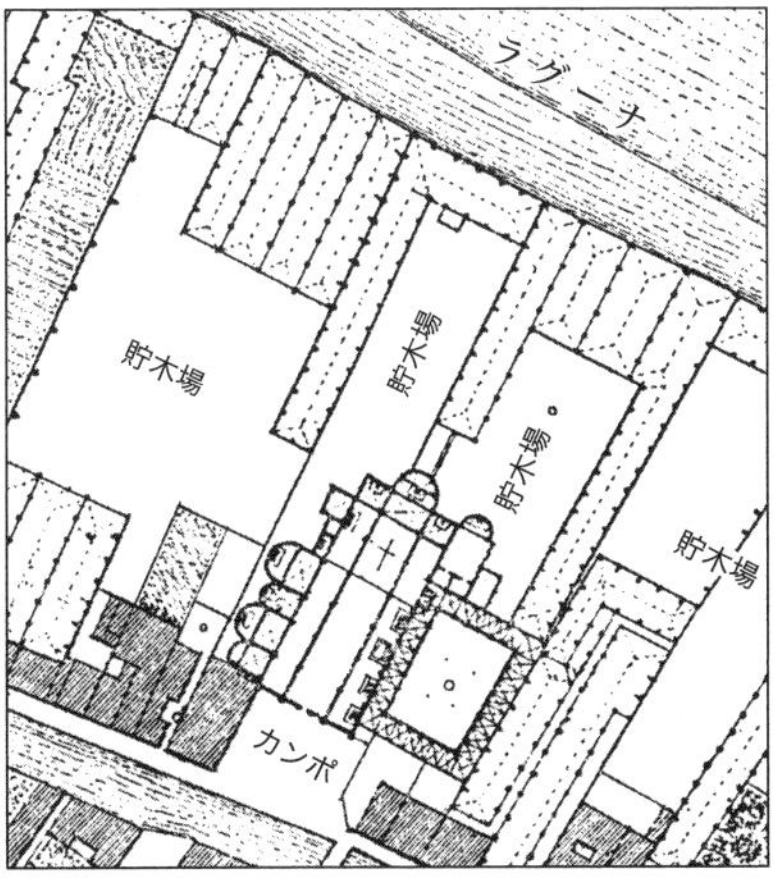


上：図6　カンナレージョ区の都市化事業　カナル・グランデに近い南側には11世紀までに登場した教区教会が幾つも並び，不整形な構成を示しているのに対し，北側には3本の直線的な運河によって計画的に組み立てられた帯状の島が平行に3つ伸び，明快な構成を見せている．

左：図7　マドンナ・デロルト教会周辺の平面図　北のラグーナ側の新たな造成地には水運と結びついて貯木場がとられている．教会前のカンポには，従来の教区教会のような求心的空間構造は見られない（コンバッティの地図，1848年より）

ていることがわかる。特にマドンナ・デロルトの教会前の都市空間（前頁図7）にそれが最もよく表われていよう。そのかわり、開放感のある心地よい水際の遊歩道路としてのフォンダメンタがそれを充分に代行しているように見える。しかし、こういった計画性の強い整備された居住環境の実現によって、都市空間をほどよいスケールの単位に分節しながら結びつけていくヴェネツィアの伝統的手法が否定され、均質な味気ない空間が生まれたのである。

このようにカンナレージョ区が従来とは異なる構成を見せた理由としては、まず第一に、カナル・グランデ沿いから開発されていた従来の幾つかの教区の、北側への外延部形成の核となったこれらの修道院は、古い中心部の教区教会とはそもそも性格が異なり(30)、地区を一元的に統合するような力はもちえなかったということがあげられよう。だが、さらに本質的な理由としては、都市の外延部に集まる人々にとってはもはや、教会とその広場を中心に地区としてのまとまりをもつ中世的コミュニティの在り方よりも、整然として捉えやすい都市形態、機能的な通行のシステム、個々の住宅における居住性の向上といった新たな価値の方が優先されたということが考えられるのである。しかもこのカンナレージョ区の北側には沼沢地が一面に広がり、拘束条件となるような既存の要素が何もなかったから、新しい計画理念を純粋に近い形で実現できたのに相違ない。

都市づくりの上で、ルネサンスの訪れを待たずして、このような脱中世の傾向を示す合理的な考え方が現われたことは、注目に値しよう。ヴェネツィアでは、近代を先取りするような都市空間の新たな構造は、中世的骨格をしっかり固めた中心部にではなく、社会的にも物理的にも既成の諸関係に束縛されない周辺の拡張地区に誕生したといえるのである。しかしだからといって、ヴェネツィアの人々の社会的結束が弱まったと考えるのは早計に過ぎよう。後に述べるように、この都市における人間関係、そしてまた人々と都市空間との関わり方に、これまでとは別の新しい形態が生まれたとみるべきなのである。

さて、北ゾーンの中でも、この東に続くラグーナの水面を背にした一帯には、また違った性格が見られる。中

図8　サンタ・ソフィア教区の高密な職人，労働者の居住区　Ⓐは図14，Ⓑは図19に対応．全体として南北方向に一貫して通る計画的な地割，道路網が見られる．図6のすぐ東（右）側に位置する（S. Muratori, *Studi per una operante storia urbana di Venezia* より）

でも、庶民地区の都市構造という点で興味を引かれるのは、ヴェネツィアでも最も古いサンティ・アポストリ教区、サンタ・ソフィア教区の北側へ延びた区域（カンナレージョ区の東端にあたる）で、ここには、さらに北側のラグーナに面して広がる建築資材置場や各種製造所の活動と結びつきながら、一四、一五世紀という非常に早い段階から計画的につくられた職人、労働者の居住区が見出せる[31]（前頁図8）。庶民住宅地の先駆例ともいうべきこの一画については後に詳細に見ることにしたい。

次に西ゾーンであるドルソドゥーロ区に目を向けよう。その南西部のジュデッカ運河に面しては、港湾の機能と結びついた塩をはじめとする倉庫、小さな民間の造船所[32]などの間に、一四世紀末から一六世紀にかけて創建された修道院、宗教施設が点在している。さらに、都市の西端部では、広い沼沢地を一五世紀の末から干拓してサンタ・マリア・マッジョーレ（一四九七年、図5の⑫）を創建し、その周辺に庶民用の集合住宅を明快に配置する地区をつくり上げた。ヤコポ・デ・バルバリの地図では、土地の造成のみができつつある様子がうかがえる。ここに登場した幾つかの集合住宅についても後に詳述したい。

## 4 アルセナーレと庶民地区の形成

一方、東ゾーンは、カステッロ区のアルセナーレ（造船所）の周辺に広がっている。特にその南側は沼沢地で既存の教区が全くなかったが、サン・フランチェスコ・ディ・パオラ（一二九一年、図5の⑬）、サンタンナ（一二四〇年、図5の⑭）などが核となって周縁の住宅地が形成された。

このアルセナーレのまわりに目を向ける時、修道院の建設と並んで周辺地区の形成を促した第二の要因として、職人の生産活動や大規模な工業などの産業の分布の重要性が浮かび上がってくる。こうした産業は、本来ヴェネツィアでは都市全体に分散していた。たとえば、今日いわゆるゲットーと呼ばれる一画には、ユダヤ人が来る以前は、もともと鋳造工場があったが、一三九〇年に工業を集中させる考え方に基づき、アルセナーレに移された[33]。ガラス工業も本来、都市の内に分散していたが、都市化による火災の危険と製造の秘法が外部にもれるのを避ける目的で、一二九一年にムラーノ島へ集中移転させられたのである[34]。

このようなヴェネツィアにあって、一二世紀はじめのアルセナーレの創設は、都市の中での，工業の集中区域を生み出す重要なきっかけをもたらしたといえよう。それは十字軍の開始に伴い、強力な艦隊を組む上で船の需要が増大したことを背景として生まれた[35]。さらに、一四世紀はじめの大拡張によって東側にアルセナーレ・ヌオーヴォ（新しいアルセナーレ）が建設されたばかりか、一五世紀末、一六世紀はじめにも拡大が繰り返された。

こうしてアルセナーレが大きく発達したことにより、周囲にはそれと関連する活動や施設が集中し、またその内外で働く数多くの職人、労働者[36]のための広範な住宅地も計画的に形成された。特に南方面には、海員住宅をはじめ中世末からルネサンス期にかけてつくられた興味深い庶民の集合住宅を今も数多く見出せる。それについては幾つかの例を後に取り上げよう。

またアルセナーレ内部で働く人々の職種やその周辺に発達した関連活動の名称をとった地名が今日なお数多く残り、この地区の社会経済的性格を想い起こさせる。爆撃手通り《カッレ》、甲騎兵通り、樹脂通り、鉛通り（同名の運河《リオ》）、錨通り（同名のカンピエッロ）、楣《まぐさ》通り（同名の橋）、帆通りなどがその典型例である[37]。このようにアルセナーレの周辺には、都市の中で特定の明確な役割を担った地区が形成されたのであり、近代都市計画が獲得した主要な概念の一つとされるゾーニングの考え方が、すでにヴェネツィアにおいて何世紀も前に先取りされていたとみなすこともできよう[38]。

以上見てきたように、ヴェネツィアには中世の一四、一五世紀の間に、修道院を核とする地区の開発とカステッロ区におけるアルセナーレの発達を主な要因として、周縁の都市構造が形成され始めたと考えられる。そして続く一六世紀のルネサンス期には、共和国の象徴としての華やかな中心の形成とともに、中心と周縁の構造が明確な形をとるようになったといえよう。しかもこの時代のヴェネツィアにおける都市現象の特徴としては、周辺部に形成されたこうした庶民の生活空間にこそ都市の社会的活動のエネルギーがみなぎり、それが都市文化を根底で支えていたという事実を指摘できるのである。

## 5 史料から見た周縁的性格

これまでの分析で、周縁的構造をもつゾーンとして、北西のカンナレージョ区、南西のドルソドゥーロ区、東のカステッロ区の三つが浮かび上がってきた。本章で特に注目したい庶民階層のための集合住宅の分布という観点から見ても、これらの三つの区に集中していることが明白にわかる。事実、ヴェネツィア庶民建築に関する先駆的な調査研究であるE・R・トリンカナートの *Venezia minore* (Milano 1948) では、ドルソドゥーロ区とカステッロ区を対象に、数多くの事例をとり上げている。具体的な住宅、地区の空間構成に関する分析は後で扱うことにして、ここでは、幾つかの史料に基づき、これらの地区の周縁的性格について裏づけてみたい。幸いヴェネツィアの一六世紀以降については、人口、職業、不動産などに関する国勢調査などの統計資料が比較的よくそろっており、D・ベルトラーミがそれらを項目ごとに整理し一冊にまとめている。[39] この文献を活用することによってわれわれは、ヴェネツィアの地区ごとの社会的性格の違いやその年代ごとの変化を分析することができる。

まず、一五四〇年、一五八一年、一六二四年の三つの時点をとって、六区のそれぞれの人口の動態を見ると、中心のサン・マルコ区で一貫して減少している(トータルで二一パーセント減)のに対し、カステッロ区(三二パーセント増)、サン・ポーロ区(一九パーセント増)、ドルソドゥーロ区(一八パーセント増)でそれぞれ一貫して増加しており、総じて周辺部での人口増加が高いことがわかる。[40]

地区の社会的特性をよく示すと思われる職業の分布については、一七世紀以降の統計がそろっている。サン・マルコ区では、いかにも中心部らしく金属細工、印刷がここに集中し、芸術関係、国家公務員の数も多い。一方、周辺部のカステッロ区では、アルセナーレとの関係で木材加工、武器製造が圧倒的な数を示し、国家公務員も多い。ドルソドゥーロ区でも食料品、建設に加え国家公務員の比率が高いが、おそらく税関や公共倉庫に関連するものと思われる。(41)

住民の経済状態を知る重要な指標の一つは借家率およびその家賃であろう。イタリア都市では一般に借家率が高いが、その事情はヴェネツィアでも全く変わらない。一六六一年において、都市内の全戸数(42)二万五二四〇のうち、自分で所有する住戸に住む戸数は貴族四四二、市民階級八四八、庶民一四二と非常に少ない。(43)これに近い年代として一六四二年の全人口(一二万三〇〇)に対する階層ごとの構成比率を見ると、貴族三・七パーセント(四四五〇)、市民七・七パーセント(九二六〇)、庶民八八・六パーセント(一〇万六五九〇)である。(44)階層ごとの家族数(世帯数)が不明であるが、仮に貴族と市民の間で家族構成人員を同じと見ると、世帯数において両者は約一対二となる。とすると、持家率は貴族も市民階級もそれほど変わらないということになる。さらに、貴族も市民も家族構成人員を都市全体の平均の四・七五人と仮定して計算すると、貴族が約九四〇世帯、市民が約一九五〇世帯となり、持家率はいずれも半分よりやや少ないという興味ある結果になる。いずれにせよこれらの数は、指導者階層の貴族の間にさえ借家住いの家族がかなりいたことを物語っているわけで、それからすれば、庶民の借家率が著しく高かったのは当然である。しかし、庶民の中にも一四二の持家の世帯があったという事実は、貧困貴族がふえたのとは逆に、ごく一部だが富裕な庶民も登場していたことを暗示していて注目される。

次に家賃のランクについて見ていこう。ヴェネツィアでは中世の早い時期から、慈善活動、福祉政策が活発で、共和国、宗教団体、スクオラ、あるいは民間人によって、貧しい人々に無償で提供されるオスピツィオ等の住宅が数多くつくられてきた。また、湿っぽく不健康な一階の一室住戸や屋根裏の狭い部屋が年額一〇〜一二ドゥカートで貸されていたということが、史料の中に散見される。そこには普通、年額一〇〇ドゥカート以下しか稼がないような労働者が住んでいた。当時のヴェネツィアでは、年額一二ドゥカート以下の家賃の家に住むのは一般にかなり貧しい家族で、しばしば公共機関から金銭援助を受ける対象となった。一方、一三〜三〇ドゥカー

表1　1661年における各区の家賃ごとの借家の数（*家賃の単位はドゥカート）

| 家賃* | サン・マルコ | カステッロ | カンナレージョ | サン・ポーロ | サンタ・クローチェ | ドルソドゥーロ | ゲットー | 合計 |
|---|---|---|---|---|---|---|---|---|
| 1-10 | 357 | 918 | 911 | 176 | 460 | 1,448 | (60) | 4,330 |
| 11-20 | 760 | 1,360 | 1404 | 378 | 796 | 1,544 | (86) | 6,328 |
| 21-30 | 353 | 470 | 572 | 245 | 353 | 519 | (116) | 2,628 |
| 31-40 | 311 | 340 | 452 | 153 | 237 | 246 | 65 | 1,804 |
| 41-50 | 193 | 202 | 278 | 109 | 94 | 128 | 59 | 1,063 |
| 51-100 | 382 | 360 | 452 | 171 | 201 | 251 | 83 | 1,900 |
| 101-200 | 152 | 148 | 138 | 62 | 45 | 66 | 9 | 620 |
| 201-300 | 36 | 26 | 25 | 6 | 12 | 11 | — | 116 |
| 300以上 | 10 | 4 | 16 | 4 | 4 | 9 | — | 47 |
| 合計 | 2,554 | 3,828 | 4,248 | 1,304 | 2,202 | 4,222 | 478 | 18,336 |
| 1-12 | 609 | 1,363 | 1,449 | 278 | 689 | 2,015 | 99 | 6,502 |

トの家賃の場合、質素ではあるが貧困とはいえなかった。三〇~五〇ドゥカートの家には、書記官、音楽家、造幣局職員、商店主、芸術家、公証人、すなわち高い資格をもった職種の人々が住んだ。ちなみに、立派なパラッツォ全体を借りるとなると、年額二〇〇~一〇〇〇ドゥカートの家賃を必要とした(45)。

以上のような前提で、低家賃の住宅の都市内での分布を分析してみよう。まず、最下層の人々に提供される無償の住宅は、一六六一年の不動産台帳では、カンナレージョ区に最も数多く見られ（三四八）、次いでドルソドゥーロ区（二八九）、カステッロ区（二七五）に多い(46)。さらに、低家賃の分布を見ていくと（表1）、ドルソドゥーロ区がまず抜きんでて多く、一~一〇ドゥカートに借家の全戸数（四二二二戸）の三四パーセント（一四四八戸）、一一~二〇ドゥカートに三七パーセント（一五四四戸）も集中し、七〇パーセント以上の住戸がここに含まれてしまう。次いでカステッロ区が多く、一~一〇ドゥカートに二四パーセント（九一八戸）、一一~二〇に三六パーセント（一三六〇戸）である。続いてカンナレージョ区とサンタ・クローチェ区がほぼ並び、逆に中心のサン・マルコ区とサン・ポーロ区で最も比率が少ない。かなり貧しい階層とされる家賃年額一~一二ドゥカートの比率で見ると、ドルソドゥーロの四八パーセントが最大で、カステッロの三六パーセント、カンナレージョの三四パーセントがそれに続く。そしてサンタ・クローチェの三一パーセント、サン・マルコの二四パーセントと続き、最低はサン・ポーロの二一パーセントである[47]。

こういった分析結果は、これまでわれわれが主として建物や都市空間といったフィジカルな観点から検討してきた周縁的構造をもつ地区の広がり方と非常によく整合しているといえよう。いずれにしても、家賃二〇ドゥカートまでに六割もの住戸が含まれてしまうとなると、おそらくE・R・トリンカナートが調査対象とした庶民住宅の多くや、本章で後に詳しくとり上げる庶民的集合住宅の大半はこの範疇に入ることになろう。従ってこれらは経済的にはかなり低所得の階層を相手にした住宅のはずであるが、それにしては実際の住戸内部の広さや部屋数を観察するとそれほど貧しいものとはとても思えない。その詳しい検討は後にゆずる（本章第4節参照）。

## 3　都市におけるスクオラの役割

### 1　新たな市民組織

中世後期のヴェネツィアでは、都市の発達とともにコミュニティの生活意識が確立され、各地区において公共生活の場であるカンポ（広場）を中心とした求心的構造が完成した（図1参照）。だがそれと同時に、道や橋の建設と整備によって島すなわち地区相互が完全に結びつけられ、都市全体が次第に統合されていった。それとともに人々の行動の範囲も形態も多様に広がり、教区ないし地区ごとにおけるコミュニティの完結性は徐々に薄れていったと考えられる。そして新たな原理でつくられた周辺の拡張地区にはもはや、「地区完結型」ともいうべき中世的な構造を見出すことはできない。その形成の核となった修道院の前にも、せいぜい小さな空地としてのカンポがとられているだけで、従来の教区全体を社会的にも形態的にも求心的に統合してきた真の広場としてのカンポの姿は、もはやそこにはない。

しかしながら、ヴェネツィアの都市はいつの時代にも「社会を組織する能力」をいかんなく発揮してきた、という事実を忘れることはできない。そのことは住宅から都市全体に至るまで有機的ですぐれた環境を築き上げた点に示されたばかりか、共和国の政治の機構、商売の方法、航海や戦いの方法など全ての側面に見られるヴェネツィアの大きな特徴であった[48]。中世の「地区完結型」の社会が崩れ始めたとするならば、より開かれた都市の中で人間集団をまとめ上げていくための別の新しい仕組みが当然必要となったはずである。このような観点から考える時、中世末からルネサンス期にかけてのヴェネツィアの都市を理解する一つの重要な鍵として、スクオラ（相互扶助組合）の存在が浮かび上がってくるのである。

スクオラは本質的に、非聖職者のみによって運営される、信者会としての性格をもった宗教的団体であり、慈善活動、相互扶助活動を行う目的で中世初期から誕生していた。そこにはさまざまな職業の人々が加入し、それぞれ守護聖人をかかげて活動していた。このようなスクオラは都市構造そのものが人々を島という限られた領域に共同して一緒に住むことを強いていたヴェネツィアにあっては、必然的に生み出されたともいえよう[49]。そもそも、干拓によって宅地をつくらねばならず、建設材料も全て本土から運ばねばならないという困難な条件の下で都市の建設を進めたヴェネツィア人の間には、おのずと共同でものごとにあたる精神が培われたと思われる。またこの都市が海の中に独立して存在していたことが市民の間に一体感を育てたに相違ない。しかもまわりがラグーナの海であるから、市域の外側に人々が流れ込んで都市が無原則的に広がるということもありえなかった。本土の一般都市では下層の職人や商人が危険をおかして城壁の外に自然発生的に住みつき、貧しい居住区を形成したが、海で囲われたヴェネツィアではそういった現象は見られず、周辺部の開発も組織的な干拓造成とともに行われたのである。このような背景のもとにヴェネツィアでは最下層の人々も含めた都市民の一体感が自然に生まれ、相互扶助の精神に基づく福祉的な社会活動が発達することになったと考えられる。こうして生まれたスクオラには、貴族をのぞくさまざまな階層が参加したが、特に都市社会の中でそれまで無保護と感じていた職人、商人などの庶民階層の間で発達した。

一三世紀末から一四世紀はじめにかけて、ここから業種ごとの利益を守り、相互扶助、保証を目的とする職能組合が形成され、やがてスクオラ・ピッコラと呼ばれるようになった。やはりそれぞれ守護聖人をかかげ、宗教的性格をもった(50)。これらはさまざまな形態をとり、正確な数がつかみにくいほど多く存在した。しかし一六世紀はじめの有名なマリン・サヌードの日記によってわれわれは、共和国の重要人物の葬式に参加したスクオラの数を知ることができる。中でも一五二一年の元総督で海軍総司令官であったレオナルド・ロレダンの葬式には、約一二〇ものスクオラ・ピッコラが参加したと記されている(51)。

これらのスクオラ・ピッコラに対し、特定の職能に関係なく社会一般の中での慈善事業、共済活動を行うものは、やがて一五世紀末頃からスクオラ・グランデと呼ばれるようになった(52)。これらは一三世紀にその起源をもつが、ペスト等の疫病がしばしば襲う中世の社会にあって、慈善活動の必要性が人々に認識されたため、その会員数は急増した。しかも貴族の遺産や政府からの資金援助によって次第に富裕な団体となったこれらのスクオラは、一六、一七世紀に最も大きく発展したのである(53)。

一六世紀には、各種国内産業を中心とする経済活動の主導権は、貴族から中産階級の手に移っていた。そして経済的にも社会的にも力をもった彼らによってスクオラは運営されたのである。特にスクオラ・グランデは、政治から疎外されていた市民に社会参加の機会を与え、彼らの野心を満たし、ヴェネツィアの都市社会において名誉ある地位を得る機会を提供した。そもそもヴェネツィアでは、五パーセントにも満たない一部の貴族(54)が閉鎖的なカーストを構成し、政治権力を独占してきた(55)。それにもかかわらず、この都市において貴族的な共和国の体制を打倒する下の階層からのいかなる重大な騒動も起こらなかったのは不思議である。その一つの大きな理由として、B・パランは、スクオラでの慈善や救済活動を通じて、非貴族である市民が国家の社会的、政治的構造へ参画していた事実を指摘するのである(56)。後に詳述する職能組合も含めたこのようなスクオラの活動によって、一六世紀のヴェネツィアは、従来政治や経済の責任の大半を貴族階級のみに委ねてきた共和国の老朽化を避け、古い社会構造に新たな活力を与えることができたのである。[57]

　スクオラ・グランデは、ルネサンスを迎えた一六世紀はじめには、サン・マルコ、サン・ジョヴァンニ・エヴァンジェリスタ、サン・ロッコ、ミゼリコルディア、カリタの五つであったが、その後、一五五二年にサン・テオドロ、一七世紀にカルミニが加えられ、全部で七つとなった（図9）。そのうち六番目にリアルトの近くに登場したサン・テオドロを除けば、他の全ては都市の大なり小なり周縁的性格をもつ地区に後発的に生れたものであった。初期には修道院の中に間借りする状態から出発し、あるものは場所

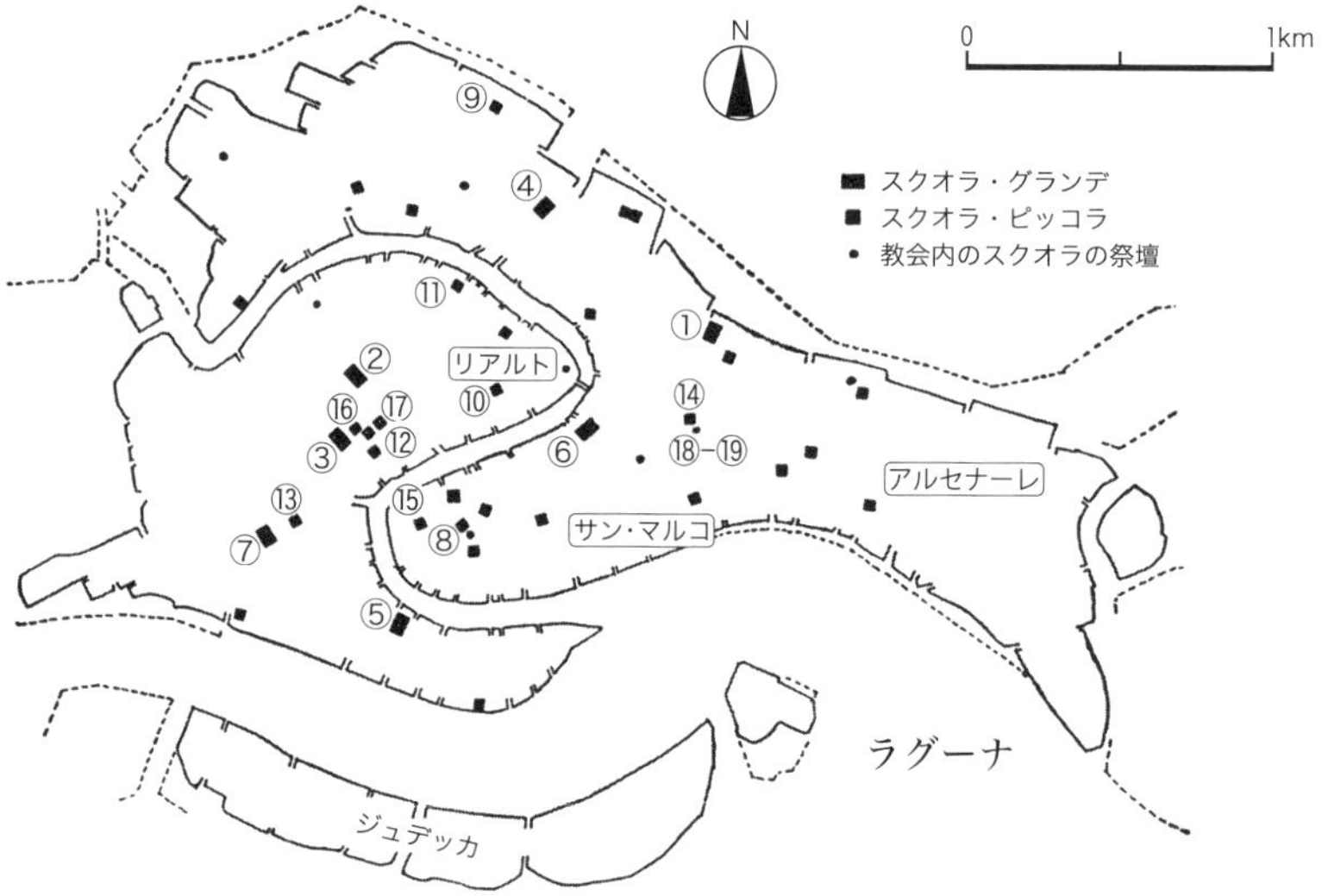


スクオラ・グランデ

①サン・マルコ　②サン・ジョヴァンニ・エヴァンジェリスタ　③サン・ロッコ　④ミゼリコルディア
⑤カリタ　⑥サン・テオドロ　⑦カルミニ

スクオラ・ピッコラ

⑧毛織物＝サント・ステーファノ　⑨貿易業＝マドンナ・デロルト　⑩石工＝サンタポリナーレ
⑪金箱師＝サン・スタエ　⑫靴屋＝サン・トマ　⑬皮なめし職人＝サンタ・マルゲリータ
⑭爆撃手＝サンタ・マリア・フォルモーザ　⑮石積み工＝サン・サムエレ　⑯フィレンツェ人　フラーリ
⑰ミラノ人　フラーリ

教会内のスクオラの祭壇

⑱果物商＝サンタ・マリア・フォルモーザ　⑲清掃人＝サンタ・マリア・フォルモーザ

＊多くのスクオラ・グランデが，後発的に生まれた周辺の修道院に隣接して置かれているのに対し，スクオラ・ピッコラは一般に既存の都市構造の中に深く入り込んでいる．

図9　主なスクオラの位置

を転々と移しながらも、やがていずれかの修道院と合意を結んで、それに隣接する専用の集会所をもつようになった。次第に社会的地位を確立し富裕になったスクオラ・グランデは、一六世紀には、一流の建築家の手で立派な会館を建設した。

こうして新たな市民活動の中心となったスクオラ・グランデは、中世末からルネサンス期にかけての周辺部における庶民地区の拡大と発展に大いに貢献したと考えられる。このようなスクオラは、そもそもヴェネツィアの指導階級である貴族とは縁の薄い存在である。庶民生活の場に近接して堂々とそびえるスクオラの会館の一つ一つがまさに、社会参加を求めるヴェネツィア市民の都市活動の高揚を示しているといえよう。

ルネサンスの見事な建築作品を次々と実現したスクオラ・グランデが、視覚的にも新たな都市のイメージの骨格を形成する上で貢献したのに対し、多様な形態で無数に生まれた職能組合のスクオラ・ピッコラは、むしろ見えざるネットワークで都市の構造の再編に大きな役割を演じたといえよう。それらの中にも今なお現存する建物が多いが、いずれもそれほど大きくはなく、中世に骨格をつくり上げていた地区のあらゆる場所に巧みに入り込んでいる（図9）。サント・ステーファノ教会前の毛織物組合、マドンナ・デロルト教会横の貿易業組合[58]など、修道院教会堂のカンポに位置しているものもあるが、むしろ、既存の教区教会のカンポを囲む壁面の中にその姿を見せているものの方が多い。サンタポリナーレ教会横の石工組合、サン・スタエ教会横の金箔師組合、サン・トマ教会対面の靴屋組合[59]（図10）、サンタ・マルゲリータのカンポにある皮なめし職人組合などがその典型例である。また、古

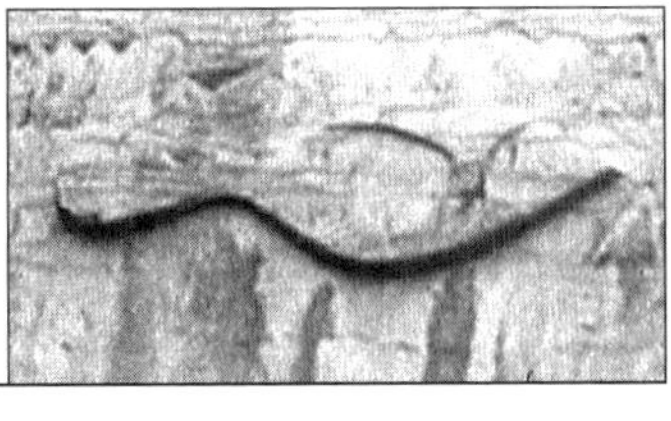

図10　サン・トマのスクオラにある靴のレリーフ（下は拡大図）

くからの重要な教区、サンタ・マリア・フォルモーザには、教会の横に爆撃手組合が置かれたばかりか、教会の内部に果物商組合、清掃人組合などの祭壇が設けられ、この地区の庶民生活にとっての重要性を一層高めた。このように教会内にスクオラの祭壇を置く例は他にも数多く見られ、特に一六世紀には、それが教区教会にとって貴重な財源となっていた。(60) また中にはサン・マルコに近いファッブリ（鍛冶屋）通りの鍛冶屋組合、サン・サムエレ通りの石積み工組合のように、街の中心部の道路に面して登場したものもある。一方、他都市から集まった人々が彼らの結束を固めるため、独自に形成した組合も幾つか見られる。中でも、フラーリ教会のカンポには、フィレンツェ人とミラノ人の組合が置かれ、この教会の中に彼ら専用の祭壇が設けられている。

このようにスクオラ・ピッコラの都市内での立地を検討してみると、おしなべて、これらの組合は、スクオラ・グランデよりも既存のヴェネツィアの都市構造の中に深く入り込んでいるように見える。そしてしかも、これらの建物は、つつましいながらも一般の住宅の外観とは一見して識別できる独特の容貌をもち、カンポを中心とした各地区の都市景観にちょっとしたアクセントを与えているのである。

これらの職能組合であるスクオラ・ピッコラは、同業者の団体生活を統制し、業種ごとの利益を守るために生れた。従って不正な競争、粗悪な仕事、悪い材料の使用、過剰労働（特に夜間労働）などの行為を取締まった。また商品の価格を定める力のある組合もあった。試験によってマエストロ（親方）の称号や店を開く権利を与えることもできた。会員は組合に年会費を払うと同時に、仕事の利潤に応じて政府に税金を払った。(61) これらの組合もやはり、貧乏人や病人への金銭的援助、未亡人への年金、孤児の保護、病院の建設など、社会の中で福祉的役割を果たした。

職能組合の社会的役割はいよいよ大きくなり、一五三九年には、ヴェネツィアの全ての職人、労働者は一つの組合に加入することを義務づけられた。しかも、海軍の主力である軍用ガレー船の漕ぎ手を確保する徴兵制は従来、各地区ごとに割り当てられていたが、この時点から、各組合ごとにその能力に応じた人数を割り当てる制度に変えられたのである。また、宗教的祝祭や国家の公的行事にそれぞれの組合の旗をかかげて参加することが義務づけられたが、それは同時に組合員にとって大きな名誉でもあった。[62]

### ② 「地区完結型」から「開放型」の都市へ

このように一六世紀には、人々は地区ごとに完結する日常的な狭い地縁的まとまりを抜け出て、スクオラという新しい市民組織を通じて共和国に統合されるようになったとみることができよう。中世後半から島相互を橋で結び、道を整備して、フィジカルな構造としても徐々に統合を強めていたヴェネツィアにあって、このルネサンス期には、社会組織としても中世とはまた別の枠組で市民が都市全体としての結束をもつようになったのである。庶民はしばしば催される祝祭や公的行事に参加し、それまでなじみの薄かったさまざまな空間を身近に体験することができたであろう。また、各職能組合（スクオラ・ピッコラ）は都市全体の中で通常一か所に置かれただけであるから、ヴェネツィア中の同業者が大勢同じ場所に集まることになったはずである。[63] それまでのローカル色の強かったカンポ（広場）にも、さまざまな地区の住民が出入りするようになったに相違ない。個々の市民にとっての都市内での行動の範囲も、当然大きく広がったであろう。カンポはもはや地区住民のためだけのものではなくなったのである。

こうして「地区完結型」の社会は大きく崩れ、ヴェネツィアの都市は機能的により開かれた存在になったに違いない。[64] 各地区の中心であったカンポという古い器は、こうして新しい容貌と中身を盛られて、さらに多様な都市活動を受け入れる舞台となった。一七、一八世紀のいわゆるバロック時代になると、数多くの劇場がつくられ、カーニバル等の祝祭的雰囲気が街中に溢れて、こういった傾向により拍車がかけられたことはいうまでもない。それだからこそまた、先に述べたような周辺に開発された新たな庶民的住宅地が、それ自体の中にコミュニティをまとめ上げるカンポをもはやもたなくとも、人々はより大きなスケールで都市活動に参加し、都市社会への強い帰属心をもつことができたのである。

だが、そうはいっても、ヴェネツィアの各地区における職住近接の原則が崩れたわけではなかった。ベルトラーミは一七四五年における国勢調査をもとに、戸主がサン・カンチアーノ地区（リアルトに近いカナル・グランデ沿いの古い地区）で働いている三七の家族についての、家族構成、居所、職業、家賃、賃金などの社会的属性に関して興味深い報告をしている。(65) それによれば、二四家族が同じカンチアーノ地区に住み、三家族がすぐ隣のサン・スタエ地区に、五家族が大運河をはさんですぐ対岸のサンティ・アポストリ地区およびサンタ・ソフィア地区に、他の五家族も、せいぜい橋を三つ四つ越えれば到着できる近い地区に居住しているのである。それより早いルネサンス期ならば当然、それ以上に職住近接の構造は強かったであろう。また周辺の拡張地区においても、おそらく似たような構造が成り立っていたと思われる。それを推測させる一つの根拠として、一六六一年から一七一二年にかけての教区ごとの店の数の変化を示す面白い史料がある。(66) それによれば、この間に古い中心地区ではあまり変化がないのに、周辺へ拡張した地区で特に店の数が急増していることがうかがえ、都市の外側への拡大は単に純粋な住宅地を広げたのではなく、店などの職場を伴った複合地区の開発として進められたことが推測できるのである。

## 4　庶民の集合住宅

島という限られた土地の上に街をつくったヴェネツィア人は、古来集約的な土地利用のために、広場や道の外部空間の合理的な共同利用に加え、集合して住むためのさまざまな工夫をしてきた。そのために古くから、同じ建物に複数の家族が住む集合住宅の考え方が発達したのである。しかも、狭い土地に共同で住む歴史的経験の中から相互扶助の精神が培われ、公共的救済の一つの配慮としても、こうした庶民のための集合住宅が数多くつくられてきた。

## 1 巡礼者の宿泊所

ヴェネツィアにおける集合住宅の一つの起源は、巡礼者のためにつくられた宿泊施設に求められよう。その最古の例は、総督ピエトロ・オルセオロによって九七八年にサン・マルコ広場につくられた、聖地エルサレムへの巡礼のための宿泊所である[67]（図11の①）。それは一五世紀末にG・ベッリーニによって描かれた「聖マルコの奇跡を祝う行列」の絵の右側にもまだ姿を見せている。だがその後、ルネサンス期における国家の威信をかけたサン・マルコ広場の一連の大改造事業として、プロクラティエ・ヌオーヴェ（新行政館）が建設された一五八〇年に、この庶民的な建物は撤去された[68]。

これと同様、やはり聖地へおもむく巡礼者のための宿泊所が、より周辺部のアルセナーレに近いスキアヴォーニの岸辺に登場した（図11の②）。一二七二年に大評議会において、巡礼者のための住居を建設するための土地の寄贈が通達され、カ・ディ・デ

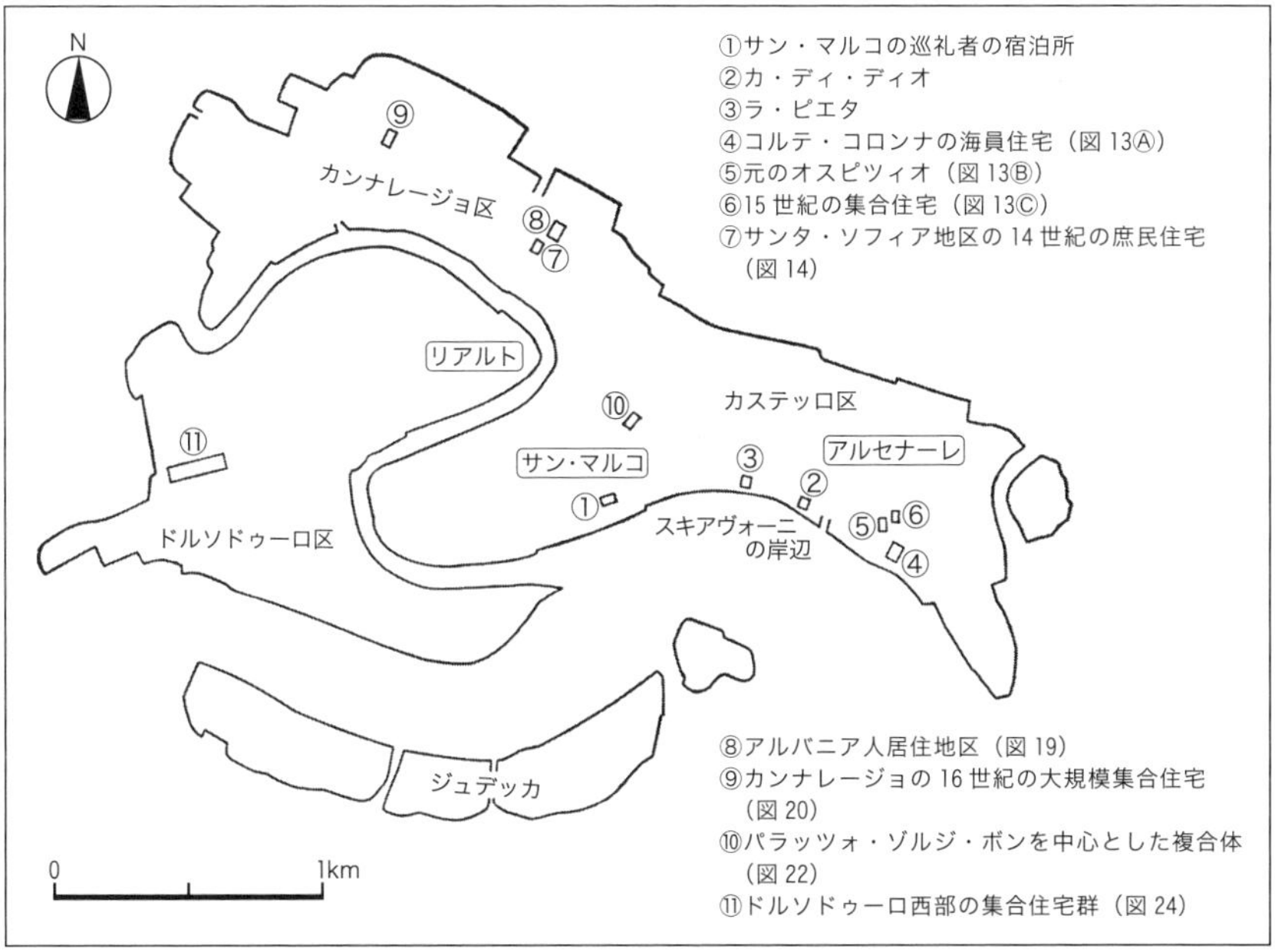


図11　本章でとりあげる集合住宅の位置

ィオ（「神の家」）と呼ぶことが義務づけられたのである。この海に面した位置は、聖地へ旅立つ旅人にとってはとりわけ都合がよかった。その後、数多くの遺産の寄贈を受け、立派な施設に拡大された。しかし一四世紀になると、もはや巡礼も十字軍もこの街をほとんど通らなくなったため、本来の機能を変え、病いや貧困に苦しむ婦人のためのオスピツィオ（養護院）となった。[69]

## 2 中世のオスピツィオ

このようにヴェネツィアでは、巡礼者のための宿泊施設がもとになり、そこから貧民のためのオスピツィオの考え方が生まれたといえよう。[70] そして公共的救済活動として、一四世紀以降、共和国、スクオラ・グランデ、信心深い市民の手で、数多くのオスピツィオが建設されてきた。それはまさにヴェネツィア共和国の社会政策を特徴づける重要な要素であった。

デ・バルバリの鳥瞰図ではカ・ディ・ディオ（神の家）と呼ばれるオスピツィオはいまだに平屋の質素で単純な容貌をしている。だがルネサンス期に慈善的活動が一層活発化する中で、このオスピツィオは、国家のお抱え建築家サンソヴィーノの手で建て替えられることになった。実際には建設の実現が途中で中断し、別の建築家のもとで再開されたが、リオ（運河）沿いの外観を含め、中庭を囲む現在の建物の少なくとも西側半分の構成はサンソヴィーノ自身のものと考えられている[71]（図12）。このオスピツィオの建設を見ても、ルネサンス期における庶民生活の保護救済にかける共和国の意気込みがうかがい知れよう。

このカ・ディ・ディオからスキアヴォーニの岸辺をサン・マルコに向かって少し西に歩いた所に、一四世紀中頃に捨て子を収容するためにつくられた「ラ・ピエタ（慈悲）」と呼ばれるオスピツィオがある（図11の③）。これは何人かの修道士のイニシアチブと富裕な数家族からの援助によって、オスピツィオの早い例の一つとして実現した。このような子供たちを集めた施設では、教会の聖歌隊を養成する必要もあって、音楽教育が活発に行われた。特に、ベネデット・マルチェッロやアントニオ・ヴィヴァルディといった著名なマエストロに指導されたこのラ・ピエタの孤児たちによる合唱や合奏はヨーロッパ中に知れわたった[72]。

これらはいずれも捨子、身寄りのない老人、病人、貧民などの最下層の人々が個人として集合するためのオスピツィオであった。そのため、各部屋を通路が結ぶという構成をとり、ヴェネツィアの普通の住宅とは異なる独特の容貌を示している。

それに対し、ヴェネツィアには、一般の集合住宅により近い家族用のオスピツィオも建てられた。庶民集合住宅の建築的構成を考える上で特に興味深い例は、一四世紀に起源をもつ、共和国によって建設されたコルテ・コロンナの海員住宅である（図11の④）。共和国のために命をかけて東方の海へ乗り出す船乗りに対し、その家族への社会保証として提供されたものである[73]。アルセナーレの南の、おそらくいまだ湿地だった水辺の場所に登場したこのオスピツィオは、デ・バルバリの鳥瞰図（次頁図13のⒶ）がよく示す通り、ラグーナを行き交う船からもそのユニークな外観が眺められ、海洋都市国家の象徴的な建物であったに相違

図12　カ・ディ・ディオの外観

ない。

一七世紀中頃に、海側に大きなアーチを二つもつ建物がつけ加えられたため、今では内部の様子が隠されてしまっているが、その構成はデ・バルバリの鳥瞰図の頃と全く変わっていない。従って、現在の建物とその配列が少なくとも一五〇〇年より早い時期にさかのぼることは確実である。ここには、特に一五世紀のヴェネツィアで確立したと思える庶民の集合住宅の在り方がよく示されている。すなわち、カッレ（路地）に沿って幾つかの住戸が横に連結する長屋のような集合住宅の形式をとっているのである。そしてしかも、全く同じ構成をとる建物が平行に三棟並び、それぞれの棟の間には、コルテ・コロンナの名前が示

図 13　デ・バルバリの鳥瞰図（部分，1500 年）に描かれた集合住宅　中央の海際に見える 3 棟の平行に並ぶ建物が海員住宅（Ⓐ）．左上方には，元のオスピツィオであるコルテ・ヌオーヴァの複合体（Ⓑ）が見える．その右上方には，2 棟が平行に並ぶ 15 世紀の集合住宅（Ⓒ）がある．

す通り、カッレといってもむしろコルテ（中庭）に近い住民の共有空間としての細長い小広場がとられ、そこに共同井戸も備えられている。このように三列の集合住宅の間に意図的にとられた共同生活の場としてのカッレは、カッレとコルテの中間形態という意味でカッレ・コルテと呼ぶことができよう(74)。一方、建物そのものを見ると、外観はアーチ窓、入口などいずれも一六、一七世紀に大きくやり直されている(75)。内部の構成はヴェネツィアの庶民住宅の典型的な様子を示しているが、やはり改造の手がかなり加わっていると思われるので、ここでは詳細な検討は省くことにする。

さて、デ・バルバリの鳥瞰図を眺めると、この海員住宅のすぐ左上方に、非常に長い二棟の平行な建物が間に広い共有の空地をはさんで並ぶ、面白い複合的環境を見出すことができる（図11の⑤）。この敷地は、北のサンタンナ運河の岸辺から南のターナ運河の岸辺まで伸びる細長い形態をとっており、その両端は中央に入口を設けただけで壁で堅く閉じられている。今日では両端の壁は取り払われており、コルテ・ヌオーヴァ（新しいコルテ）と呼ばれる公共の通行に開かれたごく普通のコルテとなっている。デ・バルバリの図（図13のⒷ）にある二つの共同井戸(76)は今もそのまま残されている。この一画は、閉鎖的で集合的な空間構成から見て、明らかに共同生活のために生れたオスピツィオであったと推測される。特に、庶民的雰囲気の強いこのカステッロ区には、おそらく元々はオスピツィオの性格をもっていただろうと思われるこうした建築複合体を他にも幾つか見出すことができる(77)。

なお、やはり同じデ・バルバリの鳥瞰図を見ると、コルテ・ヌオーヴァの建築複合体のすぐ右上方に隣接して、細長い三階建の建物が二棟平行して建っているのがわかる（図11の⑥、図13のⓒ）。これはその様式から一五世紀の建物と考えられ(78)、後に詳しく述べるようなカッレ・コルテをはさんで二棟が対に並ぶ、一六世紀に確立した集合住宅の形式の先駆をなす例とみることができよう(79)。

### 3 路地に沿う長屋風集合住宅

中世のヴェネツィアでは、ゴシック時代の都市発展とともに、一般の住宅の建設活動においても、労働者、職人など庶民階層のための集合住宅が数多く建てられるようになった。一軒一軒別々に建てるよりも、建設の手間や敷地利用上の効率を考え、二戸を対称形に並べて建てる双子型の形式や、カッレに沿って住戸を横に幾つも連結する長屋形式の集合住宅が普及し始めたのである。

特に注目すべき先駆的な例は、すでに述べたサンタ・ソフィア地区北側の一画に見出せる（図8参照）、狭いカッレ沿いに計画的につくられた一四世紀ゴシックの庶民住宅である[80]（図14、図11の⑦）。これは運河とそれに平行な島内部の道との間を垂直に結ぶカッレに面して帯状に置かれ、各戸へのアプローチはこのカッレからとられている。

このような路地と長屋風の集合住宅のユニークな組み合わせは、水の都ヴェネツィアの特異な都市構造を見ないと理解できまい。ヨーロッパの普通の街なら、道路に沿ってまず建築群が並び、四方を道路が囲んで街区ができ上がるのが常識である。従って、道路側に建物のファサードが連続的に並び、街区の内側に空地がとられることになる。こうして比較的単純な都市空間が生れる。

ところが、全て水を優先するヴェネツィアでは、運河の側から建物が並び始める。さらに、地区のコミュニティが成長すると、運河と島の背骨にあたる主軸道路（サリッザーダ）とを垂直に結ぶ路地が平行に何本もつくられ（相互の間隔は小さい）、その間に小住宅がぎっしりと建ち並ぶ。しかも、二本の平行なカッレにはさまれる二列の住宅群の間には、普通きちっと背割り線が通っていて、奥へ侵食することはできない。このような都市的文脈の中で、他の街のような奥へ伸展する建築類型のかわりに、カッレに沿って比較的間口を広くとる住宅が現われたのもヴェネツィアの特徴といえよう。そしてカッレに面した小住宅群は、時代とともに次第に数戸を一棟に合体して、土地利用の上で効率のよい長屋形式の集合住宅に置き換えられてきたと考えられるのである。

また、都市の中にあって、ヒューマン・スケールで空間的に分節されたこれらの路地には、すでに見てきたように方言でわざわざカッレという名称がつけられているのである。ヴェネツィアには普通の街のような街区の構成は全く存在しないといえる。これらの路地は運河際で行き止まる袋小路であるから、ここに面して住む人々だけに開かれた半私的な都市空間である。しかも、こうした長屋風の集合住宅は裏庭をもたないため、必然的に路地への依存度が強くなる。窓辺にはフラワーポットが置かれ、路上には椅子をもち出

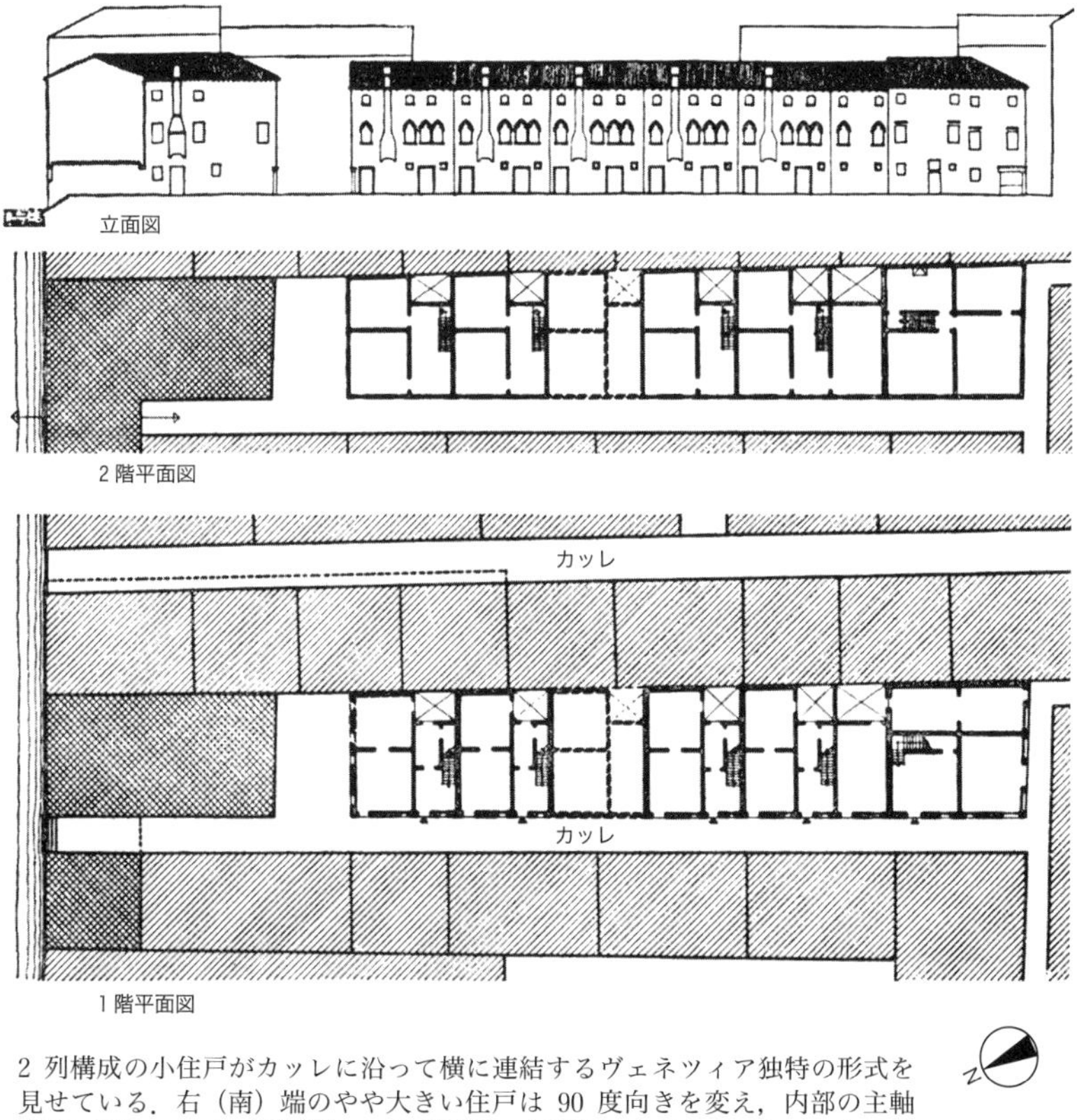


2 列構成の小住戸がカッレに沿って横に連結するヴェネツィア独特の形式を見せている．右（南）端のやや大きい住戸は 90 度向きを変え，内部の主軸道路に面している．運河側には中産階級の中規模住宅がある．カッレをはさむ対面の建物は 18 世紀の再建．

図 14　サンタ・ソフィア地区の 14 世紀の庶民集合住宅（P. Maretto, *L'edilizia gotica veneziana* より）

して手仕事をしながらのんびり過ごす婦人たちの姿も見られる。特に、アルセナーレ周辺のカステッロ区では、向い合う壁の間にロープを渡して路地が共有の物干し場となっている光景を随所で目にできる（図15）。

以上のような特異な都市構造を、集合的な住環境が形成された背景として認識しておく必要があろう。前述の海員住宅やその近くのオスピツィオだったと思える建築複合体の配置構成も、元々こういった都市構造から由来しているのに相違ない。

図15　カステッロ区の15世紀の庶民集合住宅（図11の⑥に対応）

### 4 三列型と二列型の庶民住宅

さて、中世のヴェネツィアにおける長屋風集合住宅の成立を都市的文脈の中で考察したので、次に、図14に戻って住宅そのものの建築的構成を詳しく分析したい。まず、長屋を構成する一つのユニットに着目してみよう。三層構成のうち、一階の左半分には店か職人の仕事場、または倉庫がとられ、右半分は上階の住居のための玄関と物置である。主階にあたる二階には、家族共有の広間が右側にとられ、左側二室へのアプローチを与えると同時に、その中に垂直動線としての階段をもとり込んでいる。そのために小住宅でありながら各個室のプライバシーは完全に保証されている。道路側の居室には、立面を見てわかるように、かまどのある台所が置かれる。このように道路側に生活臭がにじみ出てくるのも庶民住宅の配列や構成上の特色であり、立ち上がる煙突がまたデザイン上のアクセントにもなっている。この二階が主として昼の生活空間であるのに対し、夜の生活空間の寝室は三階の屋根裏部屋にとられている[81]。

また二階の広間は、ファサード側にその存在を表現し、二連窓をあけている。一方、居室の列はファサード側では、左右に振った窓を配している。このような庶民住宅の配列および構成上の基本原理は、実は平面的にもファサードにおいても、二列型の貴族住宅のそれと非常によく似ている。この点について少し詳しく検討しておきたい。

そもそも、ヴェネツィアの住宅建築を観察すると、貴族、中産階級[82]、庶民といった階層ごとの規模や格式の違いにもかかわらず、この街特有の空間構造がどこにも一貫して見出せるのがわかる。それは水の街ならではの住宅の構成原理といえよう。

ヴェネツィアの石造、煉瓦造による本格的な住宅建築（一二、一三世紀に登場）は、もともと商館として運河に面して建ったため、水からと陸からの玄関を同時に必要とする二極構造をもつことになった。ここから水－陸を結ぶ空間軸が形成され、一階では玄関ホール、二階では「通り広間」が生まれた。しかも敷地間口に余裕をとり、広間の両側にシンメトリーに居室群を配する三列構成が確立した[83]。この「通り広間」は本来、三列構成の貴族住宅にあっては中央広間の形をとり、両側の各居室（個空間）へのアプローを与える分配空間であり、結合軸であった。またそれは、大きな居間であるばかりか、商取引きの場、商品の展示場として使われたし、さらに社交の場にもなった。

このような中央広間をもつ三列構成の考え方は次第に普及し、ゴシック時代の一四世紀になると、中産階級の住宅にも現われ始めた（次頁図16）。

しかし、住宅の間口があまり大きくない場合には、三列構成とすると、居室の大きさを縮めるには限度があるから、必然的に広間の幅が狭くなってしまう。そこで、小さくまとまった三列構成よりもむしろ、通り広間と一列の居室群よりなる二列構成の方が好まれることになる。上層市民の生活にとって、豪華な広間と、その連続アーチ窓の大きな開口部がつくり出す華麗なファサードの構成とがどうしても必要だったのである。この類型はすでに後期ビザンティン時代（一三世紀後半）から登場したが、都市化の中で小貴族、上層の中産階級が増大し、しかも住宅建築がそれに応じて柔軟性を獲得したゴシック時代（一四、一五世紀）になると、広範に普及した。こうしてヴェネツィアでは、建築類型として三列型と二列型の二つの系列が確立し（いずれも通り広間をもつ点で共通する）、以後何世紀にもわたってその両方が併存し続けることになった。(85)

そして庶民階級の小規模な住宅には、もっぱら二列型の構成原理が導入された。ゴシック初期の小規模パラッツォに二列型が普及するのとほぼ平行して、庶民住宅でも通り広間をもつ二列型の建築類型が確立したと考えられる（図17）。水に直接面することのない庶民住宅の中にも、水－陸を結ぶ空間軸として生れた通り広間が導入されたことは興味深い。それによって住宅内部に、家族の公的空間である広間と、私的あるいは個別的空間である居室とが組み合わされたすぐれた配列構成が生れた。このように「広間」の考え方の発達したヴェネツィアにあっては、近代を迎えるまで、移動だけを目的とした単一機能の「廊下」というものは全く用いられなかった。広間は住宅内部にとり込まれた家族にとっての小広場であると同時に、各部屋への動線をも与える多目的な空間だ

図17　15世紀の2列型の庶民住宅
(E.R. Trincanato, *Venezia minore* より)

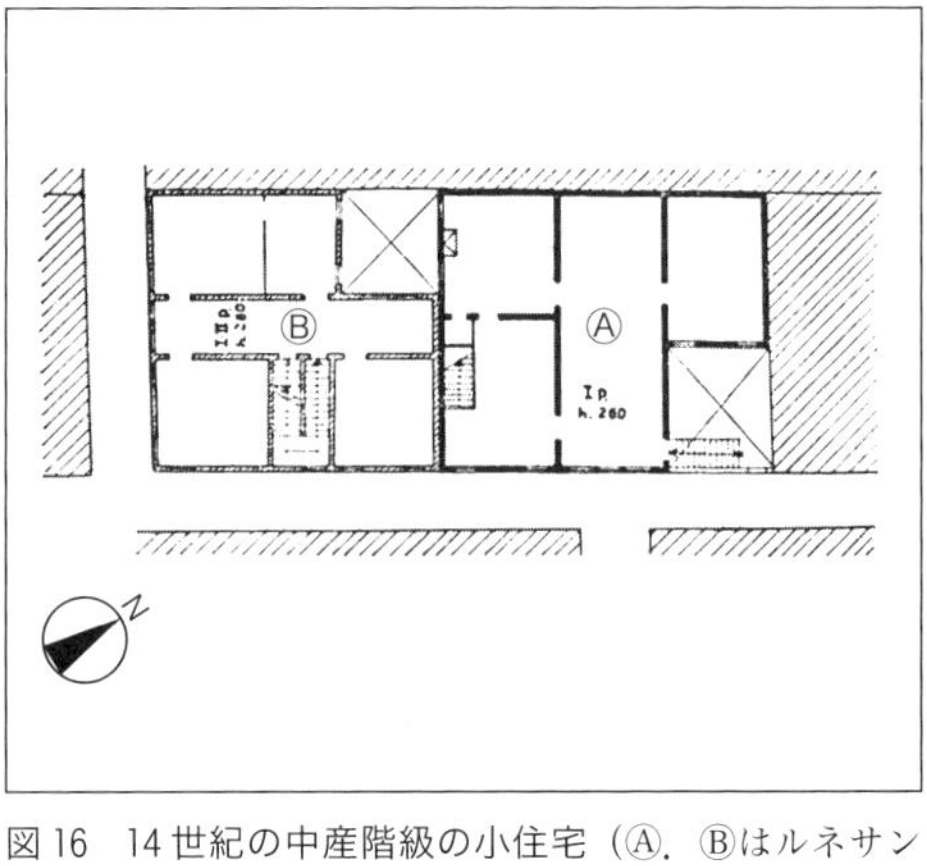


図16　14世紀の中産階級の小住宅（Ⓐ, Ⓑはルネサンスのもの．サンタ・ソフィア地区 (P. Maretto, *op.cit.* より)

ったのである。またこのような内部の定形化した構成によって、庶民住宅の外観にもヴェネツィア建築としてのアイデンティティが表現されることになった。このようにヴェネツィアの庶民住宅は、ゴシック時代にはすでに、都市構造と結びついた明快な設計理念のもとで、一定水準の居住性を獲得していたといえるのである。

## 5　一六世紀の集合的生活環境

一六世紀に入ると、このような中世における経験を基礎にしながら、集合住宅の建設がさらに活発になった。それまでの庶民のみか中産階級のための質の高いものも積極的につくられた。その背景として考えられる理由をここでもう一度要約しておこう。

まず社会経済的には、すでに述べた通り、新航路の発見、オスマン帝国の勢力拡大で苦境に立たされたとはいえ、一六世紀のヴェネツィアは、各種工業、文化産業、大陸経営などで経済力を伸ばし、その人口も最大の一八万強に達して、都市の建設活動は活発だったといえる。

次に、都市形態の上では、周辺部の沼沢地での埋立による都市の拡大が一層進み、既存の諸関係に縛られない自由な敷地で計画的な地区開発が可能であった。しかも、カンナレージョ地区の開発に見られたように、ゴシック時代後半にすでに、従来のカンポを中心とした中世的コミュニティの在り方とは異なる、近代的なセンスを導入したより明快で機能的な地区の構成手法がすでに現われていたが、一六世紀にはさらにルネサンスの合理的、計画的考え方に裏づけられて、庶民・中産階級の住宅を再編しようとする動きが強まったのである。そしてまた建築技術の面では、建設の黄金期ゴシック時代に貴族住宅において開発されたさまざまな技術がより広範な市民の住宅建築の中に応用され、合理的なプランニングによる大規模な集合住宅を生み出しえたということを指摘できるのである。

それでは、一六世紀の集合住宅の構成を実際に見ていこう。トリンカナートによって作成されたこの時期の集合住宅の分布図(86)を見ると、一応都市全体に分散していることがわかる。古い地区でも、中世の小規模で質素な住宅群がこの時期に集合住宅に建て替えられたとみられる。それらの多くは、運河に垂直に内部へ伸びるカッレ（路地）に沿って、既存の都市組織を壊すことなく登場した。左右対称の双子型にはじまり、数戸が横に連結する形式（図18）まであるが、いずれも基本的には、前述のようなすでにゴシック時代に登場したものの拡大再生産であったとみなされる。

一方、ここで最も注目したいのは、周辺部で広い敷地を使って新たな構成原理でつくられた本格的な集合住宅である。これらはやはり、北西のカンナレージョ区、東のカステッロ区、南西のドルソドゥーロ区に集中している。

### ① 大規模建築

まず、カンナレージョ区の二つの例を見ることにしよう。すでに指摘したように、街のやや北寄りのサンタ・ソフィア地区は、ゴシック時代に新規に開発され大きく発展した職人、労働者の計画的な居住区の在り方をよく示している（図8参照）。まず、プリウリ運河に垂直に通る何本ものカッレの間に二列型の庶民住宅が高密に組織されている。すでに見た図14もこの中の典型的な一画である。だがこのあたりは、あまりに数多くの住戸を図式的に効率よく詰めこんでいるために、ヴェネツィア特有の社会生活、公共生活と結びついた豊かな戸外の都市空間の在り方はいささか失われてしまっている。しかし、目をさらに周辺にあたるプリウリ運河の北へ移すと、一五世紀末から一六世紀につくられた、外部

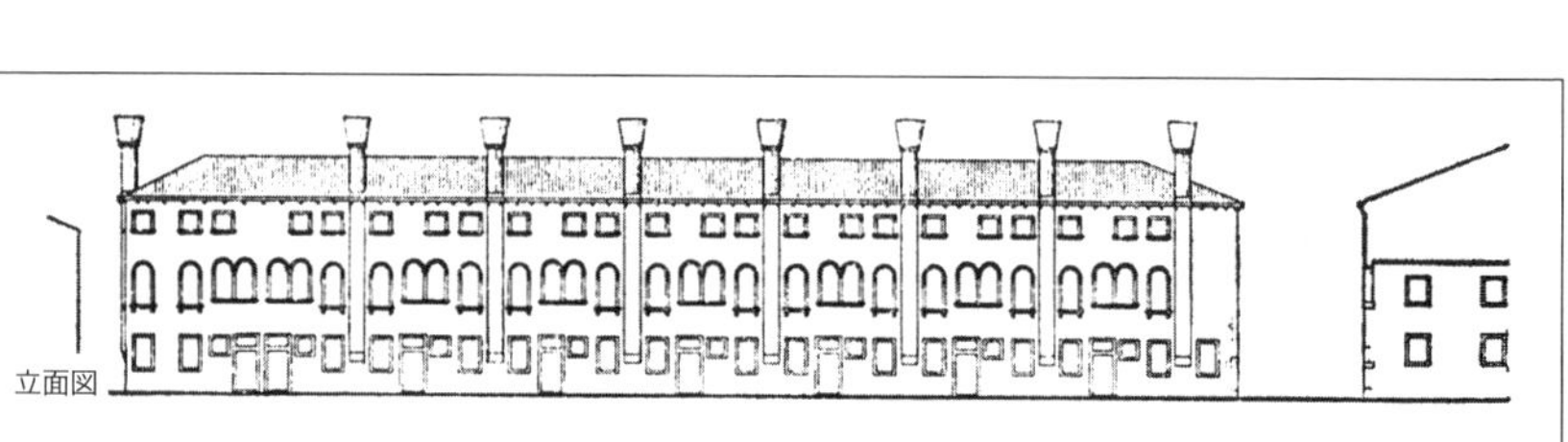


図18　既存の古い地区に建て替えで登場した16世紀の集合住宅（P. Maretto, *Nell' architectura* より）

空間にもよく配慮した興味ある庶民的住環境を見出せる[87]（図19、図11の⑧）。計画的な地割システムに基づき、二本のカッレ・コルテによって線状に並ぶ四列（一部で三列となる）の集合住宅を配置し、中央には住民の共有空間として井戸のあるカンピエッロ（小広場）を置いている。

ここにはもはや上層市民の住宅は姿を見せず、建築類型から見た住戸の形式は、ゴシック以来中産階級や庶民の間に普及してきた通り広間をもつ小規模三列型、または二列型の類型のいずれかに属する。おそらく開発当初は基本的に二列型の均一な集合体であったが、その後の改造と再編によって、三列型を混える幾つかのおもしろい組合わせが生まれたものと考えられる。長い帯状の西棟は、立面図で見てわかるように一体

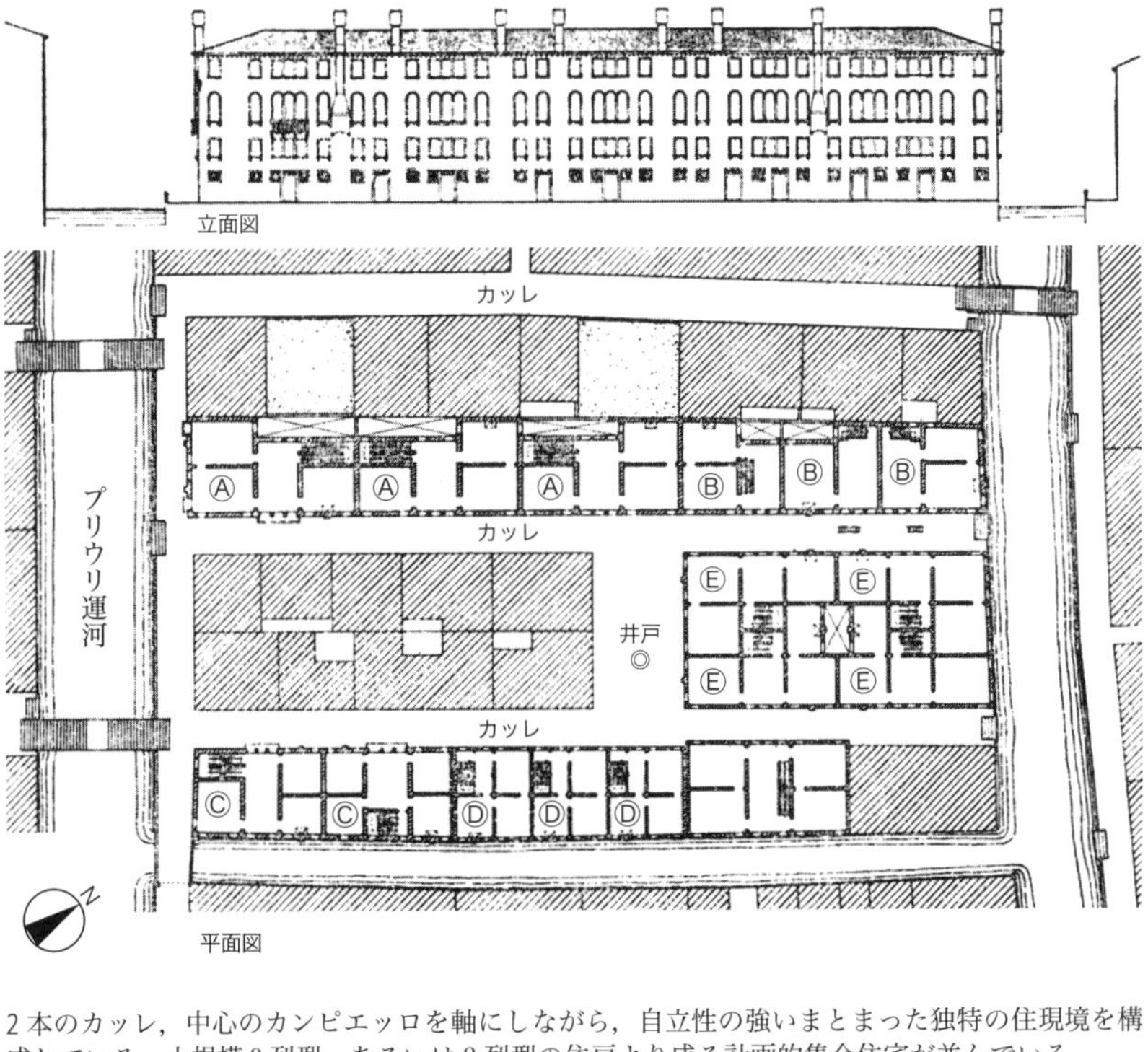


2本のカッレ，中心のカンピエッロを軸にしながら，自立性の強いまとまった独特の住現境を構成している．小規模3列型，あるいは2列型の住戸より成る計画的集合住宅が並んでいる．

図19　アルバニア人居住区（P. Maretto, *op.cit.* より）

であるが、南側三戸（Ⓐ）が三列型（二重螺旋階段をもつ二家族用の新しい形式）、北側三戸（Ⓑ）が二列型（一家族用）である。背後で別の建物と接しているため、採光と通風用の小さな中庭をとっている。運河に面する東棟も同様、三列型（Ⓒ）と二列型（Ⓓ）を帯状に組み合わせたものである。

それに対し中央列の北側の棟（Ⓔ）は事情が違う。もともとは中央南棟（斜線部）のように小住戸が背中合わせに並ぶヴェネツィア中世型の配列を見せていた所に、近世の大規模な集合住宅の形式が導入されて、建て替えが行われたものと思われる。これはブロックをなす複合型の集合住宅であり、背中合わせの二戸を組み合わせ、それを横に二つ並べて一フロアーに計四戸を収めている。このような二面以上をカッレに面する大きな複合的形式が現われると、ヴェネツィアの集合住宅はさらに多彩な展開を見せ始める。

既存の居住地に縛られない新規開発地としてつくられたこの一画は、伝統的な住戸形式に基づきながら、巧妙な解決によってより集合化した大規模建築を実現し、しかも同時にカッレ・コルテ、カンピエッロという伝統的な外部空間をより計画的、組織的に活用しながら、建築と都市空間が一体となった庶民的生活環境をつくるのに成功したのである。この一画は、カンピエッロにも二本の道にもアルバネージの名称がついていることからみて、おそらくアルバニア人[88]の多い居住区であったと思われる。ここにはもはや教区のような大きな領域として統合される構造は全く見られない反面、ごく近隣の住民をまとめていく空間構成が確実に感じられる。

### 2 二棟対称形の配置

カンナレージョ区のもう一つの例、センサ運河とサン・ジロラモ運河にはさまれた大規模な集合住宅は、一六世紀の考え方を明快に示している[89]（図20、図11の⑨）。これは中産階級を含めた庶民のための賃貸用住宅であり、中世の庶民用集合住宅よりも質が高く、各戸とも三列構成、ないし南の運河側では大きな二列構成をとっている。ゴシック期に開発された貴族住宅の各住戸の簡潔な形式を従来の集合住宅の配置構成の考え方の中に巧みにとり入れた、ヴェネツィア・ルネサンスならではの見事な集合住宅といえよう。一六世紀には、民間人の間に貸家経営を行う意識も強まり、それが大規模で高度な土地利用を示す集合住宅の発達をうながしたと考えられる[90]。

まず、これらの二本の平行な運河を垂直に結ぶカッレ・コルテをはさんで二棟が対称形に置かれ、簡潔かつ複合的な構成となっている。そして運河に臨む両端では二棟を結んでアーチがかけ渡され、集合住宅全体の一体性を視覚的にも外に表現している。こうして伝統的な考え方を継承し、二棟の間に半公共的な戸外空間としてのカッレ・コルテを生み出して、そこから各戸へのアプローチをとっている。内部に置かれた各階六つずつの住戸はカッレ・コルテに

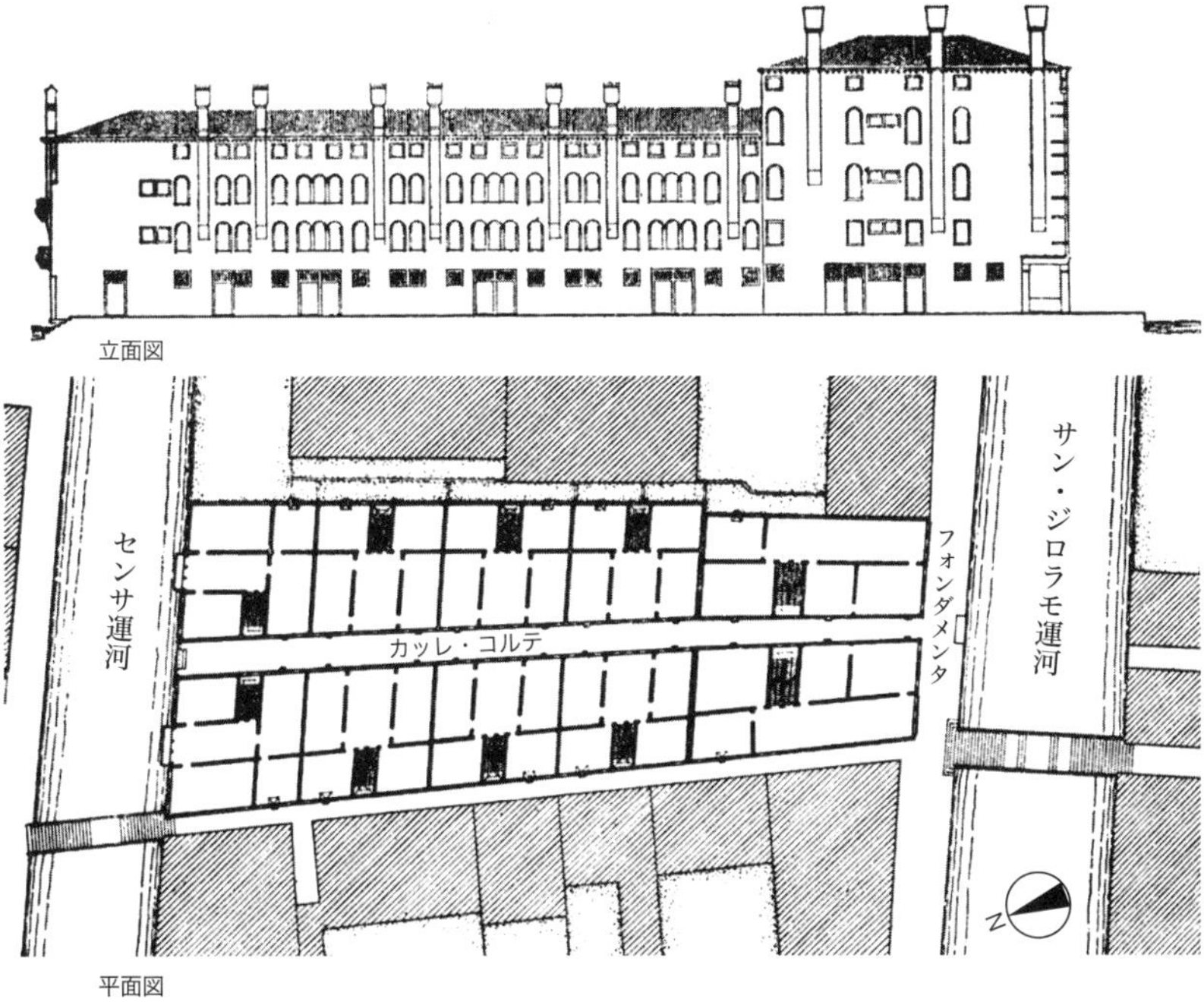


東西に通る 2 本の平行な運河の間の敷地全体を占める．運河側の住戸（北側は 3 列型，南側は 2 列型）は正面を運河に向け，2 棟間はアーチで結ばれる．内側の住戸（3 列型）は カッレ・コルテに正面を向ける．

図 20　カッレ・コルテをはさんで 2 棟連結した 16 世紀の大規模集合住宅（カンナレージョ区．P. Maretto, "Storia edilizia come storia civile" より）

正面を向けるが、運河側の環境条件に恵まれた住戸は向きを振って正面を快適な水辺に向け、外観もこの街の伝統的な形式に整えている。ただし敷地間口の大きさの関係で、北端では三列型、南端では二列型の構成となっている。これらの住戸は内部のそれより当然家賃も高かったものと思われる。

ゴシック、およびそれを基本的に踏襲した一六世紀の小規模な集合住宅（図18）と比べ、この住宅の大きな特徴は、集合性を高めるために垂直方向にも上下に別家族が重なって住んでいるという点にある。しかし、中世以来集合住宅においても各戸の独立性を保証し、入口も階段もそれぞれ別々にとってきたヴェネツィアの個人主義的伝統はここでも決して崩れていない。とはいえ立面図（図20）を見ると、各棟の世帯数にあたる一〇の入口がとられているのに対し、階段は半分の五つしかない。それは実は、これらが独立した動線を二つずつ組み込んだ「レオナルド型階段」（図21）と呼ばれる二重螺旋階段[91]であることによって可能となっているのである。つまり、二家族が一八〇度ずれて表と裏からアプローチし、同一階段を使いながら交差せずに上階へ達するというものである。結局この階段のおかげで、二階を一家族、三階を別のもう一家族が使い、一階と四階はこの両家族の間で分割して使うことができるのである。

実は、住宅としては非常に珍しいこの階段がルネサンス以降のヴェネツィアの庶民住宅に広く普及している。まさに一六世紀のヴェネツィアが生み出した庶民生活のための最大の発明の一つということができよう。それはまた、都市生活の中に公私のけじめをはっきりつけようとする彼らの、住いに対する明確な理念から生み出され

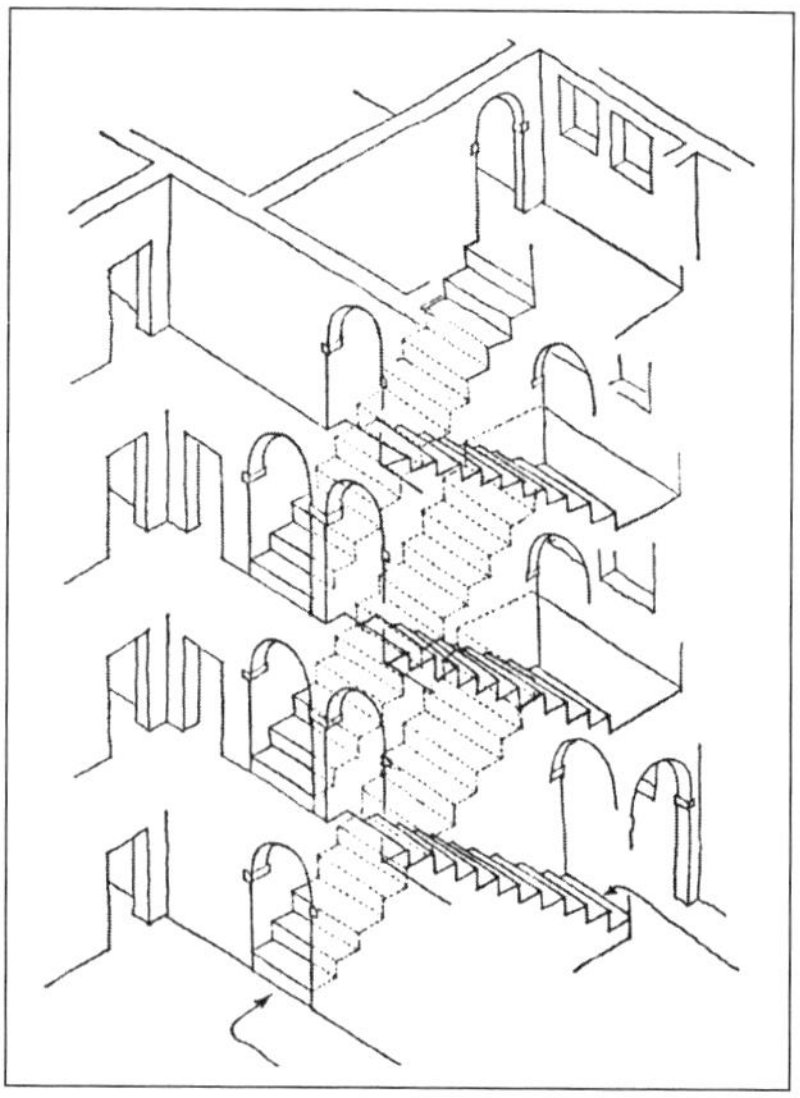

図21　レオナルド型階段（E.R. Trincanato, *op. cit.* より）

た傑作とみることができる。そもそも狭い島の上に大勢の人々が一緒に住むヴェネツィアにあっては、限られた土地を共同で効率よく利用しながら質の高い生活環境を生み出そうとする努力が積み重ねられてきた。その結果、この街では必然的に「公」と「私」の空間領域を明確に意識する感覚が培われたのである。すなわち、ここではまず、私的な土地の無駄使いが極力おさえられ、空地は共同で使用される公共空間にできる限りふりむけられた。こうして一般庶民は個人の庭を全くもたないかわりに、都市の中に適切にとられた共有空間での快適な戸外生活を享受することができた。すなわち、地区から数家族の近隣に至るそれぞれのスケールごとにカンポ（広場）、カンピエッロ（小広場）、カッレ・コルテといった都市の外部空間が住民の共同生活の場としてつくられ、積極的に活用されたのである。また同時に、こうして個人にとっての私的空地が切りつめられる一方で、住宅の内部自体は他都市のそれよりも充実しており、一歩その中へ入れば誰からも侵されない独立した家族生活の場として完全に保証されていたのである。そして一六世紀の都市化の過程で、一つの住宅内部に多くの家族が集合して住むようになっても、ヴェネツィア人は彼らの住いの理念を決して崩さず、家族生活の揚である各戸の独立性、プライバシーを絶対に確保しようとつとめた。そこから生まれた建築技術上の巧妙な解決法がこのレオナルド型階段だったのである。

### 3 均質空間へ

さて、このカンナレージョ区の集合住宅を都市の文脈の中で観察すると、ヴェネツィアの中世的な住環境の構成とはもはや大きく異なっていることに気づく。すなわちここには、都市の中で運河側が絶対的に優位に立ち、それを頂点として空間的ヒエラルキーが構成されるという、水の都ヴェネツィア独特の在り方がもはや見られない。運河側に貴族が、裏手に庶民が同じ地区に隣接して住むような複合的コミュニティが周辺部ではすでに失われていたことを示している。

比較のために、後期ビザンティンからゴシック初期にかけてつくられたパラッツォ・ゾルジ・ボンを中心とした建築複合体を見てみよう[92]（図22、図11の⑩）。運河に面してこの立派なパラッツォ（後期ビザンティン時代）があり、その背後にカッレ・コルテが運河に垂直に奥へ伸び、両側には形態上パラッツォに従属するような形で、数家族のための庶民住宅が配されている。特にその北西側には、二列型のゴシック時代の住戸が三つ一体となった建物が見られる。このようにコルテやカッレという集合的なオープン・スペースを中心軸としながら、都市の中で空間的に分節された独立性の高い住空間をつくる傾向は、ヴェネツィアにおいて古くから見られたものなのである。こうして生まれる空間単位をここではアーバン・ユニット[93]と呼ぶことにしたい。この例では特に、空間的まとまりをつくり出すために、カッレの先端の島内部のメインストリートに面する部分に、アーバン・ユニットへの入口として二棟を結ぶゴシック様式のアーチがかかっている。またこのアーバン・ユニット全体が統一のとれた構成を示していることからみて、この中に住む表の貴族と裏の数家族の庶民の間には、日本の町人地の横丁における表店と裏店に似た何らかの直

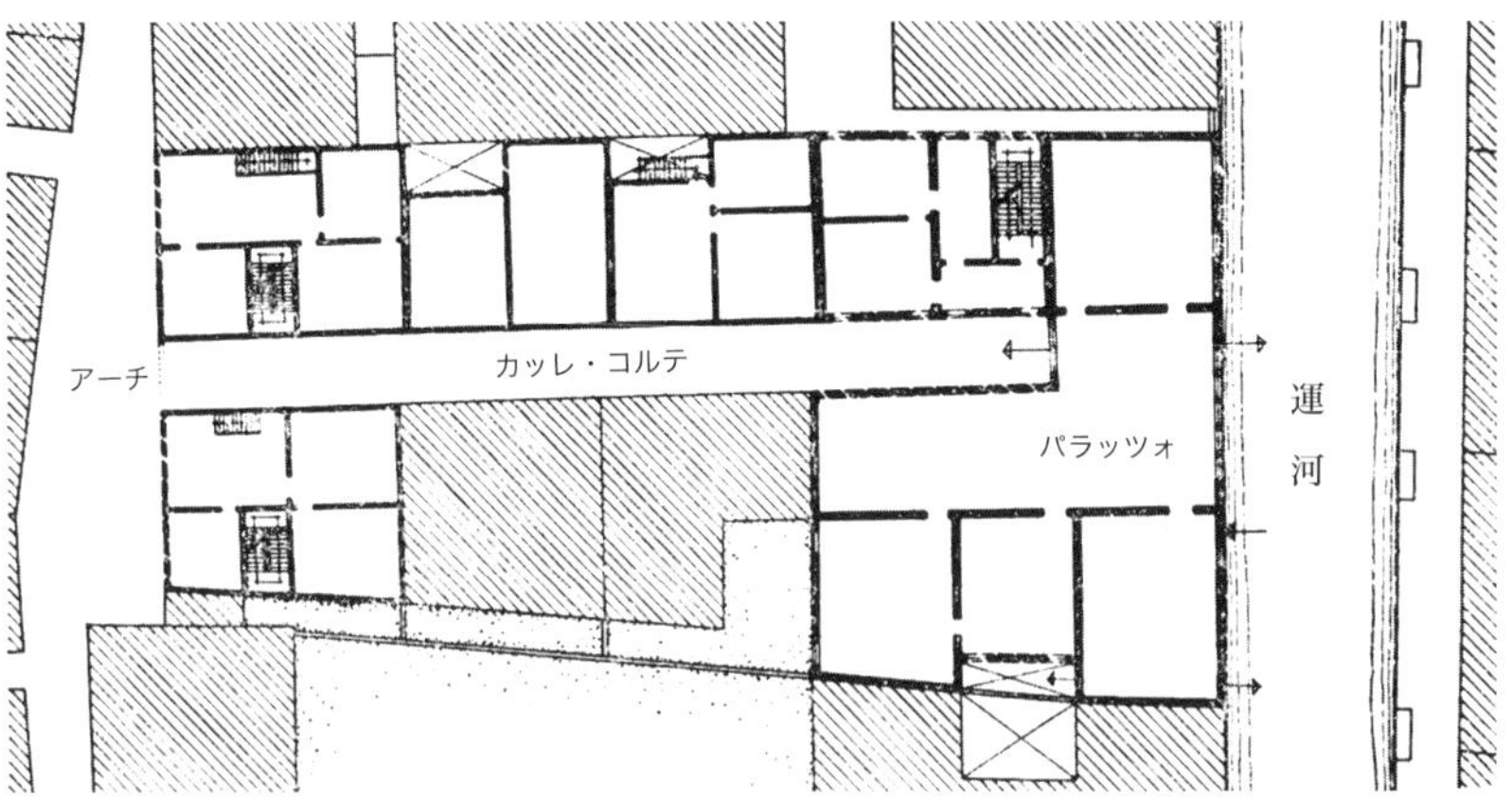

運河側に後期ビザンティンの貴族住宅，裏手のカッレ・コルテに沿ってゴシックの痕跡をもつ庶民住宅が並ぶ．全体がほぼ一体となって形成され，一つのアーバン・ユニットとなっている．

図22　パラッツォ・ゾルジ・ボンを中心とした建築複合体（P.Maretto, *L'edilizia gotica veneziana* より）

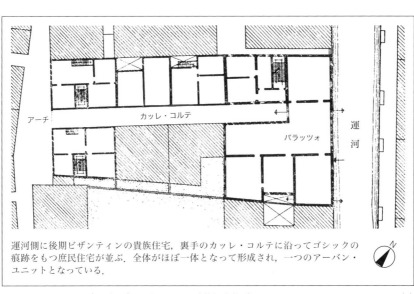

接的な社会関係があったことが推測される。

こう見てくると、カンナレージョ区の例は、この図22のような、運河に面した頭に貴族住宅をもち、背後のカッレ・コルテの両側に庶民の小住宅群を並べる中世の建築複合体の構成を、ルネサンスの合理的な精神で一つの大きな建築の中に統合して実現したものと考えることができるのではあるまいか。このようなカッレ・コルテをはさんで細長い棟が対に並ぶ集合住宅の形式は、一六世紀に急速に普及した。これはまさに、後期ビザンティン、初期ゴシック以降使われてきた伝統的なアーバン・ユニットの構成手法が建築的スケールの中にとり込まれることによってつくりだされた、ヴェネツィアならではの独創的集合住宅だといえよう。

そしてこのような大きな集合住宅を地区の中に挿入しえたのも、周辺の環境の中ですでに、運河側に貴族が、裏側に庶民が空間的ヒエラルキーを構成して住むような従来の複合的コミュニティの在り方が薄れていたからに他ならない。先に述べたサンタ・ソフィアの例をふりかえってみても、図14では、それでも運河側に中産階級の小パラッツォを配し、空間的ヒエラルキーがまだ多少見られるが、図19の場合にはもはや、運河の水辺に向くという立地のメリットが建築的にほとんど表現されておらず、地区全体が均質空間化しているのである。つまりこうしてヴェネツィアの建築は、とりわけ周辺部においては、都市的文脈や場所のイメージにこだわらぬ均質的なものに次第に変質していったのである。それはすなわち、近代の都市空間へ一歩近づいたことを意味している。

集合住宅が直線的なフォンダメンタ（運河沿いの道、図23）に面して機

図23　フォンダメンタに建つ集合住宅

能的につくられたのもこの時期の大きな特徴である。フォンダメンタは陸上の移動が重要となった時点で登場してきた新手法である。両側から建物で圧迫された島内部のカッレに比べ、運河に沿ったフォンダメンタは開放感があり、方向を見失うこともないため、道のシステムを重んずる新しい時代の街にとっては都合がよかったのである。[94] 集合住宅もこのような都市構造の変化と一体となりながら、その配置構成に新機軸を打ちだしていったといえよう。

### 4 ドルソドゥーロ区の庶民的生活環境

次に、ドルソドゥーロ区に目を移し、その西側周辺部にあるさまざまな形式の集合住宅が集まった興味ある島を観察しよう（図24、図11の⑪）。一五〇〇年のデ・バルバリの鳥瞰図では、まだ土地の造成だけ終った状態で描かれており、続く一六世紀にいっきに開発されたものと思われる。

まず、この島の中ほどに、先に見たカンナレージョ区のカッレ・コルテをはさむ複合体（図20）と非常によく似た一六世紀の典型的な集合住宅がある（図24の

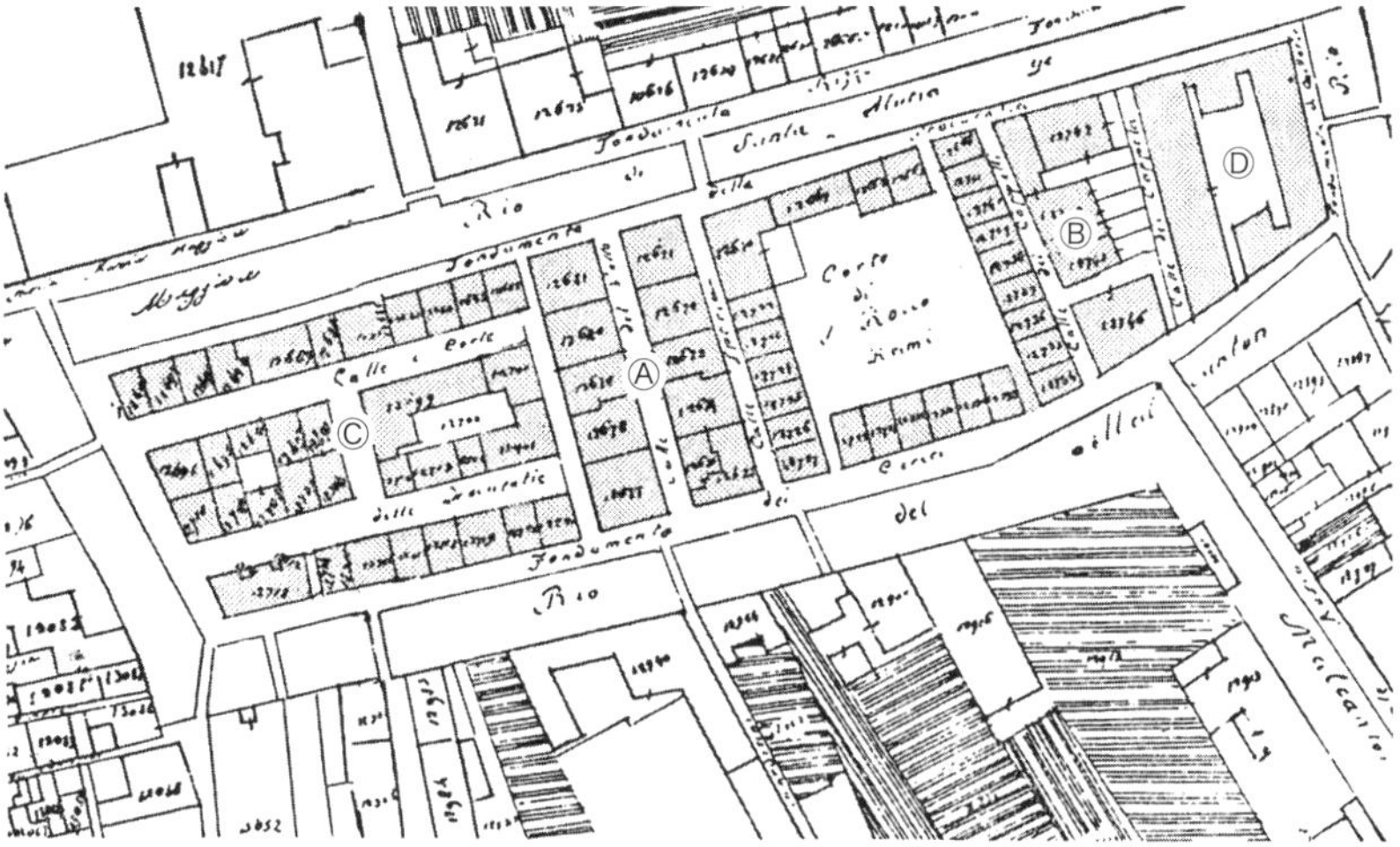


さまざまな計画的集合住宅が並んでいる．中央やや西寄りには 2 棟対称形の集合住宅（Ⓐ），両端には中庭を囲むオスピツィオの性格をもつ複合体（Ⓒ, Ⓓ）が見られる．

図 24　ドルソドゥーロ区の西部に 16 世紀に開発された庶民的生活環境（国立ヴェネツィア文書館蔵．*Catasto nopoleonico,* 1808 より）

Ⓐ)。サンソヴィーノの設計によると考えられている[95]この住宅は、二つのフォンダメンタにはさまれた敷地に、やはりカッレ・コルテをはさんで、二棟を対称形に並べ、両端をアーチで結んでいる[96]（図25）。この例の場合は、北と南のフォンダメンタに面して全く同じファサード構成をとり、表裏の方向性を完全に捨てているのが注目される。その意味では、カンナレージョ区の例よりさらに一歩、近代的な均質空間へ踏み込んでいるといえよう。ここでは各棟にそれぞれ五つのレオナルド型階段が置かれ、一〇の住戸がとられている。各住戸は内部のカッレの側に正面を向け、二連アーチの窓をリズミカルに並べることによって、ヴェネツィアの伝統的なファサード構成のイメージを継承している（図26）。

次に、この島の東に寄った一画にあ

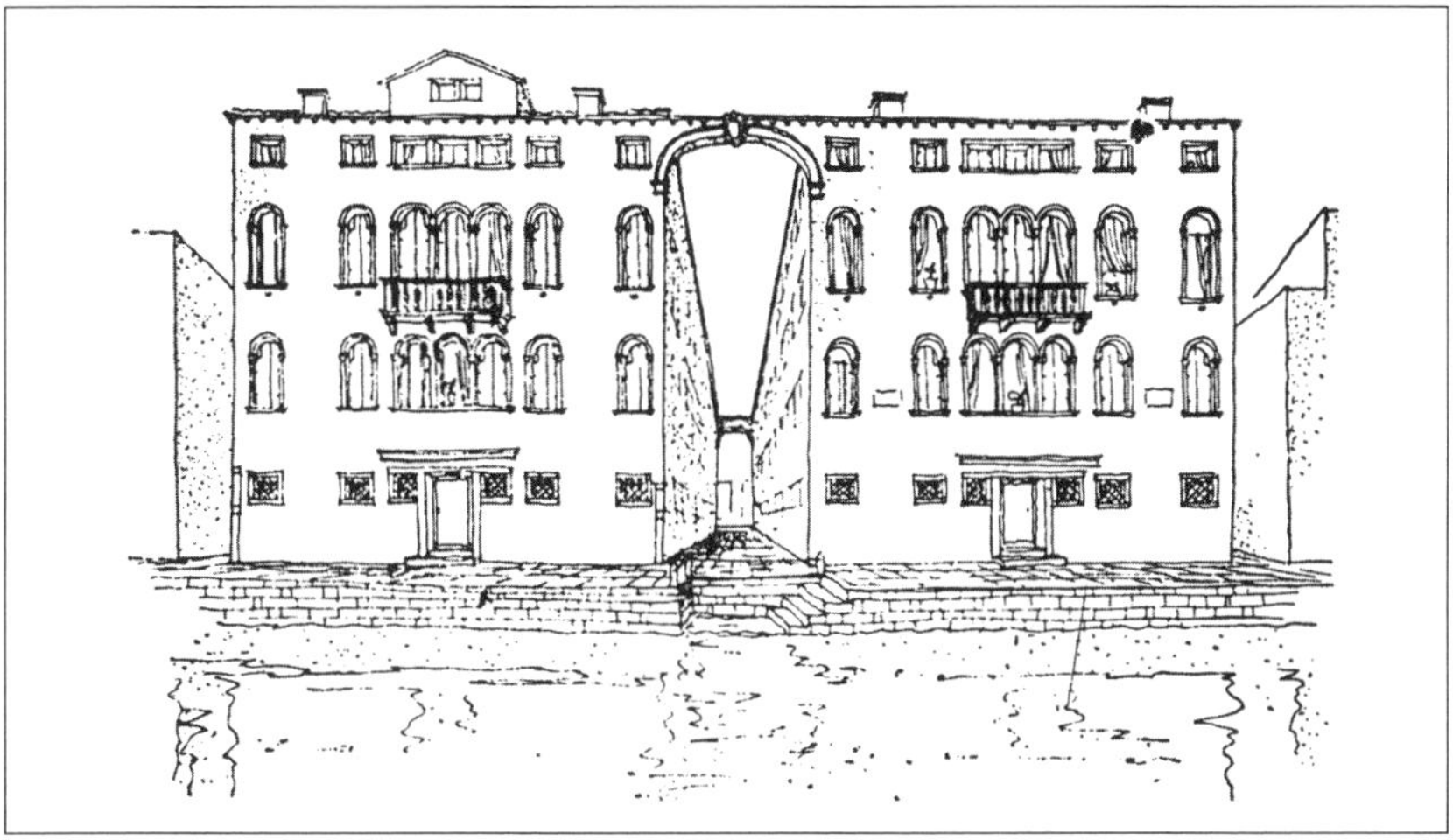

図25　2棟対称型の運河に面した正面（E.R. Trincanato, *Venezia minore* より）

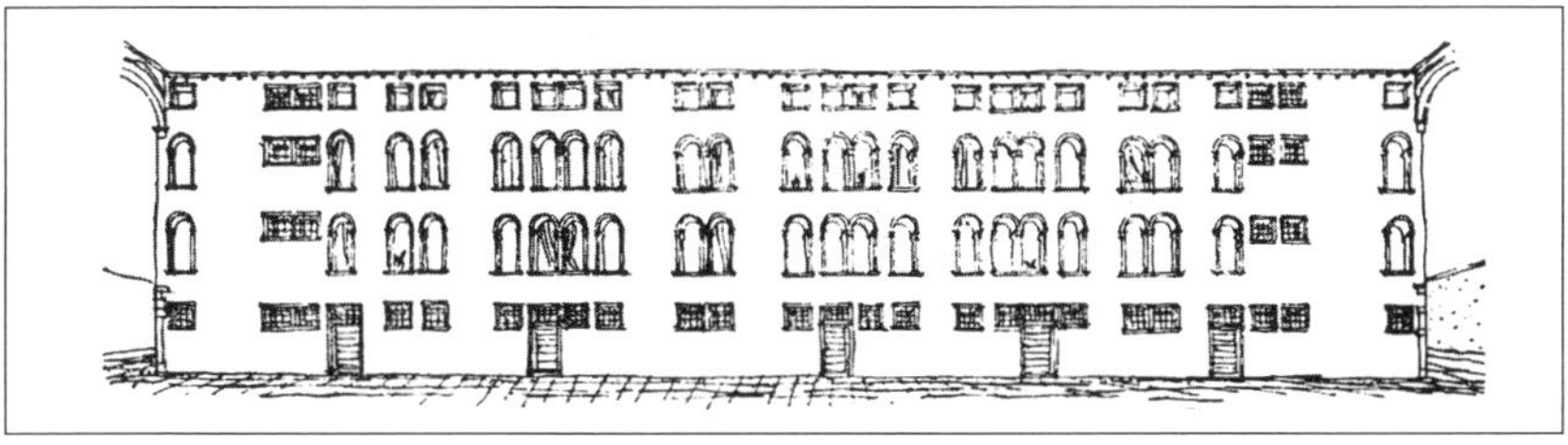

図26　カッレ側の立面　この面からは5家族，両端の正面からそれぞれ1家族，背面から3家族がアプローチし，この棟に合計10家族が住む（E.R.Trincanato, *op.cit.* より）

るカッレ・カッペッロに面した一七世紀の三つの集合住宅の一群に目を向けよう。そしてここでは、その真中にある均整のとれた建物を見ることにしたい[97]（図24のⒷ）。図27のファサードが示す通り、完全に左右対称のこの建物には、主階である二階と三階にそれぞれ中央で仕切って二家族ずつが住み、やはりレオナルド型階段を活用した四家族用の集合住宅となっている。各住戸は伝統的な二列構成をとっているが、一七世紀のものだけに、もはや広間は奥まで貫通せず、小さな部屋を置いている。このような簡潔で機能的なプランニングはいかにも一七世紀のものであるといえよう。

最後に、この島の両端にあるオスピツィオ的性格をもった二つの面白い集合住宅を見よう。まず西側には、一六世紀のはじめに、質素な集合住宅からなる一種の団地ともいうべき大きな複合体がつくられた（図24のⒸ）。残念ながら一九世紀の初頭に取り壊されたが、一七世紀末か一八世紀はじめのものと思われる建物の図面が残されており、全体の構成を知ることができる[98]。プロクラティエのコルテと呼ばれる二つの大きなコルテを間にはさんで、合計四つの建物が集まって全体を構成している。これらのコルテには共有の井戸が設けられ、その雰囲気はおそらくカステッロ区の海員住宅のコルテによく似ていたであろう。これは一五〇二年におけるフィリッポ・トロンの遺贈にもとづき、共和国の担当部局によって貧窮家族のためにつくられた一種のオスピツィオである[99]。従って、共和国の行政官庁であるプロクラティエの名称がここについているのである。

四つの建物はどれも二階建で、全体としては各階に七四戸ずつの住戸がとられていた。貧窮家族のオスピツィオとしての性格をもつだけに、内部のプランは、これまで見てきた二列構成をとる一般の集合住宅とは全く異な

図27　左右対称の4家族用集合住宅の正面　狭いカッレに面している（E. R. Trincanato, *op.cit.* より）

り、奥行き方向にただ二室を並べる単純なものである（図28）。そして階段の位置からわかるように、二階には一階とは別の家族が住んだ。このような二室だけからなる住戸の形式は、おそらくヴェネツィアにおける最小限住宅といってもよいであろう。とはいえ、建築的にはそれなりに工夫がなされ、各戸への入口を一か所に集めてアクセントを与えたり、台所のかまどから立ち上がる煙突をリズミカルに配置するなど、巧みな設計を見せている。ここでは周囲がフォンダメンタと運河によってぐるりと囲われており、もはや水とは直接的な関係をもたないものの、周辺から独立したまとまりのある集合的環境をつくり上げる上で大いに貢献している。

一方、この島の東端には、より集合性の高い独立した環境を構成しているオスピツィオの性格をもつ住宅が見出せる（図24のⒹ）。一五一五年のピエトロ・オリヴィエーリの遺贈にもとづきサン・マルコのスクオラ・グランデによって貧しい会員二四家族のために建設されたコルテ・サン・マルコの集合住宅である。これは賃貸住宅であったが、家賃は五〜六ドゥカート以下にすぎなかった[100]。井戸をもち共同の物干し場にもふさわしい広いコルテの四方を、二階建の建物が口の字形に連続して囲んでいる。各戸の内部構成は前の事例とよく似ているが、ここでは一、二階を同じ家族が一体として使用し、一階に居間と台所、二階に二つの寝室がとられている。ここに確保された内部の落ち着いた環境は、運河沿いのフォンダメンタを歩いていては想像もつかない。

ここで取り上げたような計画的な集合住宅やオスピツィオは、そのほとんど

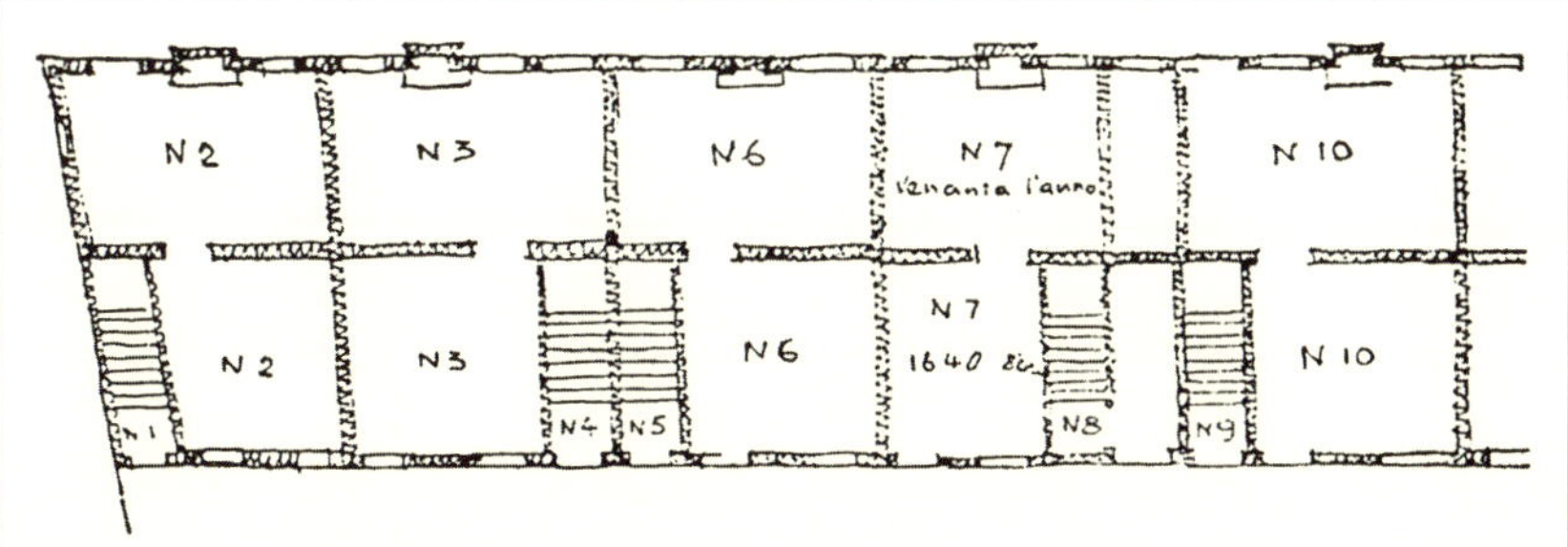


図28　2室からなる最小限住宅　1階と2階は別家族のもの．この図中には10家族が住む（E.R. Trincanato, *op.cit.* より）

が、先に述べた家賃のカテゴリーでいえば、最も低い無償ないし一二ドゥカート以下に入ってしまうに相違ない。しかし、こういった周縁の庶民地区にあっても、複合体内部にとり込まれた伝統的手法であるカッレやコルテという共有空間を最大限に活用し、さらにまた、水辺の快適な公共空間、フォンダメンタによってまわりを囲うことによって、全体としてはある程度の水準を保った生活環境を庶民に保証していたとみることができるのである。

## 6 むすび

今日観光的雰囲気で塗りつぶされたかに見えるヴェネツィアにあっても、周辺の地区を訪ねれば、今なお市民の素顔の日常生活にふれることができる。地理的にも機能的にも周縁的性格の強かった地区ほど、都市の近代化からとり残され、その結果逆に、古き人間関係と伝統的生活形態を濃厚にとどめることができたのである。

ヴェネツィア庶民の住環境は、これまで見てきたように、いつの時代にも決して貧しくはなかった。家族の生活の場である住宅内部では、小さいながらも二列型の原則を崩さず、広間と個室の組合わせが明確に考えられていたし、大きな集合住宅に発展しても、各家族には専用の入口と階段がとられて、プライバシーが完全に確立されていた。さらにその一方で、水の都にふさわしい住宅群の理にかなった配置を考えながら、個人所有の庭をできるだけ切りつめ、カッレやコルテ、カンピエッロといった共有の場を舞台とした近隣住民の豊かな社会生活がつくり出された。こうして住環境のさまざまなレベルに公私の空間の使い分けへの配慮が見事に働いていた。そこにわれわれは、限られた島の上に共同で住むという歴史的経験から培われたヴェネツィア人の高度な住文化を見てとることができるのである。

このような周辺部に広がる庶民地区の生活空間は、中世に確立したヴェネツィア独特の都市や建築の考え方が、ルネサンスの合理的精神によって翻案され、より系統的な形で実現したものといえる。その結果、近代の都市空間を先取りするような斬新な構成が随所に登場したが、その反面、中世のヴェネツィアを特徴づけていた教区＝地区ごとの生活空間のまとまりは、形態上も社会組織の上でも失われることになった。しかし人々は、この時代には、スクオラ等の活動を通じて、より大きなスケールで社会の中に組織され、都市空間への新たな関わり方を示すようになったのである。

現在ヴェネツィアでは、この歴史的都市の保存と再生の問題が活発に議論されている。そしてそこでの最大の課題は、市民生活を脅かすこれ以上の観光化に歯止めをかける一方、都市の文化を根底から支えてきたこうした庶民地区を再評価し、現代の魅力ある生活の場としてよみがえらせることにあると考えられている。その意味でも、庶民の生活空間に関する都市形成史の観点からの研究の一層の進展が求められているのである。

注

（1）拙著『都市のルネサンス』中央公論社、一九七八年、三五―七七頁参照。

（2）ヴェネツィアの教区は、イタリア中世都市で一般に地区を意味するコントラーダの名称で呼ばれていた。すなわちここでは地区と教区とは同じものと考えてよい。

（3）G. Perocco, A. Salvadori, *Civiltà di Venezia*, vol.1, Venezia 1973, p.290.

（4）ヴェネツィアでは一二九七年の改革以後、国政に参加できる貴族（Nobili）の階級が確立した。その下に、官僚階級でもある市民権をもった市民階級（Cittadini Originali）がいて、中には富裕な家族も多かった。あとの圧倒的多数が庶民階級（Popolani）であった。その比率は、一六世紀後半には、貴族が五パーセント弱、市民が五パーセント強、庶民が約九〇パーセントであった。ヴェネツィアの階級構成については、永井三明「ヴェネツィアの貴族」『イタリア学会誌』二九号、一九八〇年に詳しい。

（5）小木新造氏が江戸について「町内完結社会」であったと指摘するのと同じような意味においてである。小木新造『東京時代』日本放送出版協会、一九八三年参照。

（6）この点を明らかにする目的で行われた調査研究として、拙稿「サンタ・マルゲリータ広場の歴史」『SPAZIO』一九号、一九七八年を参照されたい。

(7) ヴェネツィアは一一七一年以降、行政組織として六区制（セスティエーレ）をとってきた。カステッロ区もその一つ。

(8) G. Perocco, A. Salvadori, *op.cit.*, vol.1, pp.290-299.

(9) 一三世紀はじめには七二の教区があった。E. Bassi, "Venezia nella storia civile" in *Urbanistica*, n.52, p.16. そして、ヴェネツィアを占領したナポレオンの近代化政策として、一八〇七年に四〇の教区に再編・統合されるまで、ほぼこの状態が続いた。G. Romanelli, *Venezia Ottocento*, Roma 1977, pp.44-47.

(10) 前掲拙著『都市のルネサンス』五二—七一頁参照。

(11) W・H・マクニール、清水廣一郎訳『ヴェネツィア——東西ヨーロッパのかなめ、一〇八一—一七九七』岩波書店、一九七九年、一五七—一六一頁。

(12) B. Pullan, *Rich and Poor in Renaissance Venice*, Oxford 1971, pp.3-6.

(13) M. Tafuri, *Jacopo Sansovino e l'architettura del '500 a Venezia*, Padova 1972, pp.5-8 および拙稿「十六世紀におけるヴェネツィア貴族の住宅建築」『日伊文化研究』一九号、一九八一年参照。

(14) E. Guidoni, A. Marino, *Storia dell'urbanistica Il Cinquecento*, Bari 1982, p.248,

(15) 拙稿「サン・マルコ広場形成史」『光の回廊——サン・マルコ』ウナックトウキョウ、一九八一年。

(16) G. Bellavitis, *Itinerari per Venezia*, Roma 1980, pp.134.

(17) 永井三明、前掲論文。

(18) さらに街の南側において、ラグーナの水面をとり込んで、パラーディオの二つの教会、サン・ジョルジョ・マッジョーレとイル・レデントーレが登場し、大きなスケールで都市景観を再統合したことも見逃せない。

(19) 前掲拙稿「十六世紀におけるヴェネツィア貴族の住宅建築」参照。

(20) L・マンフォード、生田勉訳『歴史の都市、明日の都市』新潮社、一九六九年。

(21) この古地図をもとにヴェネツィアの修道院の構成を分析したものとして次の研究がある。M.P. Cucino, *I Conventi veneziani*, Venezia 1975.

(22) G. Perocco, A. Salvadori, *op.cit.*, vol.1, p.85.

(23) G.Bellavitis, *op.cit.*, p.64.

(24) U. Franzoi, *Le chiese di Venezia*, Venezia 1976, p.33.

(25) G. Bellavitis, *op.cit.*, p.64.

(26) ヴェネツィアにおける公衆に開かれた最初の演劇は、パラーディオ設計のカリタ修道院の中庭で行われた。そして後に、サント・ステーファノ、サン・ジョヴァンニ・エ・パオロ、サン・ドメニコ、サン・サルヴァドール等の修道院でも行われるようになった。

(27) M.P. Cucino, *op.cit.*, p.3.

(28) G. Bellavitis, *op.cit.*, p.64.

(29) P. Maretto, *Nell' architettura*, Firenze 1973, p.252.

(30) 住民はそれぞれの教区に所属し、洗礼、結婚式などは教区教会で行われた。初期にはこれらの儀式を行う権限はサン・ピエトロ・ディ・カステッロ（これがヴェネツィアのカテドラルにあたる）、サンタ・マリア・デル・ジリオ、サンタ・マリア・フォルモーザ、サン・シルヴェストロ、そしてサン・マルコという少数の有力教会に限られていたが、後に各教区教会がそれぞれ独自に行えるようになったのである（U. Franzoi, *op.cit.*, XIX）。修道院はこのような形で住民を組織することはなかった。

(31) S. Muratori, *Studi per una operante storia urbana di Venezia*, Roma 1960, pp.67-69.

(32) 現在、サン・トロヴァーゾ運河の一画にゴンドラの小さな造船所が一つだけ残っている。

(33) 一五一六年の大評議会の政令によって、この跡地にユダヤ人が居住できるようになった。そして鋳造する gettare にちなんで、この一画は getto の名称で呼ばれるようになり、その後 ghetto（ゲットー）となって、ユダヤ人居住区を示す言葉として世界中に広まった。G. Perocco, A. Salvadori, *op.cit.*, vol.2, pp.775-776.

(34) *Ibid.*, pp.579-580.

(35) G. Bellavitis, *op.cit.*, p.365.

(36) たとえば、一四二三年の総督モチェニゴの有名な遺言から、当時アルセナーレには一万六〇〇〇人の船大工が雇われていたことが知られる。G. Perocco, A.Salvadori, *op.cit.*, vol.2, pp.575.

(37) *Ibid.*, p.579.

(38) *Ibid.*

(39) D. Beltrami, *Storia della popolazione di Venezia della fine del secolo XVI alla caduta della Repubblica*, Padova 1954.

(40) *Ibid.*, p.61.

(41) *Ibid.*, Tav.14.

(42) 集合住宅の発達したヴェネツィアでは、一つの建物に複数の住戸が入っているのが普通である。

(43) D. Beltrami, *op.cit.*, p.219.

(44) *Ibid.*, p.72.

(45) *Ibid.,* p.222.
(46) *Ibid.,* Tav.15.
(47) *Ibid.,* Tav.16.
(48) 塩野七生『海の都の物語』正・続、中央公論社、一九八〇、八一年。
(49) G. Perocco, A. Salvadori, *op.cit.,* vol.2, p.737.
(50) B. Pullan, "Natura e carattere delle Scuole" in *Le Scuole di Venezia,* Milano 1981.
(51) M. Sanudo, *Diarii,* XXXII, coll.45-46, 20 ottobre 1521.
(52) B. Pullan, "Natura e carattere delle scuole" in *Le scuole di Venezia,* Milano 1981.
(53) *Le Scuole di Venezia,* pp.30, 152.
(54) 注（４）参照。
(55) ヴェネツィアでは貴族階級のみが大評議会（国会）の構成メンバーとして政治に参加する権利をもっていたが、一三八一年のキオッジアの戦いから一六四六年のカンディアの戦いに至るまで、貴族の数はきびしく制限されていた。B. Pullan, *Rich and Poor,* p.7.
(56) *Ibid.,* pp.7-8.
(57) G. Perocco, A. Salvadori, *op.cit.,* vol.2, p.739.
(58) パラーディオ設計の建物であり、ここにはティントレット、ヴェロネーゼ等の絵がある。
(59) 靴屋のもう一つの組合がサント・ステーファノ地区にあった。
(60) B. Pullan, "Natura e carattere delle scuole".
(61) A. Zorzi, *Una Cittā una Repubblica un Impero,* Milano 1980, pp.64-65.
(62) *Ibid.,* p.65.
(63) たとえば、サン・トマのカンポにある靴屋組合に、一八世紀には一五〇〇人の会員がいて、街全体で四〇〇の店が加盟していたことが知られている。U. Franzoi, *op.cit.,* p.51.
(64) ヴェネツィア社会が開放的になったことは、外国人に対する扱いにもみてとれる。その典型として、一六六四年には、ギリシア出身のジロラモ・フランジーニがヴェネツィア貴族に仲間入りし、大運河に沿って大きなパラッツォを建造した。G. Perocco, A. Salvadori, *op.cit.,* vol.2. p.788.
(65) D. Beltrami, *op.cit.,* p.223.

(66) *Ibid.*, pp.50-51.

(67) P.G. Molmenti, *La storia di Venezia nella vita privata*, Torino 1880, Reprint Trieste 1973, vol.1, p.46.

(68) 前掲拙稿「サン・マルコ広場形成史」参照。

(69) D. Howard, *Jacopo Sansovino*, London 1975, p.113.

(70) E.R. Trincanato, *op.cit.*, p.60.

(71) D. Howard, *op.cit.*, p.116.

(72) U. Franzoi, *op.cit.*, p.481,

(73) E.R. Trincanato, "Residenze collettive a Venezia" in *Urbanistica*, n.42-43, Torino 1965.

(74) P. Maretto, *Neil' architettura*, p.256.

(75) E.R. Trincanato, *Venezia minore*, p.159.

(76) 実際には貯水槽。ヴェネツィア独特のこの井戸については、前掲拙著『都市のルネサンス』六六―六七頁参照。この二つの井戸のうち一つは、ヴェローナ産の大理石を使ったものであり、確実に一四世紀にさかのぼる。E.R. Trincanato, *Venezia minore*, p.160.

(77) *Ibid.*, p.160.

(78) 現在の四階は後の増築である。*Ibid.*, pp.156-158.

(79) 拙稿「ヴェネツィア庶民の生活空間」『都市住宅』一九七九年九月号参照。

(80) P. Maretto, *L'edilizia gotica veneziana*, Roma,1960, p.62 参照。

(81) P. Maretto, *Nell' architettura*, p.122.

(82) 市民階級（Cittadini Originali）に加え庶民階級（Popolani）の上層部分を含めて考えることにする。

(83) Sala passante の訳語。三列構成の場合には、これが中央にくるから「中央広間」と呼べるが、二列型の場合も含めた総称としては「通り広間」とするのが妥当である。

(84) 三列構成の起源の一つとして、中央に開口部を広くとり両側に塔を配する後期ローマ時代のヴィッラの形式も考えられている。K.M. Swoboda, *Römishe und romanishe Paläste*, Wien 1918, Reprint 1969 および拙著『ヴェネツィアの都市形成史に関する研究』（学位論文）一九八二年、第一篇第一章参照。

(85) 三列型の貴族住宅の歴史的変遷に関しては次の拙著を参照されたい。前掲『都市のルネサンス』四〇―六五頁。および『イタリア都市再生の論理』鹿島出版会、一九七八年、六九―七三頁。

(86) E.R. Trincanato, *Venise au fil du temps,* Paris 1971.
(87) P. Maretto, *Nell' architettura,* p.256 参照。
(88) ダルマティア人（スキアヴォーニ）と並んで、アドリア海沿岸出身のアルバニア人は、海外貿易で生きるヴェネツィア共和国にとって特に重要な存在であり、この都市環境の中に深く根をおろしていた。G. Perocco, A. Salvadori, *op.cit.,* vol.2, pp.788-790.
(89) P. Maretto, "Storia edilizia come storia civile" in *Comunità,* n.111, 1963 参照。
(90) E.R. Trincanato, *Venise au fil du temps* 参照。
(91) 前掲拙著『都市のルネサンス』八六―八七頁参照。
(92) P. Maretto, *L'edilizia gotica veneziana,* p.59 参照。
(93) P. Maretto, *Nell' architettura,* pp.189-192.
(94) E. Miozzi, *Venezia nei secoli,* Venezia, 1957, vol.1, pp.125-127.
(95) E.R. Trincanato, "Residenze collettive a Venezia".
(96) E.R. Trincanato, *Venezia minore,* pp.325-330.
(97) *Ibid.,* pp.301-305.
(98) *Ibid.,* pp.298-299.
(99) *Ibid.*
(100) *Ibid.,* pp.306-309 および E.R. Trincanato, "Residenze collettive a Venezia."

# 第3章　一六世紀における都市空間の統合

## 1　都市像の転換

水上の迷宮都市、あるいは華麗な祝祭都市としてわれわれを魅了し続けるヴェネツィアの都市のイメージは、二つの異なる位相の重なりの中から生まれているように思える。一つは、東方貿易を背景とする建設の黄金時代につくり上げられた、有機的で変化に富んだいかにも中世的な都市の構造であり、これが現在に至るまで、ヴェネツィアの都市としての最も基本的な性格を規定している。もう一つは、その上に、人文主義の思想を背景とする壮大な構想力で実現されたルネサンスの象徴的な都市空間であり、これもまた次のバロックの時期のランドマーク的な大建造物とともに、ヴェネツィアらしさを生み出す上で、極めて重要な要素となっているのである。ヴェネツィアの都市の特質を解き明かすには、この二つの側面からアプローチしなければならない。

さて、水の上という特異な条件のもとで、九世紀初頭から中世の時代に本格的な都市建設を押し進めたヴェネツィアは、他の都市にはないさまざまな特徴を獲得した。中でも特筆すべき特徴は、この都市が数多くの島の集合体として成り立っているという点にある。これらの島は本来、その一つ一つが教会を中心とする教区にあたり、同時に行政的にもコントラーダ（contrada）と呼ばれる地区にあたっていた。各地区には住民の日常生活の中心としての広場であるカンポ（campo）があり、その一角には教会堂とそれに接して地区の象徴としてそびえる高い鐘楼が必ず置かれた。また島のそれぞれが、都市の開発を進める単位でもあり、とりわけ中世の早い時期には、自足性の強い生活圏にも相当していた。このような意味で、中世ヴェネツィアは、数多くの教区＝地区を中心とする多核的な都市構造をもっていたといえる。

だが、同時に本格的な都市建設が始まった九世紀から、すでに都市の中心としてのサン・マルコ地区の形成も進み、とりわけ一二世紀における広場の改造を通して、この場所の象徴的性格が高められていた。

ヴェネツィアは結局、サン・マルコという特別な意味を担う象徴空間を一方でもちながら、都市の基本構造としては、カンポを核とする一定の自立性をもった島の単位、すなわちコントラーダが集合してモザイク状に全体を構成するという、多核的でかつ有機的に組み立てられた独特の構造を示していたといえる。(1)

しかし一六世紀を迎えると、ルネサンスの人文主義的な構想力をもった共和国の指導者たちが、都市づくりに対する新たな考え方を打ち出す。大きな視野に立って自分の都市を対象化して捉え、同時に新たな発想で都市をデザインしなおすような壮大なアイデアが提示されたのである。その結果、ヴェネツィアの都市全体の統合への要求が強まり、サン・マルコ広場（Piazza）の周辺、とりわけ海からの正面玄関にあたり、景観上も都市の要《かなめ》にあたるピアツェッタ(2)（Piazzetta）の改造が実現し、都市の象徴的な中心としての役割をこれまで以上にもつことになった。ピアツェッタの前に広がるラグーナ（浅い内海）の水面もやはり、この時期に、それと一体となって水の都の象徴空間としての意味を強めた。

こうして一六世紀のヴェネツィアは、中世の多核的で有機的な都市から、ピアツェッタを中心として、ルネサンス的な世界観によって全体が一つの秩序のもとに統合されるような都市へと、そのイメージを転換していったのである。(3)

空間の秩序化は、都市全体のレベルにとどまらなかった。その周辺に広がるラグーナの全域、さらには本土の

後背地である共和国支配下の地域全体をも、この秩序のもとで統合するような意識が見られたのである。(4)

このような都市構造のフィジカルな変化は、実は、それに先行して見られたコントラーダが力をもつ分散型の都市から、共和国としてのまとまりを優先する権力集中型の都市への社会制度の変化と、ぴったり対応していた。集権化への動きは、従来、地区が重要な役割を果たしていた都市の祭礼の在り方にも大きな影響を与えた。また、こうした変化がもっとも象徴的に見られたのは、地図や景観画の描き方における変化である。人々の抱く都市へのイメージそのものが表現されるこれらの都市図を観察すると、(5)やはり、ルネサンスが生んだ透視画法によって一つの中心を据えながら都市全体を統合的に描くという方向に、明白に変化を示していることがわかる。

本章では、以上のような観点からピアツェッタとその周辺の空間に注目しながら、ヴェネツィアにおける中世からルネサンスへの都市構造の変化の本質がどのようなものであったかを考えてみたい。ここで明らかにしたいのは、まず第一に、ピアツェッタの改造以前にすでに、それを実現する背景として、社会的にも形態的にも都市を統合的に捉える考え方が成立していたという点である。そして第二のテーマとしては、ピアツェッタの造型の意味を解読すると同時に、その広場空間で華やかに展開した祝祭的活動が共和国を統合する上で果たした社会的役割と意義について考察してみたい。そのことを通じてまた、広場が都市社会の中でもつ本質的な意味について、新たな側面から光を当てられよう。(6)

## 2　中世後期における都市統合への動き

ヴェネツィア共和国の威厳を高め、高貴さを与えるための都市空間の統合は、一六世紀におけるピアツェッタの改造の局面などに象徴的な形であらわれたが、実際の都市の仕組みという点では、中世の後期からすでに都市の統合への動きがさまざまな形で始まっていた。ここではまず、その頃の都市における〈全体〉と〈部分〉の関係の変化について、社会構造（あるいは社会的制度）と物的構造の両面から考えてみたい。

ヴェネツィアの中世社会においては本来、コントラーダが市民生活にとって、最も重要な単位であった。それぞれの地区はかなりの自治権をもち、区長と司祭の選出はコントラーダの住民自身によって行われた。洗礼、結婚式等の宗教的儀式を行う権限は、初期にはサン・ピエトロ・ディ・カステッロ（ヴェネツィアのカテドラルにあたる）をはじめとする少数の教会に限られていたが、やがて都市の成長にともない、各教区の教会がそれぞれ独自に行えるようになった(7)。

後には見世物的な祭りとなったレガッタは、古くは列島諸国と張り合うための闘争心を人々の間に高めると同時に、共和国の強力な海軍にとって優秀な船乗りを見出し、訓練するための機会として活用されていたが、その訓練への参加も、コントラーダを通じて共和国のすべての若者に義務づけられていた。すなわち、徴兵制もコントラーダを基礎にして成り立っていたのであり、海軍の主力である軍用ガレー船の漕ぎ手の確保も、各地区ごとに割り当てられていた(8)。

慈善事業や社会福祉も教区、すなわちコントラーダを単位に、教会が中心になって行われていた。

地区ごとのローカルな祭りばかりか、共和国全体の祭礼においても、コントラーダが重要な役割をになうものがあった。一〇世紀に起源をもつとされる聖母マリアの祭りがそれである（一月二五日〜二月二日）。聖母マリアをまつるサンタ・マリア・フォルモーザ教会がこの祭りの中心となり、毎年、総督がサン・マルコから行列を組んで公式訪問するのが慣例となっていた。最終日には、水上で壮麗なパレードを繰り広げながら、サン・ピエトロ・ディ・カステッロ、サン・マルコ、そしてサンタ・マリア・フォルモーザで次々にミサが行われた。この祭礼では、毎年二つのコントラーダが、回り持ちの当番で運営にあたった。コントラーダの富裕な家族、貴族たちは、プロセッション（行列）の道行きで民衆に施しものを与えたり、水上パレードの立派な舟をしつらえるための財政を負担するばかりか、祝祭の期間、私邸を人々に開放し、祝宴でもてなさねばならなかった(9)。

コントラーダを中心とする祭りの運営は、必然的に地区間のライバル意識をはぐくみ、やがて見せかけの虚飾を競うようにもなった。こうしたコントラーダの自立性と相互のライバル意識というのは、ヴェネツィアばかりか、シエナやフィレンツェをはじめ、中世の都市社会に共通して見られるものだった。

しかし、ヴェネツィアでは、一四世紀末からすでにコントラーダの力が弱まり、それに代って中央集権が強まる傾向が見え始めたことが注目される。まず、中世のヴェネツィア社会の活性化にとってあれほど重要であった、コントラーダを主役とする聖母マリアの祭りも、ジェノヴァを相手としたキオッジアの戦い（一三七八～八一年）を境に、急速にすたれていった。戦争による経済的困難や、過度の競争心からくる浪費への反省という点からだけでは、その理由は説明しきれない。

E・ミューアはこの点に関し、コントラーダに代って、同業者組合であるスクオラ（scuola. いわゆるギルドに近い組織）がヴェネツィアの都市社会を組織する上で重要な役割を果たすようになったことに注目する[10]。特に、慈善事業や社会活動においては、早い時期から、それがコントラーダの役割に取って代わったのである。

中世末からルネサンス期にかけてのヴェネツィアの都市を理解する一つの重要な鍵がスクオラにあることは、本書第2章ですでに指摘した[11]。スクオラは信者会としての性格をもった宗教的団体であり、慈善活動、相互扶助活動を行う目的で中世初期から誕生していた。一三世紀末から一四世紀はじめにかけて、ここから業種ごとの利益を守り、相互扶助、保証を目的とする職能組合が形成され、やがてスクオラ・ピッコラと呼ばれるようになった。それぞれ守護聖人をかかげ、宗教的性格をもった。

これに対し、特定の職能に関係なく社会一般の中での慈善事業、共済活動を行うものは、やがて一五世紀末からスクオラ・グランデと呼ばれるようになった。貴族の遺産や政府からの資金援助によって次第に富裕な団体となったこれらのスクオラは、一六、一七世紀に最も大きく発展したのである[12]。

一五三九年には、ヴェネツィアのすべての職人、労働者は一つの組合に加入することを義務づけられた。しかも従来コントラーダを基盤にしていた徴兵制も、この時点から、各組合ごとにその能力に応じた人数を割り当てる制度に変えられた。また、儀式や祝祭においても重要な役割を担うようになり、国家の公的行事には、スクオラはそれぞれの組合の旗をかかげて参加することが義務づけられたのである。[13]人々はもはや、コントラーダの地縁的な関係に縛られず、都市を横断する組織の中に帰属するようになった。「地区完結型」から「開放型」の都市社会へと移行したということもできよう。[14]

文化的な活動を担う集団も、都市を横断する形で生まれていた。コンパニア・デッラ・カルツァ[15]をはじめとする、若い貴族たちからなるコンパニア（compagnia）とよばれる組織である。聖母マリアの祭りのような機会に、さまざまな遊びやプロセッション（行列）を組織するのは、一四世紀にはコントラーダや職人のスクオラであったが、一五世紀の間に徐々に、公的なもの、私的なものをとわず、貴族階級がこうした都市における楽しみや見世物を取りしきるようになっていった。特に、一五世紀末から一六世紀前半にかけては、幾つかのコンパニア・デッラ・カルツァが、カーニバル期間中をはじめとする多種多様な祝祭、見世物、演劇などの興行に大いに活躍した。このこともまた、コントラーダを基礎とする多核的で分権的な都市から、総督のいるサン・マルコを頂点とする権力集中的な都市へと、ヴェネツィアの構造を転換させる方向で作用したと考えられる。

では次に、中世後期におけるヴェネツィアのフィジカルな都市形態における変化を見てみよう。九世紀から一一世紀にかけて成立し、その後、高密なコミュニティを形成してきた古い七〇前後の教区＝地区（コントラーダ）では、それぞれの島の中で道を整備し、同時に島と島の間にも橋をかけて、都市空間を結びつけるネットワークをつくり上げた。特に、一四、一五世紀の建設の黄金時代に、島の隅々まで道路網が巡らされ、どの島にも何本もの橋がかかって、現在見られるような都市全体の歩行システムが形成されたと考えられる。それにつれ、人々の都市内での移動が楽になり、行動範囲が大きく広がった。町内完結型のコミュニティが次第に意味をもたなくなったのは当然である。

この時期に実は、古いコントラーダでは、カンポがその周囲を立派な建築群で囲われた集中感のある華やかな広場の様相をもつようになっていた。それぞれの島に、コミュニティの中心としての真の広場がつくられたのである。[16] しかしそれは、もはやコントラーダごとに完結したコミュニティの占有物というわけではなかった。たとえば、各職能組合（スクオラ・ピッコラ）は都市全体の中で通常、一か所に置かれただけであるから、ヴェネツィア中の同業者が大勢同じ場所に集まることになったはずである。それまでのローカル色の強かったカンポにも、さまざまな地区の住民が出入りするようになったに違いない。

都市のフィジカルな構造から見たもう一つの重要な点は、一四、一五世紀から開始され、一六世紀に大規模化した周辺における庶民地区の開発である。それは経済の繁栄と人口の増加を背景としていた。従来の教区の制度とは別に、地理的には主として都市の周辺部に創設された修道院が、その重要な推進役であった。また、ヴェネツィアの海軍基地であり造船所でもあるアルセナーレと、その周辺に発達した生産施設やそれに従事する庶民階級の住宅地の存在も、都市における中心に対する周辺を形成する上で、大きな意味をもった。[17]

こうしてヴェネツィアは、中世の終盤には、社会的にも形態的にも、中心と周辺を明確化させながら都市の統合を押し進めた。[18] そしてサン・マルコを中心とし、一つの空間的ヒエラルキーの中に統合される求心的都市のイメージをもち始めたといえよう。

## 3　地図の表現法に見る都市のイメージの変化

地図や都市の景観画には、それぞれの時代の人々が都市をどのように捉え、都市にどのようなイメージを抱いたかがよく表わされている。ヨーロッパでは、ルネサンスを迎える頃、都市の景観画や鳥瞰図が活発に描かれるようになった。科学的、合理的精神で都市の姿を客観的に捉え、それを表現する態度が生まれたからである。また、中世における建設活動でほぼ骨格を築き上げた都市が、ルネサンスの新たな考え方を導入して、広場や主要街路を象徴空間として整備し、あるいは城壁を幾何学的な形態で強化して都市全体を統合する時期を迎えただけに、生まれ変わる都市の美しさや威厳を誇らしげに表現する都市図が次々と描かれる必然性があったのである。

現存するヴェネツィアで最古の本格的な景観画は、一四八三年にユトレヒトからやってきたエルハルド・レウィックによって描かれたものである（図1）。彼は聖地エルサレムへ巡礼としておもむく聖職者に同行し、行く先々で都市の風景を絵に描くという任務をもっていた。ヴェネツィアには二五日間滞在し、その間にこの街の全体を見事に一枚の絵に表したのである。それはやがて一四八六年に四枚からなる木版画として出版された(19)。

この絵は，実在する視点から比較的忠実に描かれている。サン・マルコのほぼ対岸にあたるサン・ジョルジョ・マッジョーレ島の教会の鐘楼の上に昇り、北に目をやって実際にヴェネツィアを眺めながら描いたことは明らかである。今日、この鐘楼に昇ってみると、ほとんど変わらない都市風景を目にできるのである。この絵において、ヴェネツィアの周辺部はいささか歪められ、北欧人のレウィック自身の自然観を反映してか、背後に広がる本土の山並は幻想的に誇張されているのに対し、最も重要な街の中心部はかなりの精度で描かれている。特に都市の正面玄関にあたる象徴的なサン・マルコの一角については、パラッツォ・ドゥカーレをはじめさまざまな要素が、サン・ジョルジョ・マッジョーレの鐘楼から見えるとおりにやや斜めの角度から正確に描写されている。したがってここでは、小広場（ピアツェッタ）の奥や広場（ピアッツァ）の部分は隠れて見えていない。見える通りの角度から、見えるまま忠実に描く都市の風景画に近いものといえる。よその地から来た画家だけに、それ以上に独自な視点から都市を統一的なイメージで描くことができなかったのも当然であろう。

当時の都市景観を知る上で、この絵はこの上ない史料として使える。まだこの時期には、ピアツェッタの西側には、粗末なパン屋や宿屋が並び、誇り高きヴェネツィアの海からの正面玄関にふさわしからぬ光景を呈していた。水際には、魚や肉などの露店が並んでおり、港町に共通した下町的な雰囲気もまだ漂っていた。

このレウィックの景観画の一〇数年後に、ヴェネツィアの都市図における革命が起こった。一五〇〇年に、ヤコポ・デ・バルバリの詳細な鳥瞰図が出版されたのである（図2）。六枚からなる木版画で、全体の大きさは一・三五×二・八二メートルにも及ぶ[20]。レウィックの景観画がほぼ目に見える通りに描いたのに対し、デ・バルバリは視点をずっと高い架空の位置に取り、鳥瞰図の形式で都市の様子を詳細に描いている。飛行機もない時代で、しかも周囲に高い山や丘などの眺望点もない都市だけに、実際にこのような視点で都市を眺める体験はできようはずもなかった。デ・バルバリは多くの高い鐘楼に昇り、丹念にスケッチを続けていった成果を、卓抜した想像力によってこの壮大な鳥瞰図にまとめ上げたものと思われる。

背後に大陸の山並を配し、画面一杯にラグーナの水面に囲われたヴェネツィアの都市の全体を、しっかりとした構図で正確なプロポーションによって描いている。都市全体の形態の把握とその表現に

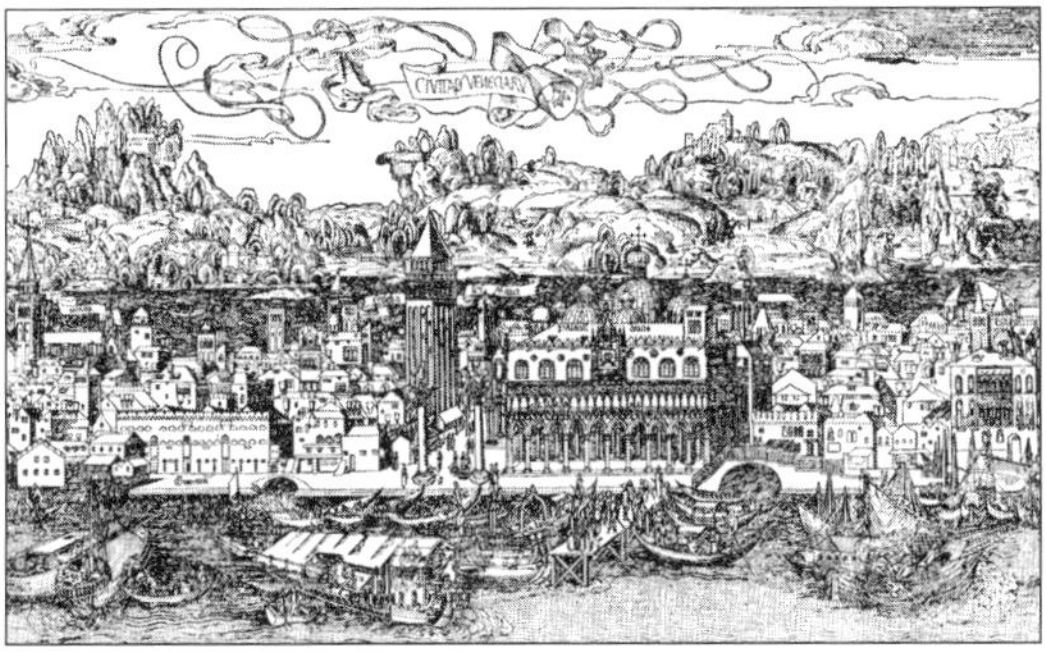

図1　エルハルド・レウィックの景観画（1486 年，部分．第 8 章図 4 により広範囲の図）

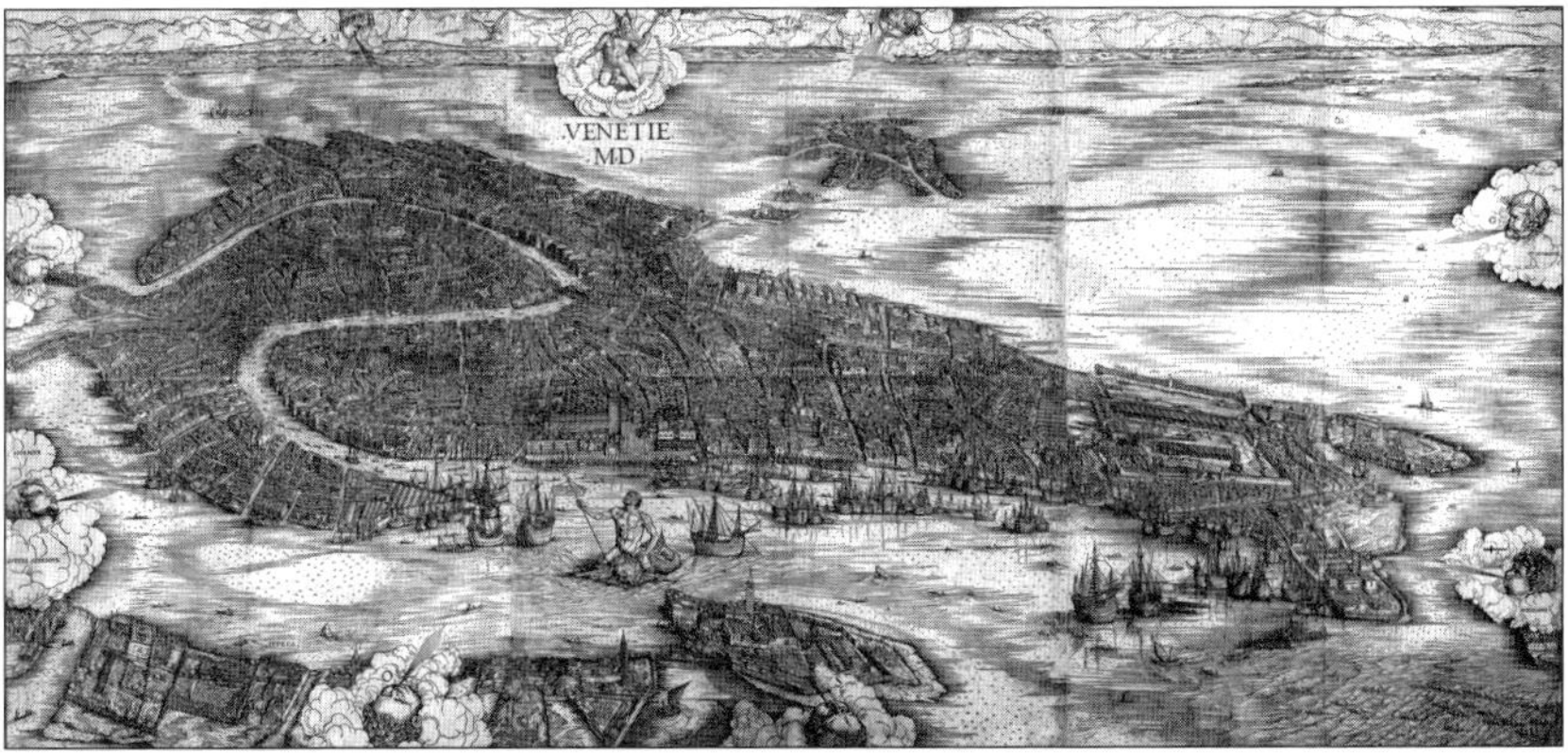

図 2　ヤコポ・デ・バルバリの鳥瞰図（1500 年．第 8 章図 5 に拡大図）

おける客観的事実を追及する科学的な姿勢は、ルネサンスの合理的精神をよく表わしている。こうしてはじめてヴェネツィアの都市の全体像が、図の上で正確に表現されるようになった。

そして、ここで特に目を奪われるのは、画面のほぼ中央に、ヴェネツィア共和国の象徴であるサン・マルコ広場の周辺が克明に描かれているという点である（図3）。鳥瞰図の形式による都市形態の全体の明確な表現が追及されたのと同時に、こうして都市の中心が強く意識して描き込まれている点が注目されよう。レウィックの景観画では斜めから見られていたサン・マルコのピアツェッタが、ここでは正面から見据えられ、透視画法にのっとって象徴的に描き込まれている。一つの中心を設定し、そのまわりに展開する都市全体を透視画法的な発想で統一的にとらえるという、いかにもルネサンス的な精神が発揮されているのである。考えてみれば、そもそも架空の位置に視点をとり自由に構図を選んで都市の全体像を描く鳥瞰図の登場自体が、主観的かつ操作的に都市を捉え、そのイメージを強調して描き出そうとする姿勢が生まれてきたことを意味しているといえよう。

このようなサン・マルコを中心として都市を統合していくような動きが中世の終盤において社会的にも形態的にも明確化していたことは、すでに見た通りである。一五〇〇年におけるデ・バルバリのこの卓抜した鳥瞰図を生み出した背景として、そうした都市の構造的な再編成への動向があったことは間違いあるまい。

またここで見落せないのは、ピアツェッタの奥の正面にきっちりと描かれた時計塔の存在である。サン・マルコ広場の造型という点では、中世後期のゴシック時代には、ラグーナの水面に面するパラッツォ・ドゥカーレが華麗なゴシック様式の建物に建て替えられ、サン・マルコ寺院のドームが増築によってイスラームのモスク風に高くそびえるようになったことを除けば、意外なことに、それほど大きな都市改造は実現していなかった。広場の空間構造としてはむしろ、それ以前の一一世紀に総督ジアーニによって行われた広場の拡大と整備の大事業の成果をそのまま受けついでいたと見るべきである。

そうした中で、このヴェネツィアにもようやくルネサンスの建物が出現し始めていた一五世紀の末にサン・マルコ広場でも都市改造の動きが開始された。その最初に登場したのが、小広場の奥正面につくられた時計塔なのである。マウロ・コドゥッチの設計により、デ・バルバリの鳥瞰図が出版されるまさに直前の一四九六年から九九年にかけて建設された。鐘をつくムーア人の像で有名なこの塔は、ヴェネツィアのメインストリートにあたるメルチェリーア（小間物通り）が広場に流れ込む場所に、一種の凱旋門のような形で登場したのである。[21]

この塔の建設は、サン・マルコの広場と小広場における都市空間のイメージにとって、きわめて大きなインパクトを与える結果になった。都市図の描き方にもすぐさま直接的な影響が現われた。こうした新しい質を持った都市空間の形成の萌芽にいち早く注目し、それを構図の決定に大胆に取り入れたのが、デ・バルバリの鳥瞰図だったのである。ここでは画面全体のほぼ中央の位置に小広場をとり、その正面奥の最も重要な場所にできたばかりの時計塔を象徴的要素としてすえている。透視画法的な構図のまさに中心に時計塔が置かれているのである。このように時計塔の出現は、ルネサンスの新しい感覚でヴェネツィアの都市全体を捉える格好の引金となったといえよう。

デ・バルバリによってはじめて提示されたサン・マルコの小広場を中心にすえる都市の鳥瞰図の描き方は、その後のヴェネツィアの都市図に決定的な影響を与え、同じような構図による鳥瞰図が繰り返し描き続けられた。この海洋都市国家にとっての海からの正面玄関にあたるサン・マルコ地区こそ、都市の象徴的中心として力を込めて描くのに最もふさわしい構図だったからなのであろう。[22] フィレンツェやローマなど他の都市では、鳥瞰図を描く際に、都市を眺める方向が必ずしも一定していなかったのと比較すると、[23] ヴェネツィアにおけるサン・マルコとその沖の水面がもつ象徴性の高さには驚くべきものがある。

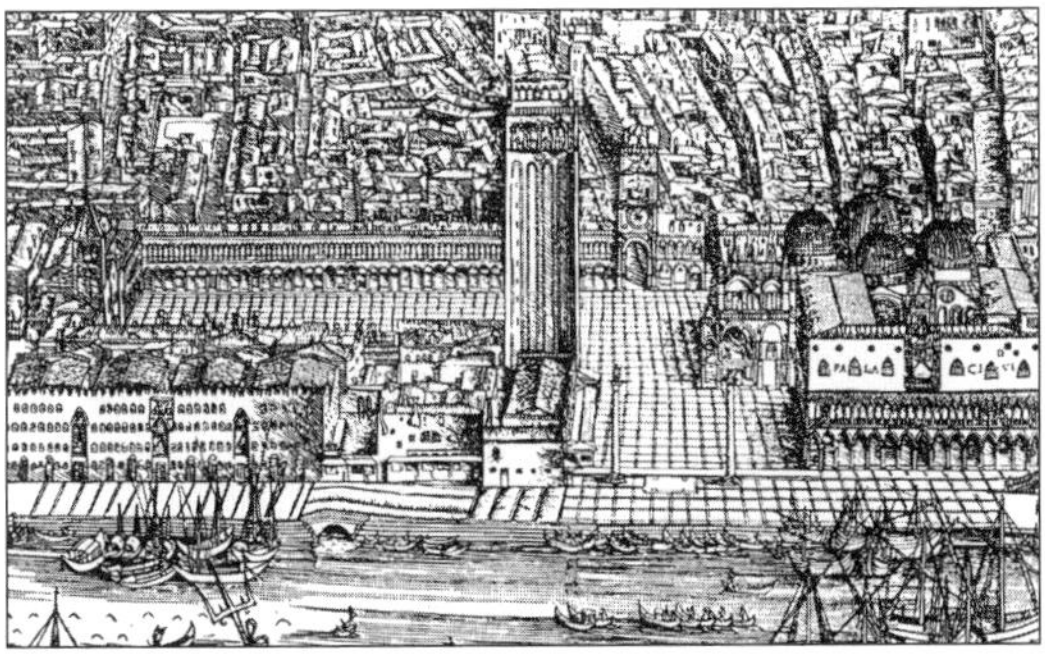

図3　ヤコポ・デ・バルバリの鳥瞰図に描かれたサン・マルコ地区（1500年．第1章図6に拡大図）

デ・バルバリの鳥瞰図には、科学的、客観的な都市図としての性格が見られる一方、古代ギリシア・ローマ神話や世界観から引き継がれた象徴的な要素も描かれているのが注目される。画面中央上部に、商業や貿易の神であるメルクリウス（ギリシアのヘルメス）、下方に、海や港の神であるネプトゥヌス（ギリシアのポセイドン）がそれぞれ描かれ、ヴェネツィアの都市を守護している。[24] 特に、サン・マルコと西の税関と南東のサン・ジョルジョ・マッジョーレ教会にはさまれた、サン・マルコの沖合の水面上にネプトゥヌスが象徴的に描かれているのが興味を引く。[25] この水上の空間は一六世紀の間に、とりわけ国家の儀礼や祝祭の舞台としてますます重要性を高めていくのであり、デ・バルバリの鳥瞰図の中にその動きがすでに暗示されているようにも見えてくる。

ヴェネツィアのルネサンス的な都市像を表現する上で、デ・バルバリの鳥瞰図に続いて重要な役割を果たしたものとして、一五二八年に出版されたベネディット・ボルドーネの鳥瞰図が挙げられる（図4）。これは地図の正確さはまったく問わず、むしろ、中心に向かって統合される都市の理念を象徴的に表現することを明らかに意図している。客観的、科学的であることより、空間の主観的認識を全面に押し出し、サン・マルコとその沖合に中心を設定して、全体秩序を強調して描いているところに特徴がある。しかも、都市そのものだけではなく、まわりに広がるラグーナ全体をも一つの構図の中に収めて描かれた最初の地図なのである。鳥瞰図の形式を用いながらも、意図的に形態のデフォルメを行って、都市と周辺のテリトリーとの関係を明確に表わすことをねらっている。まわりの大陸やアドリア海側の長い島の形が大きく歪められているばかりか、ラグーナに対してヴェネツィアの都市が異常に大きく扱われているのも面白い。

ここではサン・マルコを中心とし、右（東）に東地中海へ通ずるアドリア海が、左（西）にはイタリア本土、ヨーロッパへと繋がるテッラフェルマ（本土）がほぼ対等の立場で描かれている点が注目される。〈海〉と〈陸〉の両者を支配するヴェネツィア共和国の理念を明確に表現しているものと考えられる。タフーリが指摘するように、[26] ヴェネツィアがラグーナの上に浮かぶユートピアの島として描かれているとも解釈できよう。サンソヴィーノによるピアツェッタの改造が開始される前から、すでにこうした都市全体を求心的に捉える考え方が成立していたことは注目される。

ボルドーネが考え出したヴェネツィア全体を捉える都市図の構図は、後にも好んで用いられ、一七世紀の中頃まで繰り返し登場した。都市そのものをデ・バルバリの鳥瞰図のように正確に描きながら、同時にデフォルメされたラグーナの世界を周囲に表現するマッテオ・パガンの鳥瞰図（一五五九年）のようなものもつくられた。

ところで、都市図に描かれる内容は都市の社会的、文化的状況を鋭敏に反映する。一六世紀のヴェネツィアにおける都市の祝祭的性格の高まりとともに、地図の中に描かれる内容にも、新しい要素が登場した。やはりパガンによる鳥瞰図（一五五〇年頃）においてはじめて、総督のお召し船(bucintoro)とそれに随行する多くの小舟が水上をパレードする祝祭の場面が描き込まれた。また、一六世紀末には、カーニバルなどの期間中に登場した水上を移動する世界劇場(teatro del mondo)も鳥瞰図の中に姿を見せ、祝祭都市ヴェネツィアの本領を発揮している。そこでも、サン・マルコの沖合を中心とするラグーナの水面が主要な舞台として、思い入れを込め象徴性を強調して描かれているのがわかる。

## 4　ピアツェッタの理想都市空間への改造

一五世紀末における時計塔の出現が、サン・マルコ広場のルネサンス的改造のきっかけとなり、またヴェネツィアの都市空間全体の捉え方、描き方に大きな影響を与えたことは、すでに述べた通りである。

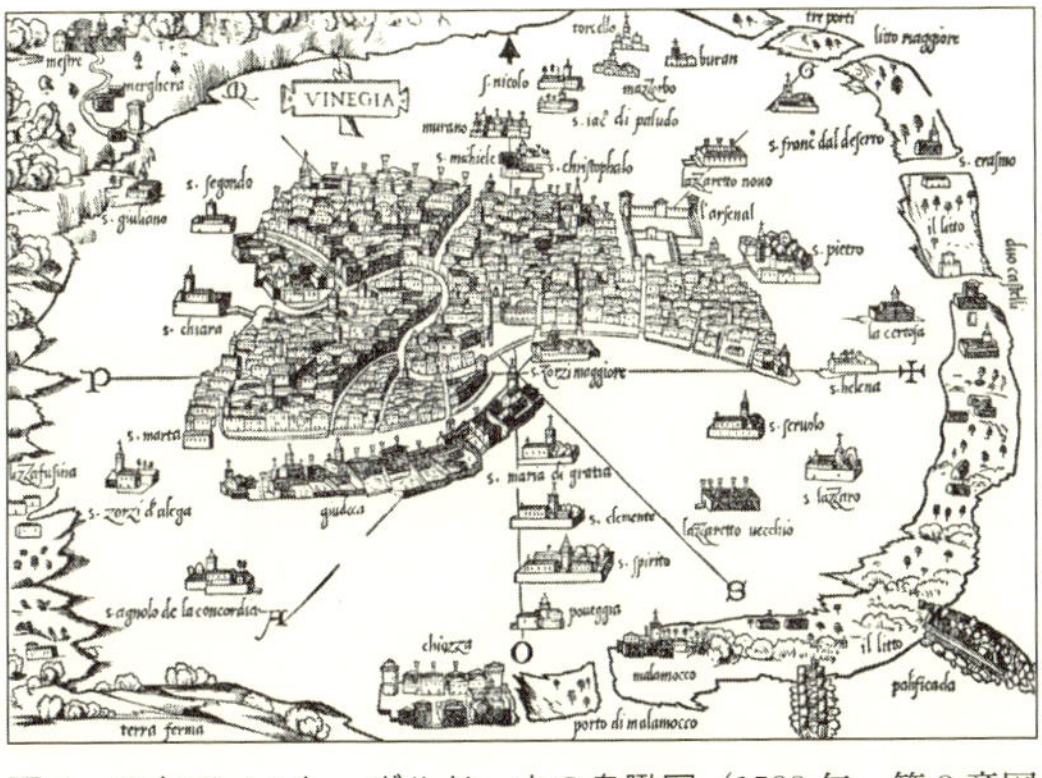


図4　ベネディット・ボルドーネの鳥瞰図（1528年．第8章図6に拡大図）

この時計塔は、商業の中心リアルト市場と政治の中心サン・マルコ広場を結ぶ主軸道路、メルチェリアがこの広場に流れ込む重要な地点につくられた。それはまさに陸の側からのこの広場へのモニュメンタルな入口として設計され、これまで主として東のサン・マルコ寺院と西のサン・ジェミニアーノ教会とを結ぶ東西方向の軸のみで構成されていたこの広場の空間に、もう一つの方向性を与える新たな焦点を生み出すことになった。しかも空間的には、ちょうどその位置が南へ伸びる水からの正面玄関ピアツェッタと対応しており、狭いメルチェリアを通り時計塔の下のアーチにさしかかると、その前方にはピアツェッタの二本の円柱、その向うにラグーナに浮かぶサン・ジョルジョ・マッジョーレ島が遠望できるのである。

そのことは同時に、逆に水際に立ってピアツェッタを眺めると、二本の円柱が構成する舞台の背景のちょうど視覚上の焦点に時計塔が置かれるということをも意味していた。こうしてサン・マルコの広場に第二の空間軸ができ上がったのである(27)（図5）。そして、ピアツェッタから見た時のその位置の的確さが、おそらく設計者マウロ・コドゥッチ自身の意図をずっと越える形で、デ・バルバリをはじめとする都市図の構図に大きな影響を与えたし、また、次の時代に登場する建築家の空間的構想力を大いに刺激することになるのである。

ここで注目したいのは、セバスティアーノ・セルリオがヴェネツィア滞在中に描いたと考えられる舞台背景的な透視図である（一五三二年頃、図6）。広場の舗装が明らかにサン・マルコの時計塔の中心に焦点を結んでいること、そして右手奥にはサン・マルコ寺院のドーム群が、左手にはカンパニーレの上部が姿を見せていることなどから判断して、この図がルネサンスの都市空間の理念に基づいて再構成されたサン・マルコ広場の様子を描いていることは間違いない(28)。ピアツェッタを、デ・バルバリのように高い位置に視点をとって透視画法の手法で鳥瞰図的に描くばかりか、このような地上の視点から完全な透視画法にのっとって描く試みが登場したことはきわめて重要である。

ここで想起されるのは、ウルビーノやボルチモアにある理想都市の広場の空間を透視画法で描いた一五世紀後半のよく知られた絵画である[29](第8章図10参照)。焦点に結ばれる視覚的な空間軸を設け、プロポーションを尊重しながら立体幾何学的な構図のなかに空間を捉える透視画法は、このような絵画空間の中に新たな世界を表現したが、同時にまた現実の都市の街路や広場の設計にも大きな影響を与えた。こうして実現された広場の改造のもっとも典型的な例は、中部イタリアの丘上の小都市、ピエンツァに見られる。一四六〇年頃、この街が生んだ教皇、ピウス二世のために建築家ベルナルド・ロッセッリーノの手によって実現したものである。これほど早い時期に、シンメトリー、プロポーション、透視画法の原理を的確に使って見事な都市空間を生み出したことは、驚くばかりである[30]。それと比べれば時期がいささか遅れるが、マウロ・コドゥッチの時計塔に端を発し、やがて一五三〇年代にサンソヴィーノの手で本格的に改造されたヴェネツィアのサン・マルコのピアツェッタも、イタリア・ルネサンスにおいて透視画法の造型手法で実現された、やはり同じような理想都市の広場空間の一つの典型例ということができるのである。

　ところで、ピアツェッタの理想都市空間への改

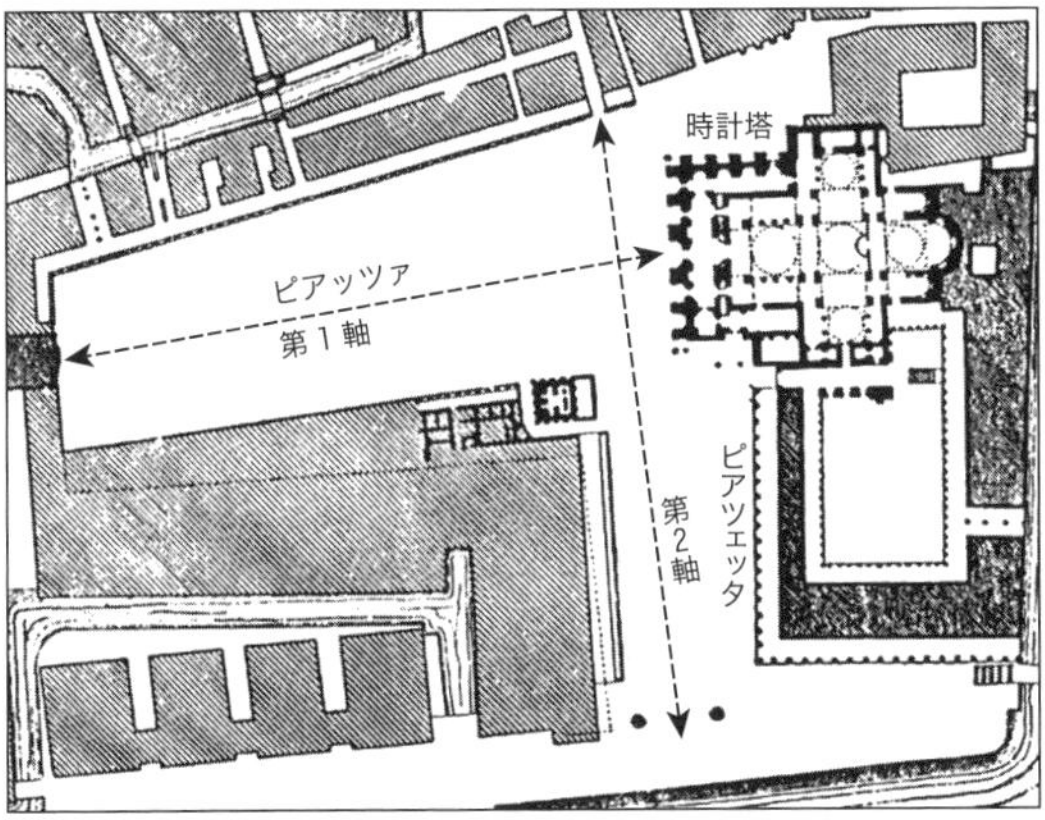

図5　サン・マルコ広場における第2の空間軸の形成（平面図はサンソヴィーノによる都市改造前の状態）

図6　セルリオの透視図（1532年頃．ウフィッツィ美術館蔵）

造について語るのには、人文主義の素養をもった偉大な総督、アンドレア・グリッティの都市政策に目を向ける必要がある。一五二三年から三八年に至る彼の治世下において、ヴェネツィアは、ヨーロッパにおけるその政治的、文化的な重要性を獲得するために、有能な多くの人材を登用し、科学技術の知性、人文主義的理性を駆使し、また芸術上の革新を追求しながら、「都市の更新」(renovatio urbis) の実現に意欲的に取り組んだ。[31]

その背景には、一六世紀に入ってからのヴェネツィアを取りまく政治的、社会的状況の大きな変化があった。前世紀からのオスマン帝国の進出で東地中海での特権を失ったのに加え、カンブレー同盟の脅威やポルトガルの新航路発見による経済上の危機感の切迫に直面したこの共和国は、ヨーロッパ全体に対する新しい立場の表明が必要となっていた。従来の、主としてオリエントに向けていた顔を、ヨーロッパ大陸へと向け直す必要性に迫られたのである。

もう一方では、この当時、他のどのイタリア都市も外国勢力に占領され略奪され、市民間の対立が激化して自由と自治を失っていくなかで、唯一ヴェネツィアだけが真の共和体制を維持し、ルネサンス文化を継承できる立場にあった。こうした状況の下で、ヴェネツィアは、自分自身を神話的存在に仕立て上げ、古代ローマの復興と継承の任務を担うことを自らに課したのである。[32]「ヴェネツィアの神話」といういい方は、その美しさ、宗教性、自由、平和、共和主義などによる歴史的名声のために、近代の歴史家によって名づけられたものではあるが、ルネサンスの時代のヴェネツィア人自身も、当時の視覚芸術、詩や音楽、文学作品、そして儀式や壮麗な祭礼などの中に、同じような神話性をやはり感じ取っていたと考えられるのである。[33]

こうした事情のもとで総督グリッティは、ヴェネツィアを威厳に満ちた高貴な性格をもつ都市に改造する事業に取りかかった。その最大の仕事がピアツェッタの改造だったのである。

ヴェネツィア共和国の壮麗さをつくりだすこの偉大な事業に形を与えることになったのは、ローマ風の古典主義をひっさげた建築家、サンソヴィーノであった。フィレンツェ出身でローマで建築の修業を積んだ彼は、ローマの略奪から逃れて一五二七年にこの地に来ていた。このサンソヴィーノの登場によって、それ以前にはまったく見られなかった壮大で威厳のあるモニュメンタルな建築の考え方が、ヴェネツィアにはじめて導入されることになったのである。

幾つかの小規模な公共建築の建設にたずさわって実力を発揮したサンソヴィーノは、前任のピエトロ・ボンに代って共和国の主任建築家となり、一五三二年から三六年の間に数多くの建設の仕事を引き受けた。そして一五三七年、サン・マルコのピアツェッタ周辺全体の再構成という一大公共事業にいよいよ取りかかった。具体的にはゼッカ（造幣局）、図書館、ロジェッタの建設がその任務であった。

しかし、国家の儀式のためのこの素晴らしい舞台をつくり出すためには、ピアツェッタとピアッツァのあちこちを占めていた露店商を排除する必要があった。サヌードの日記によっても、一五三〇年に総督グリッティが、パラッツォ・ドゥカーレの外側を回るアーケードで布地を売っていたフランドル地方の露店商たちを追い出したことが知られる。[34] しかし露店の立ちのきは手間取っていた。特に肉屋の組合は強力で、権利を主張して広場の何か所にも店を出していたため、サンソヴィーノも自ら、その撤去に手を下さなければならなかったのである。[35]

こうして庶民的、下町的な要素を排除しながらピアツェッタの改造は進んだ。この小広場の革新にとって、最も重要だったのは図書館の建設である。パラッツォ・ドゥカーレと対面し、水の都の正面玄関の一翼を担うことになるこの図書館は、一四六八年にベッサリオーネ卿によって共和国に寄贈され、一時パラッツォ・ドゥカーレに置かれていた貴重な

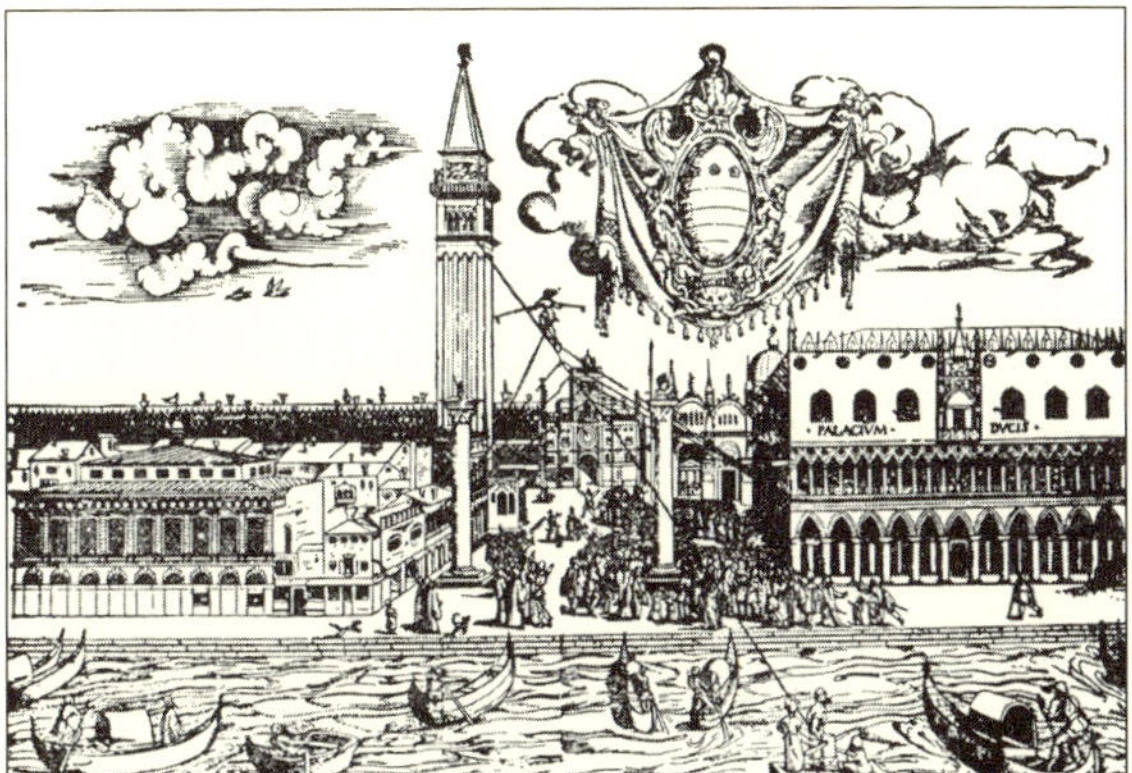

図7 「トルコ人の綱渡り」と呼ばれる版画に描かれたピアツェッタ (Sebastian Hansmann, 1547)

蔵書を収める目的を持っていた。

一五三七年にカンパニーレの側から工事が始まったが、図書館の建設途中の段階でのピアツェッタを描いた景観画が何枚も残されていることが注目される（前頁図7・図8）。いずれも海の側から時計塔の方を眺め、きっちりとした透視画法にのっとった構図で、まさに新装なりつつあるこの広場の空間を誇らしげに描いている。図書館の姿が徐々に現われるにつれ、ルネサンスの理想都市の広場がここに堂々と形づくられていくことを、これらの絵は雄弁に物語っているように見える。また、二層構成のこの建物が海側へ伸びるに従って、それまでそこに建ち並び庶民的な雰囲気を生み出していた質素な宿屋やパン屋の建物が取り壊されていった様子も、これらの絵から見てとれる。こうして都市空間の美化が実現した（図9）。

しかもサンソヴィーノによって用いられた建築的ヴォキャブラリーはすべてが本格的な古典主義に基づくものであった。かくしてローマを継承し、第二のローマたらんとするヴェネツィアの都市のど真中に、古典的な形態をとる象徴的な広場として、新たなフォロが姿を現わしたのである。これをきっかけとしてヴェネツィアは、従来のオリエント的色彩の強い都市から、当時としてはより普遍的価値をもつ古典主義を身にまとった西欧的な都市へと、自分自身のイメージの転換をなし遂げたのである。(36)

図8　透視画法の構図で描かれたサン・マルコのピアツェッタ（作者不詳, 16世紀, コレール博物館蔵）

サンソヴィーノはここに新たなフォロを構想するにあたり、共和国の正面玄関にあたる海側から見た時の透視画法的な効果を最大限に追求したのに違いない。ピアツェッタの空間の既存の枠組みとして、近景に二本の円柱と東側のパラッツォ・ドゥカーレ、中景に東側のバシリカ側面と西側のカンパニーレ（鐘楼）、遠景の焦点に広場北面の旧行政館に挿入された時計塔を読み取った上で、その透視画法的な構図を完結させるのに最もふさわしい建築的形態を図書館に与えたものと思われる（図10）。二層のポルティコによるリズミカルな連続性、軒と階境の蛇腹による水平線の強調は、ピアツェッタの奥への力強い視覚的な方向性を生み出し、透視画法の効果を高めるのに貢献しているのである[37]。

その意味で、前述のセルリオのスケッチによって提示された都市空間の透視画法的な解釈を現実としたのがサンソヴィーノだったといえよう。実際、サンソヴィーノとセルリオは文人アレティーノとともに緊密な文化的交流を結び知的サークルを成していたことが知られている[38]。

ところで、ピアツェッタを理想化して描いたこのセルリオの素描は、ウィトルウィウスの記述の解釈に基づいて提示されたやはりセルリオの有名な悲劇、喜劇、諷刺劇の舞台背景と同じ

図9　完成したピアツェッタ（K. E. Rainold (Hrsg.): *Erinnerungen an merkwürdige Gegenstände und Begebenheiten*, Wien 1825 より）

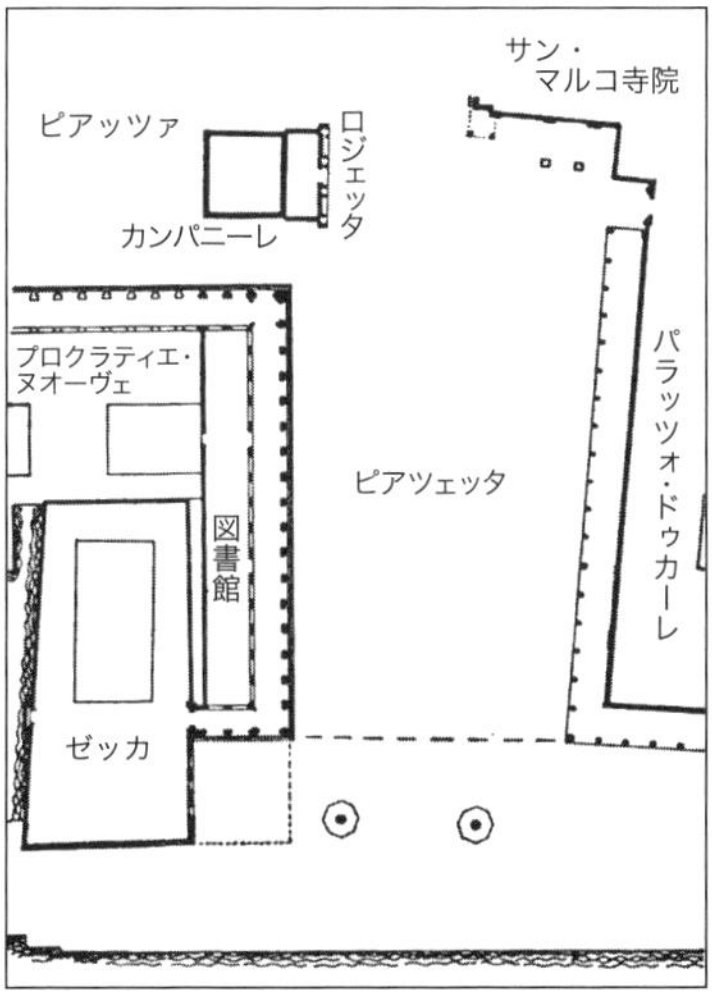


図10　ピアツェッタの平面構成

ような考え方で描かれているのは明らかであろう。[39] とするならば、ピアツェッタそのものがセルリオの中で、演劇空間のイメージをもって捉えられていたのではなかろうか。

そもそも祝祭的な雰囲気に包まれた水都の中心、サン・マルコのピアッツァとピアツェッタは、ジェンティーレ・ベッリーニの絵（図11）などにも描かれているように、中世の時代からすでに、宗教行事、祭礼、見世物がしばしば催される演劇的空間なのであった。その効果を演出するために、ここに舞台背景として最高の透視画法的改造を導入しようと考えるのは、ごく自然な発想であったと思える。実際、サンソヴィーノによる図書館は奥行がほとんどなく、いわば広場を飾るための芝居の書割り的な建築であるし、やはりサンソヴィーノの手でカンパニーレの下につくられたロジェッタも、祝祭のための仕掛け、あるいは仮設の装置のようなものであって、[40] まさに演劇空間を構成する要素そのものだったのである。

このようにヴェネツィアの中心に新装なって登場したピアツェッタは、古代のフォロのイメージとも重なる理想都市の広場であると同時に、劇場空間としての役割や意味をもつものでもあったといえよう。

## 5 祝祭の舞台としての広場

図 11　G. ベッリーニ「聖マルコの奇跡を祝う行列」（1496 年，アカデミア美術館蔵）

ヴェネツィアの高貴さを高めようとする総督グリッティの政策は、ピアツェッタの目に見える都市空間の造型ばかりか、そこを舞台として行われる祝祭、見世物、演劇などにも強い関心を払った。共和国の政治体制の頂点に立つ総督の権力を示すべき、まさにお膝元の広場だけに、そこで行われる民衆の祝祭的活動が重要な関心事だったのは当然である。

ヴェネツィアでは、いかにも祝祭都市にふさわしく、カーニバルの期間は普通よりもずっと長くとられ、サント・ステーファノの祭り（一二月二五日）から四旬節の最初の日まで延々と続いた。その間に、無数の民衆的な娯楽、見世物が繰り広げられた(41)。

そのカーニバルも大詰めのジョヴェディ・グラッソ（四旬節の前の最後の木曜日）に、中世以来この街では、人々を興奮させる特別な催し物が行われていた。ヴェネツィアの北東一〇〇キロメートルにある街、アクイレイアからこの日に、貢ぎ物として雄牛一頭、豚一二頭、大きな丸パン三〇〇個が送られて来るのが習慣となっていた。一二世紀の戦いでヴェネツィアの支配下に置かれたアクイレイアが、それ以来、忠誠の証《あかし》としてこの貢ぎ物を毎年送っていたのである。届けられたこれらの牛と豚はまず、総督、外国大使、政府高官からなる集会において裁判官から死を宣告される。その後、高官たちはピアツェッタのパラッツォ・ドゥカーレ（総督宮殿）の横まで行列をなして行進する。そこは公衆の面前で政治犯らの処刑が行われていた場所にあたる。そしてピアツェッタに放たれた牛や豚は、鍛治職人の組合のメンバーの手で追い回され、生け捕りにされて、首をはねられる。この見世物を見に押し掛けた群集は、この象徴的な捕虜を嘲笑しながら熱狂し、大いに笑い歌うのである（次頁図12）。鍛治職人が豚を殺し、肉に切りきざんだ後、総督と高官はパラッツォ・ドゥカーレの会議場に場所を移して儀式を続ける(42)。

こうした動物狩りは、ヴェネツィアではサン・マルコの広場、小広場ばかりか、幾つかのカンポ、パラッツォ・ドゥカーレの中庭でもよく行われた。同じようなイベントは、スペインの闘牛に今日でも見られるが、それも本来は、街の中心のマヨール広場で行われたものであり、現在でもチンチョンなどの小さい都市において祭りの日に広場で行われる闘牛の原型を見ることができる(43)。牛を相手にした軽業師のアクロバット的なパフォーマンスの場面が、クレタ島のクノッソス宮殿のフレスコ画に描かれていることから見ても(44)、こうした広場での動物との格闘の見世物、儀式は、地中海世界で古くから行われてきた共通する特徴のようにも思える。古代ローマ都市の円形闘技場などにおける猛獣と剣闘士との格闘の見世物が途絶えたあとも(45)、中世のラテン世界にあって、スペインやヴェネツィアの広場における闘牛や動物狩りとしてその伝統が受け継がれていた、と考えることもできるのではなかろうか。

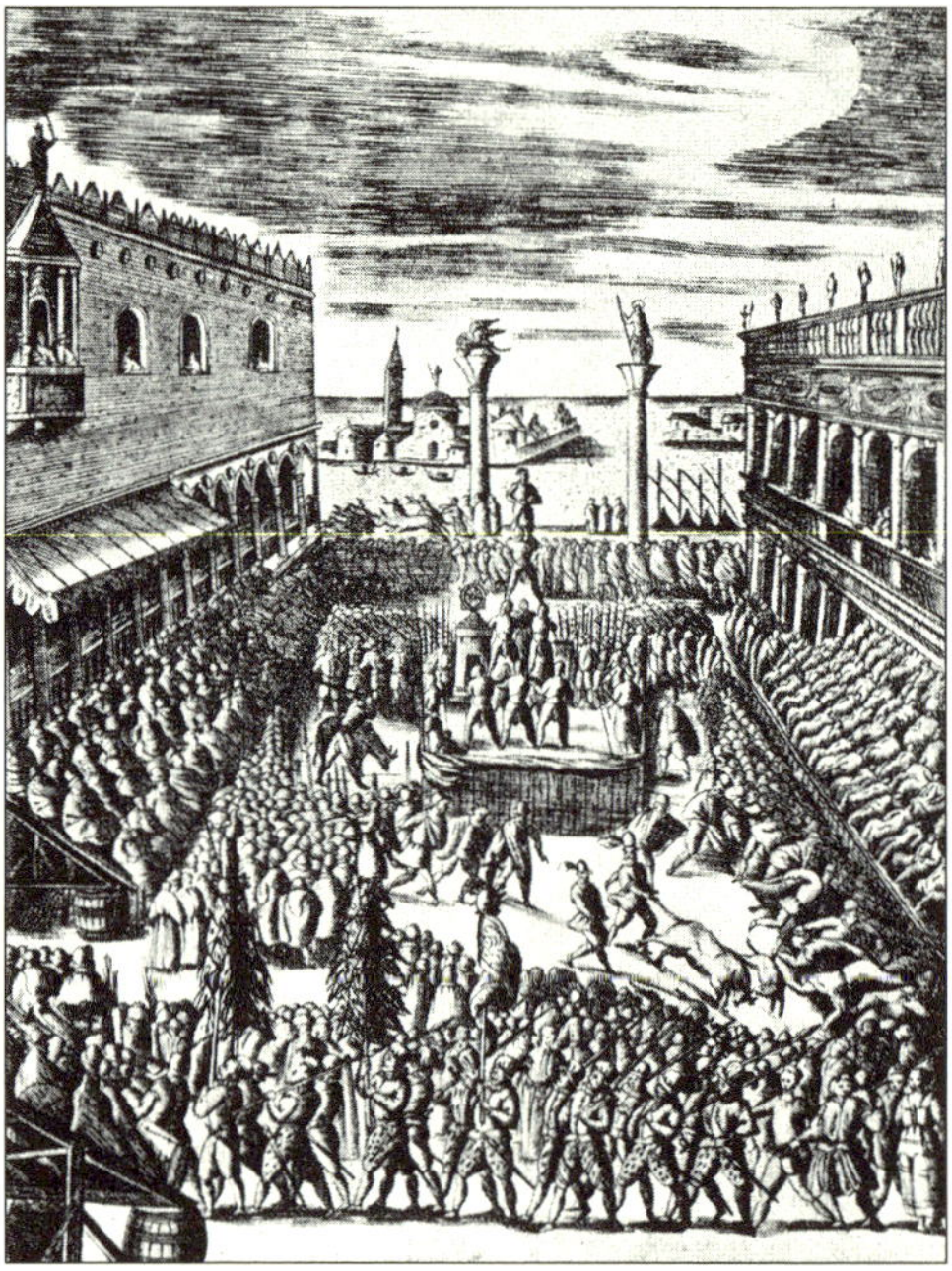

図12　ジョヴェディ・グラッソの祝祭場面（Giacomo Franco, 1610 頃）

ジョヴェディ・グラッソの日にヴェネツィアのピアツェッタで行われた中世的習慣は、確かに残虐で俗悪な見世物であるには違いなかった。一六世紀のはじめには、共和国の指導者の間で、こうした儀式は馬鹿げているという認識が生まれ、一連の改革が始まった。一五〇九年には、従来、総督が殺された豚を国会議員に献呈していたのをやめ、修道士や囚人に施し物として与えることになった。また、一五二五年には、共和国の品位を高めるために、裁判官による牛と豚の死刑宣告の習慣を廃したが、布告は同時に、豚の首をはねるのは愚行だが、民衆を楽しませる人気のあるイベントであることをも認めていた。共和国は公的な儀式に対して、このような両義的な態度をとらざるを得なかったのである。結局、十人委員会はこの儀式のために自身の財源から毎年三〇ドゥカートを出費したが、従来の一二頭の豚は一頭の雄牛にとって代わられることになり、鍛冶職人がその首をはねる習慣は大衆の喜びのために存続したのである。[46]

しかしグリッティの在位中の主要な関心は、総督が参加する儀式の改革と、パラッツォ・ドゥカーレのあるピアツェッタ及びサン・マルコ広場の儀式的空間の再構成と美化を通して、共和国の高貴さを高めることにあった。広場に露店を出していた肉屋を追い出したのもそのためである。

グリッティは、カーニバルのこうした民衆的で俗悪な従来の要素を、喜劇、踊り、仮面踊踏会、花火そして行列などの、より高貴で洗練された楽しみにとって換えたいと考えた。[47] 実際には一六世紀のヴェネツィアでは、雄牛狩りや人間ピラミッドのような中世からの要素と、ルネサンス文化から生まれた演劇的要素が混ざり合って、多種多様な娯楽、見世物が繰り広げられるようになったのである。模擬海戦のような古代ローマの見世物も模倣された。[48]

ところで一五世紀末から一六世紀前半にかけて、カーニバルの祝祭の準備と運営にかけては、コンパニア・デッラ・カルツァの右に出るものはなかった。彼らはまずサン・マルコ広場や他のカンポで狩りをして殺すための雄牛と豚を調達した。また仮面舞踏会、踊り、宴会、花火のスペクタクルを組織し、上演のための祭典機械(macchina)や舞台をつくり、怪獣や海蛇で船を飾り立てた。またサン・マルコ広場のカンパニーレからラグーナの水上のボートまで渡された綱の上を渡るという、危険な曲芸に挑む無鉄砲な男たち(たいていはトルコ人)をも集めたのである(図7参照)。時には、一般の観客から高い入場料をだまし取ることもあった。[49]

祝祭性を高めた一六世紀のヴェネツィアにあって、大運河や幾つかのカンポも見世物、儀式の重要な舞台であったが、こうした祝祭的活動における都市全体の中におけるサン・マルコ地区の優位性はますます大きくなった。サン・マルコの広場、小広場、そして沖の水上の空間は、華やかな国家の儀式、行列、祝祭、見世物の舞台として頻繁に使われ、共和国の象徴的空間としての意味を著しく強めたのである。そのことが、すでに述べたようにヴェネツィアがサン・マルコを中心として全体が一つの秩序のもとに統合される都市へと構造的な転換を遂げたことと深く関係しているのはいうまでもない。本来、教区＝コントラーダがもっていた権限をも奪いながら、サン・マルコを中心とする共和国の権力集中が強まっていったのである。ヴェネツィアで行われるほとんどすべてのプロセッションが、サン・マルコに始まり、サン・マルコで終わるようにもなった[50]（図13）。

サン・マルコの広場は共和国を統合するためのすぐれた空間装置であり、その性格を一層強化するために、一五三〇年代にピアツェッタの改造が進められたことは、すでに見た。こうした広場の空間は、まわりを壮麗なるモニュメンタルな建築で囲われ、日常の都市風景の中でいつも市民に共和国の輝かしき歴史、過去の記憶を語りかける。その意味で、サン・マルコ広場の空間は明らかに、普通の生活の場とは異なる特化された空間であり、そこにおいて人々は、日常の生活時間とは違った時間を体験し、自己を解放できる。同時に、共和国のアイデンティティを感じ取り、国家への誇りと帰属意識を培えるのである。こうした一種の「異空間」としての象徴的広場の存在は、イタリアの都市に見られる本質的な特徴であるが、ヴェネツィアのサン・マルコの一角は、そのことを最も雄弁に物語っていると思える。

この広場はまた、国をあげて多彩に催される祭りの時ともなると、完全なる非日常的世界を生み出し、真の

図13　サン・マルコ広場におけるプロセッション（Giacomo Franco, 1610 頃）

「異空間」へと転換する。祭りによって人々は日常の生活から解放され、エネルギーを発散する格好の機会が得られた。祭りは見世物的、演劇的性格を強め、民衆に享楽の場を提供したのである。このように異空間に転換した広場の中でこそ、ミューアが指摘するように[51]、民衆は一つのユートピアを体験することができたであろう。

国家の指導者層にあたる貴族たちは、古代ローマの「パンとサーカス」とちょうど同じように、私財を投じて華やかな祝祭を催した。こうした祭りに参加し、異空間をともに体験することによって、人々は愛国心と共和国への帰属意識を大いに高め、また市民としての一体感やアイデンティティを持ち強めることができた。その意味で、祭りは国家を統合するための巧妙な政治的手段でもあったのである[52]。

といっても、演劇的活動という点では、ルネサンスを迎えた最初からヴェネツィアで自由な活動が認められたわけではなく、その歴史は波乱に富んでいた。他のイタリア都市やヨーロッパの国々と同じく、公権力の態度は表面的には演劇活動に対して厳しいものであった。だが実際には、当局は柔軟性をもち寛容な姿勢でのぞんだといえる。

サヌードの日記によって、一五〇八年に政治的心配から、喜劇、悲劇、諷刺劇の上演が禁止されたことが知られる[53]。しかし一五二九年と三三年には、カーニバルの期間中、夜中の一二時を越えないという条件つきで、喜劇の上演が認可された[54]。また、民衆のための娯楽に大いに関心を示す政府は、一方では、総督アンドレア・グリッティの息子、ペッツレグリーノにサン・マルコ広場の真中に上演用の舞台を建設するための一〇〇ドゥカートを与えるというような配慮もした[55]。

文学的に豊かな内容をもつ喜劇は次第に賛辞を得るようになり、政治的心配もゆるんで政府にも受け入れられるようになった。一五四二年のカーニバルには、喜劇を上演する舞台のデザインのため、ある興行団体によってヴァザーリがヴェネツィアに呼ばれた。また一五六五年には、コンパニア・デッラ・カルツァによって組織された見世物を上演するための木造の仮設劇場がパラーディオによって実現されたのである[56]。

その後、一五六〇年から八〇年にかけて、ヴェネツィアに喜劇役者があまりに多く流れ込んだため、一五七七年、最も影響力をもつ長老の上院議員、ザッカリア・コンタリーニは若い仲間の反対を押し切って、役者（あるいは道化師）を都市から追い出すかつての政令の有効性を上院に確認させるという反動的態度をとった。しかし、数年後の一五八一年にはすでに、サン・カッシアーノのコントラーダで、喜劇を上演する二つの劇場が機能していたことが知られている。[57]ヴェネツィアにおける演劇活動はこのように、一六世紀の中頃にはかなり定着していたといえるのである。

ルネサンス演劇のもう一つの重要な流れである、広場や路上での即興劇で人気を集めたコメディア・デラルテも、ヴェネツィアを一つの舞台として活躍し、イタリアばかりかやがてフランスの宮廷に招かれるなど、ヨーロッパで有名になった。[58]一六世紀におけるそのサン・マルコの広場での活動を示す絵画史料は見当たらないが、一七世紀初期の絵には、仮面をつけたコメディア・デラルテなどの大道芸人たちがピアツェッタでパフォーマンスを演じ、その回りに大勢の群衆が集まっている祝祭的場面を描いたものがある（図14）。当然、一六世紀においても同じような光景はすでに見られたものと想像される。

自由都市ヴェネツィアであっても、そのカーニバルにつきものの仮面の使用をめぐっては、為政者と民衆の間の長い争いがあった。一三世紀の中頃から、この街では仮面の使用が認められていたが、しばしばそれが乱用され風紀が乱れたので、その使用を制限する政令が継続的に出された。一四五八年、男が女装して女子修道院にいくことを禁じたのに続き、一四六一年にはすべての仮面が禁止された。[59]だがそれも空文化していたようで、一六世紀には、仮面をつけた人々の姿がしばしば絵に描かれている。カーニバルの期間中の仮面の使用が正式に認められるのは、一七世紀に入ってからだが、実際にはそれ以前からカーニバルにおいて仮面が広く使われていたのである。なお、ヴェネツィアで仮面がカーニバルの時以外にも一般に用いられるようになるのは一八世紀のことである。

祝祭、特にカーニバルの時には、無秩序がヴェネツィアの街を支配した。日常の秩序、社会的ヒエラルキーが反転し、人々は解放感に酔った。仮装も従って、普段の自分とは逆の立場になるものを選んだ。庶民は政府高官に、貴族は農民に、男は女に、娼婦は男に、老人は若者に、という具合である[60]。カーニバルで使われる仮面はそもそも、日常的秩序を破るものであり、普段の社会的ヒエラルキーや階級差を消し去って、匿名性を獲得し、自由と混沌の中に身を置くことを可能にするものであった。

支配階級の貴族たちは、こうした祝祭の騒ぎによって、都市の平和や安寧が脅かされたり公衆道徳が破壊されることには用心したものの、より素晴らしく楽しい見世物、娯楽を提供しながら、自分たち自身がカーニバルを楽しんでいたのである。それでもヴェネツィアでは、カーニバルの無秩序がそのまま民衆の暴動につながることはまったくなかった[61]。

むしろヴェネツィアでは、このような祝祭が共和国全体を統合する上で、実に有効な手段として働いていたと考えられる。サン・マルコ広場という権力のお膝元で、大道芸人のパフォーマンスが行われ、また雄牛狩りに民衆が熱狂する。仮面で扮装した怪しげな人々が徘徊し、踊りまくる。こうして普通なら為政者が嫌う〈奇妙なもの〉、〈異常なもの〉、〈不思議なもの〉、〈怪しいもの〉を排斥したり周縁に追いやらず、逆に都市の中心に取り込んで、社会の活性化と共和国の一体化をダ

図 14　ピアツェッタでの喜劇のパフォーマンス（Giacomo Franco, 1610 頃）

イナミックな形で実現しているのである。[62] グリッティによるカーニバルの改革が部分的に実現し、またピアツェッタの美化と改造のために広場から露店商が追い出されたものの、サン・マルコの広場では、サンソヴィーノによる図書館の完成とともに真の演劇空間となったピアツェッタを中心に、一六世紀以後、刺激的な祝祭の雰囲気が一段と高まったのである。ここは非日常的な世界へ開く窓であり、民衆にとっては、都市全体が一体となった解放感を体験できる場であった。中世末から押し進められ一六世紀には視覚的にも顕著となった都市の統合も、それと引き替えに市民にとって歓迎されるこのような要素を十分に準備していたのである。こうして共和国の中央集権化への動きも民衆の心にそれほど抑圧的なものとは映らずにすんだのではないかと想像される。

それにしても、カーニバルの狂乱が社会の混乱を招いたり、治安が損なわれたりしなかったのも、ひとえに共和国体制の安定と共和国への人々の信頼があったからである。フィレンツェなど他の都市がルネサンス期には、特定の家族、個人に権力が集中する寡頭政治を迎え、腐敗していったのと比べ、ヴェネツィアでは中世以来、貴族階級が集団で都市の政治を公正につかさどり、市民からの絶大な信頼を得ていたのである。

またルネサンスの他のイタリア都市やヨーロッパの国々では、祝祭が宮廷の中に閉じられる傾向があった[63]のに対し、ヴェネツィアでは常に民衆に開放され、総督、貴族から庶民までが同じ場で、共通の晴れがましい体験をすることができた。他の都市ではルネサンス文化はしばしば、宮廷のエリートの独占物にもなりかねなかったが、ヴェネツィアではこうした祝祭を通じて、庶民もそれを享受することができたのである。その場を常に保証したサン・マルコ広場の存在意義はきわめて大きいといえる。

## 6 象徴空間の水上への展開

一五三〇年代のサンソヴィーノによる改造で、ピアツェッタは祝祭、演劇の舞台としてますます重要性を増していたが、その背景にはもちろん、ここが共和国の権力の頂点に立つ総督の館、パラッツォ・ドゥカーレに接しているという事実があった。だがもう一つの条件として見落せないのは、ピアツェッタがラグーナの海に開かれているということである。祝祭の舞台として、水上の空間の重要性は徐々に高まっていた。しかも、ここは海の都ヴェネツィアにとっての、海に開かれた晴れがましい表玄関にあたっていたのである。一六世紀の絵画史料を見ても、祭りや見世物の空間が広場から海へと広がっている様子がよくわかる。サン・マルコ広場のカンパニーレ（鐘楼。一五世紀末に尖頭部を完成させていた）からピアツェッタの沖に浮かぶ舟まで綱を張って綱渡りの曲芸を行っている場面を描いたもの（図7参照）や、一五六四年の六月にピアツェッタのすぐ先の水面に世界劇場が登場し、音楽、踊り、演劇で祝祭の雰囲気を大いに盛り上げた時の様子を描いたもの（図15）が知られている。

このサン・マルコの沖合の水上を、象徴的な空間に転じるための壮大な構想を提示したのは、ルネサンス期のパドヴァの代表的な文人、アルヴィーゼ・コルナ

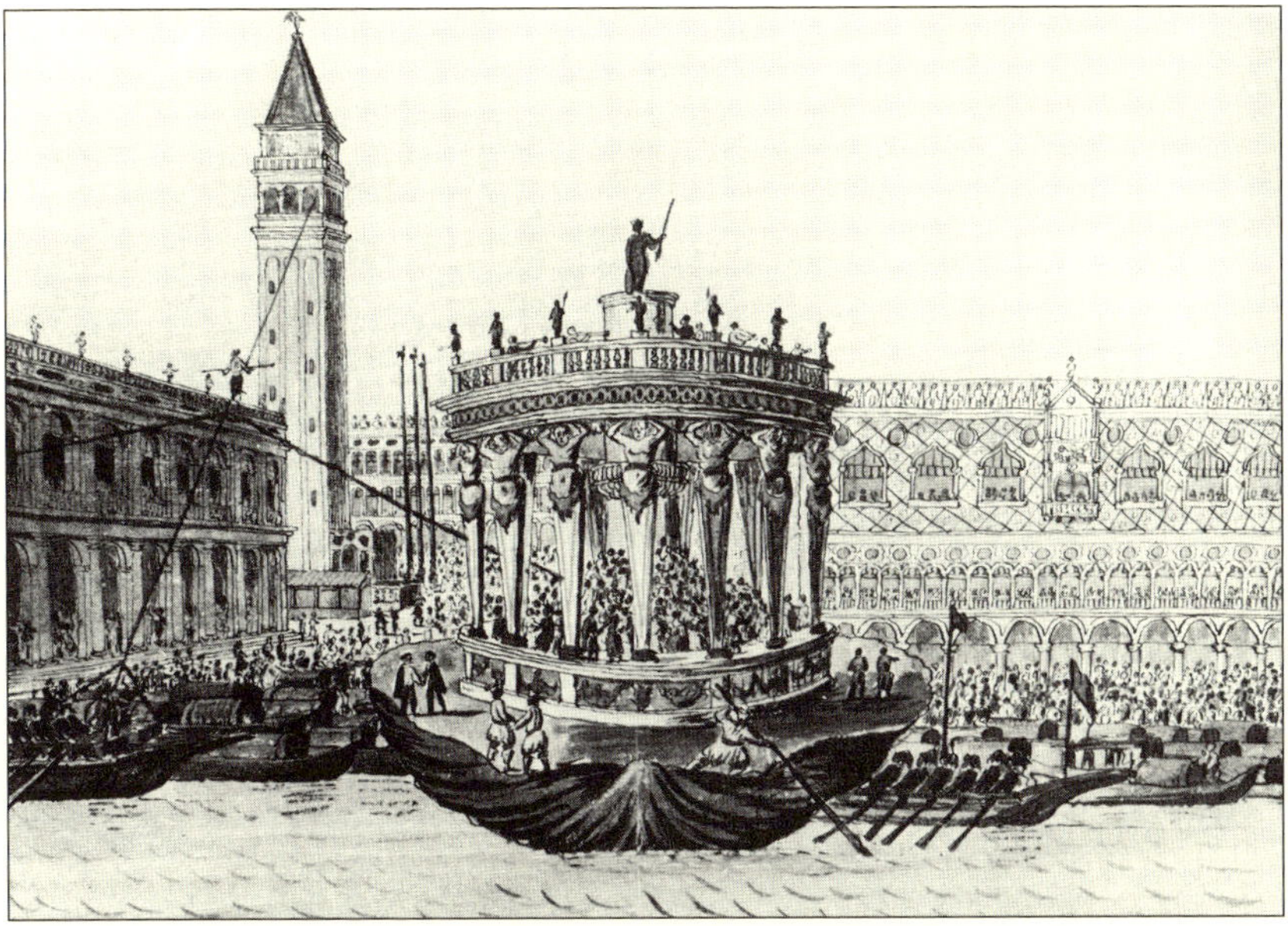

図15　ピアツェッタの前に浮かぶ世界劇場（Giovanni Graevembroch, 1564）

ーロであった。一六世紀の都市再構成計画としてはまさに驚異的なこのプロジェクトについては、タフーリが紹介し、その意味を解読している(64)（図16）。

　コルナーロの計画は三つの要素からなっている。一つ目は、この水面の南西の方に浮かぶ古代風の「劇場」であり、古代の記憶を語ると同時に、劇場都市ヴェネツィアの象徴そのものである。従来の下品で見苦しい見世物に代わって、民衆に洗練された公開の演劇を提供する場として考えられている。この浮かぶ劇場は明らかに、一五世紀末からヴェネツィアにしばしば登場していた水上を移動する「世界劇場」(teatro del mondo) の発想を発展させたものと考えられる(65)。これらの世界劇場は球形あるいは円形プランでつくられ、劇場＝世界を表わすと同時に、移動しながら都市のどこの場所をも劇場化することにより、都市＝劇場という考え方を比喩的に物語っていた。すなわちそこには世界＝都市＝劇場という発想が貫かれていたことを読み取ることができるだろう。コルナーロの構想する水に浮かぶ劇場は、それ自体演劇的な趣向であり、またヴェネツィア共和国最大の「劇場」であるサン・マルコ小広場からゆったりと観賞できるはずのものであった。

　二つ目は、ピアツェッタの南東沖の水上に浮かぶ「人工の島」であり、木のおい繁る丘をもち、その頂部にロッジアを置いている。自然を豊かにもつ理想の庭園を象徴しており、ラグーナの中のアルカディアでもある。

　コルナーロのプロジェクトの三つ目の要素は、ピアツェッタの水際に立つ二本の円柱の間に置かれる「噴水」であった。そこには大陸のシーレ川あるいはブレンタ川から真水を引いてくることが考えられていた。

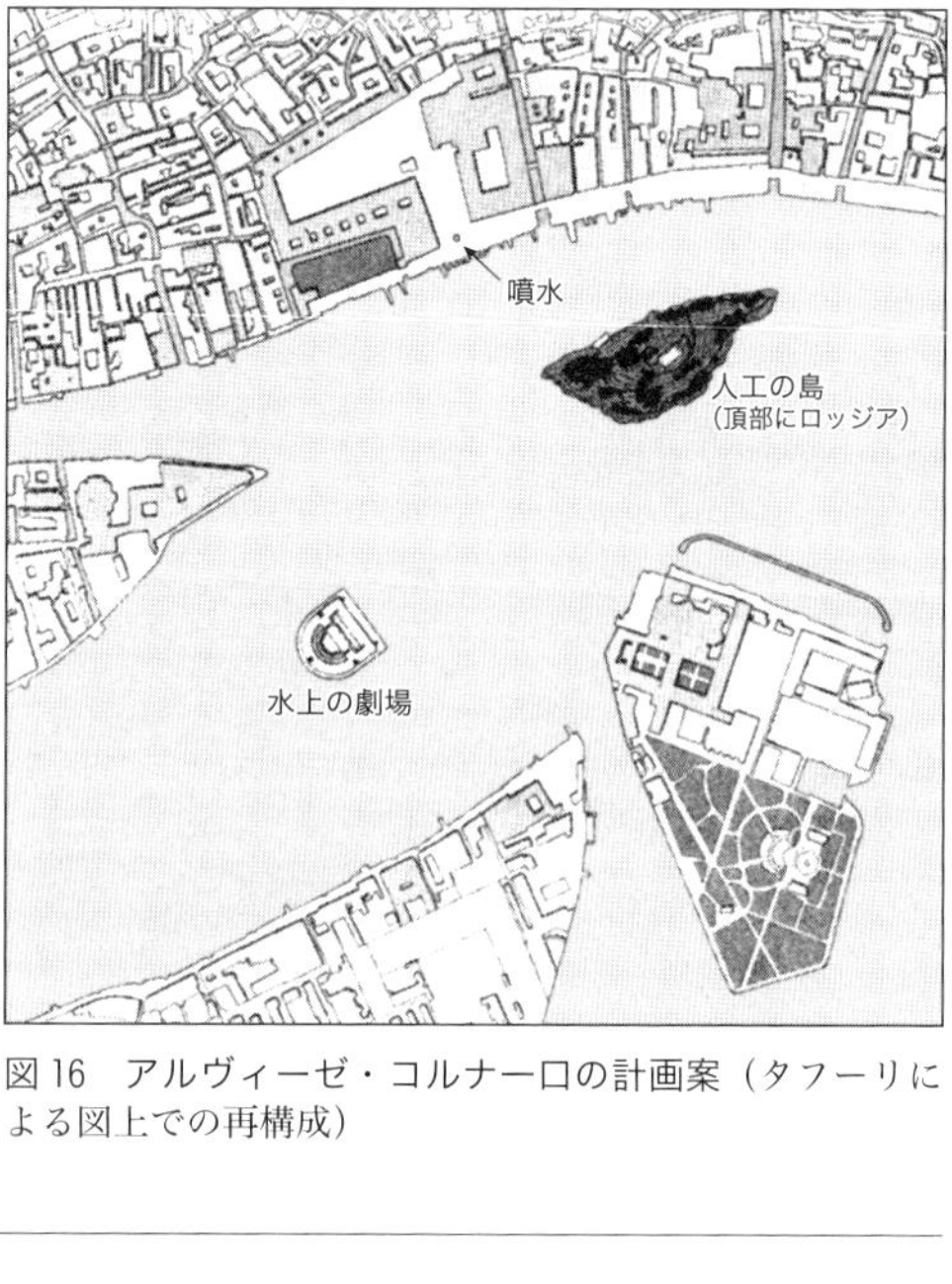


図16　アルヴィーゼ・コルナーロの計画案（タフーリによる図上での再構成）

こうしてピアツェッタに「噴水」、ラグーナの水上に「人工の島」と「劇場」とが設定され、ここに広場と水上を結ぶ可視的な三角形が生み出されている。サン・マルコ沖の水上は、もはや単なる空白の場ではなくなり、海（ラグーナ）と陸（ピアツェッタ）の間で視線のやり取りがなされる演劇的な空間となる。ピアツェッタからは「人工の島」と「劇場」が望め、また船で共和国の表玄関に接近してくる人々にも、海から「人工の島」「劇場」「噴水」を見られるという、まさに壮大な都市空間のスペクタクルをここにつくり出そうとしているのである。[66]

一六世紀の中頃にはサン・マルコ沖のラグーナの水面が華やかな祝祭性に満ちた場所として捉えられていたことは、一五五〇年頃のマッテオ・パガンの鳥瞰図にお召し船を中心とする水上パレードの様子がはじめて描かれたことによってもうかがい知れる。その後の鳥瞰図にもこのモチーフが繰り返し描かれたばかりか、一六世紀の末にはそれに加え、飾られた船で牽引される世界劇場も水上に登場するようになった。

ピアツェッタの沖のラグーナの水上空間を最も劇的に活用した祝祭は、「海との結婚」と呼ばれる国家的な儀式である。水の中から生まれ、水とともに生きてきたヴェネツィアにとっての、水を舞台とした最も象徴的な祭礼である。キリスト昇天祭（復活祭から四〇日後の木曜日）の日に、サン・マルコの岸辺からお召し船に乗った総督が、リドの海まで行き、金の指輪を海に投げ、「海よ。永遠の海洋支配を祈念してヴェネツィアは汝と結婚せり」と唱えたのである。[67] 神聖な水に祈りを捧げ、海の上での永遠の支配と都市の繁栄を祈願したのである。[68]

共和国の権威を高めた総督、グリッティの時代にこの祭礼がより盛大になったのはいうまでもない。一五二六年にグリッティは、六〇〇ドゥカート以上の価値のある金で飾られた、それまでのものより大きくて長い新しいお召し船を進水させたのである。[69]

リドからピアツェッタにかけてのラグーナの水上を象徴的に使ったもう一つの祝祭として名高いのは、後にフランス王となるアンリ三世のために、一五七四年に催された歓迎の儀式である。リドに着いた一行は、パラーディオによって設計され、ティントレットによって装飾された仮設の凱旋門をくぐってお召し船に乗り込み、ラグーナの水上をパレードした後、サン・マルコ小広場の総督宮殿に大歓迎を受けながら入場したのである。[70]

ピアツェッタの演劇性がそのまま水上にまで溢れ出て、さまざまなパフォーマンスにも使われ象徴性を高めていたサン・マルコ沖の空間において、フィジカルな観点でのラグーナの風景を大きく変えたのは、パラーディオによるサン・ジョルジョ・マッジョーレ教会とイル・レデントーレ教会の登場である。[71] コルナーロがそのプロジェクトの中で追及したような、自然と人工の関係、あるいは陸と海の間のダイナミックな視線のやり取りが、ずっと大きなスケールで実現したと見ることもできよう。パラーディオは大陸のヴィッラの作品では、田園に伸びる空間軸を常に設定したが、ここではそれに代わって海上に伸びる軸が設けられている。特に、古典主義の自己主張の強いサン・ジョルジョ・マッジョーレ教会が対岸の島に出現したことによって、コドゥッチの時計塔からピアツェッタの二本の円柱へ至るサン・マルコ広場の第二の軸線が、ほぼそのまま真直ぐ水上に伸びてこの建物まで至ることになり、サン・マルコの海への力強い展開が視覚的にも強調されることになった。こうしてサン・マルコ沖に広がる都市景観が大きなスケールで再統合されたのである。

一六世紀の間にこのような過程を経てつくり上げられたサン・マルコのピアツェッタから、その沖のラグーナへ伸展する空間は、水の都ヴェネツィアのイメージをいっそう演劇的で華麗なものへと拡大した。そして現在もなお、海の側から見るピアツェッタの光景と、逆にピアツェッタに立った時のサン・ジョルジョ・マッジョーレ教会を核とするラグーナへ開かれる眺望は、水上に浮かぶヴェネツィアでの最も象徴的な都市風景を形づくっているといえよう。

注

(1) ヴェネツィアのこのような観点からの都市形成史に関しては、次の拙著の中ですでに詳しく論じている。『都市のルネサンス――イタリア建築の現在』中央公論社、一九七八年、学位論文「ヴェネツィアの都市形成史に関する研究」一九八二年、『ヴェネツィア――都市のコンテクストを読む』鹿島出版会、一九八六年。

（2）ヴェネツィアには広場が数多くあるが、各地区の一般の広場はカンポ（campo）と呼ばれ、都市の象徴的中心であるサン・マルコ広場だけが特別にピアッツァ（Piazza）という称号をもつ。それに続く小広場は、縮小名詞形でピアツェッタ（Piazzetta）と呼ばれる。

（3）この街には、サン・マルコ地区以外に、経済と金融の中心であるリアルト地区、軍事や産業の中心であるアルセナーレ地区があるが、政治（総督宮殿）、宗教（サン・マルコ寺院）、文化（図書館）などの中心であるサン・マルコのもつ象徴性は群を抜いている。

（4）M. Tafuri, "Il problema storiografico, in *"Renovatio urbis"—Venezia nell' età di Andrea Gritti (1523-1538)*, Venezia 1984, p.18.

（5）G. Cassini, *Piante e vedute prospettiche di Venezia*, Venezia 1982 にヴェネツィアの古地図が収録されている。

（6）一六世紀のヴェネツィアの都市史に関する研究は、一九七〇年代以降、活発に行われてきた。特に次のような立場での研究成果が注目される。まず、共和国の政治的イデオロギーと建築家や人文主義者たちの文化的構想力に着目し、ヴェネツィアの都市がもつユートピアあるいは演劇的性格を解き明かす M. Tafuri や L. Puppi らの立場がある。*Architettura e utopia nella Venezia del Cinquecento*, Milano 1980; M. Tafuri, *Venezia e il Rinascimento*, Torino 1985; *"Renovatio urbis"* 等を参照。次に、人類学の方法を歴史に応用し都市の祭儀の在り方を解明する E. Muir, *Civic Ritual in Reneissance Venezia*, Princeton 1981 が興味深い。また社会史の立場からのルネサンス研究として、B. Pullan, *Rich and Poor in Renaissance Venice*, Oxford 1981 等が注目される。本章では、これらの一九八〇年前後に発表されたさまざまな研究成果をふまえながら、都市のフィジカルな構造の形成の問題を社会的制度、祝祭的活動、都市のイメージといった観点とからめながら論じることによって、ルネサンス期のヴェネツィアに関する筆者なりの一つの都市像を描き出してみたい。

（7）U. Franzoi, *Le chiese di Venezia*, Venezia 1976, XIX.

（8）B.T. Mazzarotto, *Le feste veneziane*, Firenze 1961, p.51.

（9）Muir, *op.cit.*, p.164.

（10）*Ibid.*, p.174.

（11）本書第2章（原題「ヴェネツィア庶民の生活空間——十六世紀を中心にして」『社会史研究』三号、一九八三年）。

（12）*Le scuole di Venezia*, Milano 1981, pp.30, 152.

（13）A. Zorzi, *Una Città una Repubblica un Impero*, Milano 1980, p.65.

（14）前掲本書第2章。

（15）福田晴虔『パッラーディオ』鹿島出版会、一九七九年、二一一—二一二頁参照。

(16) 前掲拙著『ヴェネツィア』四三—四四、六六—七五頁。
(17) 本書第2章。
(18) 一五世紀末から一六世紀にかけて都市周辺部に多くの庶民集合住宅が建設された。G. Gianighian, *Dietro i palazzi*, Venezia 1984.
(19) Cassini, *op.cit.*, pp.34-37.
(20) *Ibid.*, pp.40-45.
(21) E. Vio, "La Torre dell' Orologio" in G. Samonà 他、*Piazza San Marco-l'architettura la storia le funzioni*, Padova 1970, p.139.
(22) 拙稿「ウォーターフロントの都市文化」『朝日ジャーナル』一九八七年三月一三日。
(23) フィレンツェについてはG. Fanelli, *Firenze: architettura e città*, Firenze 1973; ローマについてはA.P. Frutas, *Piante di Roma*, Roma 1962 参照。
(24) D. Rosand, "Venezia e gli dei", in "*Renovatio urbis*", p.204.
(25) この鳥瞰図の中には、やはり古代世界の考え方でウィトルウィウスも言及している（森田慶一訳『ウィトルーウィウス建築書』東海大学出版会、一九七四年、第一書、第六章）都市に吹く八つの方角からの風が象徴的な形で描かれている。これは都市の方角をさし示すための地図の上での座標軸でもある。
(26) M. Tafuri, "‹Sapienza di stato› e ‹Atti mancati›: Architettura e teenica urbana nella Venezia del' 500" in *Architettura e utopia*, pp.18.
(27) E. Guidoni 他、*Storia dell'urbanistica Il Cinquecento*, Bari 1982, p.248.
(28) M. Tafuri, *Jacopo Sansovino e l'architettura del' 500 a Venezia*, Padova 1969, p.51; L. Zorzi, "Intorno allo spazio scenico veneziano" in *Venezia e lo spazio scenico*, Venezia, pp.106-107.
(29) G. Simoncini, *Città e società nel rinascimento*, Torino 1974, vol.2, pp.60-63; 長尾重武「イタリア・ルネッサンス都市の構想——透視画法による都市空間の再構築」『地中海学研究』九号、一九八六年、二七、三四頁。
(30) G.C. Argan, *The Renaissance City*, New York 1969, p.21.
(31) Tafuriを中心に行われた研究（前掲の"*Renovatio urbis*"）によって、この概念が明確になってきた。
(32) Tafuri, *Jacopo Sansovino*, p.5.
(33) Muir, *op.cit.*, pp.24-25.
(34) Sanudo, *Diarii*, LV, 96.
(35) Guidoni 他、*op.cit.*, p.247.
(36) Tafuri, "Il problema storiografico", p.35.

(37) サンソヴィーノは図書館の設計にあたって、対面にあるヴェネツィア共和国の象徴であるゴシックの壮麗なパラッツォ・ドゥカーレの存在を強く意識したようである。息子フランチェスコの記述によっても、サンソヴィーノは図書館をパラッツォ・ドゥカーレより低くしようと意図したこと、また、パラッツォ・ドゥカーレの威信と魅力にもかかわらずその伝統的表現への傾斜を感じなかったこと、を知ることができる。F. Sansovino, *Venezia città nobilissima et singolare*, Venezia 1581, p.205.

(38) Tafuri, *Jacopo Sansovino*, pp.51-54.

(39) L. Zorzi, *Il teatro e la città*, Torino 1977, pp.310, 323. このZorziの著作は、フィレンツェとヴェネツィアを対象に取り上げながら、都市空間と演劇との関係をはじめて本格的に考察し、新しい研究の視角を提示したものとして大きな意味をもつ。

(40) Guidoni 他、*op.cit.*, p.246.

(41) P. Molmenti, *La storia di Venezia nella vita priveta* 復刻版、Trieste 1973, vol.3, p.250; Mazzarotto, *op.cit.*, p.119.

(42) Muir, *op.cit.*, pp.181-182.

(43) G.L. Collado, *Tecnicas en ordenacion de conjuntos*, Madrid 1982, pp.349-393; *La Corrida*, Secretaria de estado de turismo, 1977; 拙稿「祝祭空間としてのイタリアの広場」『地中海学研究』九号、三七頁。

(44) ピーター・レーヴィ、小林雅夫訳『古代のギリシア』朝倉書店、一九八七年、三八—三九頁。

(45) M. Vardone, *Spettacolo romano*, Roma 1970.

(46) Muir, *op.cit.*, pp.182-183.

(47) *Ibid.*, p.184.

(48) Mazzarotto, *op.cit.*, p.53; R. Strong, *Art and Power-Renaissance Festivals 1450-1650*, Suffolk 1984.

(49) Muir, *op.cit.*, pp.188.

(50) ヴェネツィアでは集団で政治を司どる仕組みが巧みにでき上がっていたが、やはり総督が国家を代表する顔として絶対的な重要性をもっていた。その総督が儀式や祝祭の中心に位置し、民衆の前に姿を見せ、熱狂的に人々に迎えられることによって、祭りの高揚と一体感が生まれた。その意味で、一年のうちでも主たる祭儀にサン・マルコ広場で行われる総督のプロセッションは国家の統合にとって大きな役割をもった。その行列の並び方には、社会的な身分、役割に対応した厳格な順序が定まっており、そこには共和国の政治形態がそのまま視覚的に誰にもわかる形で表現されていた。樺山紘一『ルネサンスの人と文化』日本放送出版協会、一九八七年、九七—一〇〇頁参照。

(51) Muir, *op.cit.*, p.179.

(52) 本書第7章（原題「ヴェネツィア——都市の祝祭空間」『カラム』一〇二号、一九八六年）。

（53）Sànudo, *Diarii*, VII, 701.

（54）Zorzi, *Il teatro e la città*, p.249.

（55）Muir, *op.cit.*, p.185.

（56）N. Mangini, *I teatri di Venezia*, Milano 1974, pp.12-18.

（57）Zorzi, *Il teatro e la città*, pp.249-250.

（58）M. Apollonio, *Storia della commedia dell' arte*, 1930. 復刻版 Firenze 1982; *Enciclopedia dello spettacolo*, Roma 1954.

（59）Mazzarotto, *op.cit.*, p.116.

（60）Muir, *op.cit.*, pp.177, 194.

（61）*Ibid.*, p.193.

（62）それとは対照的に劇場、見世物などを周縁に追いやった典型的な例としてロンドンや江戸がある。フランセス・イエイツ、藤田実訳『世界劇場』晶文社、一九七八年、二九―一四二頁。拙著『東京の空間人類学』筑摩書房、一九八五年、一二一―一四五頁参照。

（63）Strong, *op.cit.*, pp.42-62.

（64）Tafuri, *Venezia e il rinascimento*, pp.221-241; M・タフーリ、須賀敦子訳「コルナーロとパラディオとカナル・グランデ」『A＋U』一三〇号、一九八一年七月号。これらの中では、コルナーロとその同時代のライバル、C・サッバディーノによってそれぞれ提案されたラグーナの大規模な改造計画についても論じられている。

（65）世界劇場の知られている最も古い例は、一四九三年にこの地を訪ねたベアトリーチェ・デステの歓待のために準備されたものである。また本格的な祭典機械（macchina）を水上に浮かべ移動させる世界劇場が一五三〇年に登場したことが、サヌードの記述（Sanudo, *Diarii*, LIII, 361）から知られる。M. Tafuri, *Venezia e il rinascimento*, p.222. 少し後のものとしては、前述の一五六四年六月に登場した世界劇場がよく知られる。なお、世界劇場に言及したものとして、桜井義夫「都市の建築――ヴェネツィア、現実の場・空想の場」（東京大学修士論文）、一九八六年がある。

（66）Tafuri, *Venezia e il rinascimento*, pp.221-241.

（67）この国家的祭儀は一一世紀中頃に始まったとされる。また、お召し船（bucintoro）の名称は史料の上では一三世紀末までさかのぼれる。B.T. Mazzarott, *op.cit.*, p.182.

（68）*Ibid.*, pp.180-182.

（69）E. Muir, "Manifestazioni e cerimonie nella Venezia" in "*Renovatio urbis*", p.69.

(70) *Architettura e utopia*, pp.160-162.

(71) Tafuri, *Venezia e il rinascimento*, p.241; Guidoni 他、*op.ci.*, p.231.

# 第4章　カナル・グランデの機能と意味

## 1　水辺の意味を問い直す

水の都ヴェネツィアのちょうど真ん中に、水上の凱旋門のようなリアルト橋が架かる。力強いアーチのこの石橋の上に立つと、目の前には、貴族の館が連なる見事な水辺のパノラマが広がる。さまざまな形の船が行き交い、水上の賑わいが伝わって来る。この大きな水路が、ヴェネツィアの中央部を逆S字形にゆったりと貫くカナル・グランデ（大運河）で、街の最も華やかな水上の目抜き通りにあたるものだ（図1）。

都市というのは、誕生、成長、円熟のそれぞれの時期に、自らを変身させ、その構造や形態を新たなものに変えていく。だがそこには、歴史の層が重ねられ、またひとたび形成された空間やデザインのアイデンティティも継承されている。常に都

図1　リアルト橋からカナル・グランデを望む

市の象徴的な中心軸であり続けたカナル・グランデには、この水の都の歴史の記憶がさまざまな形で刻み込まれ、われわれに語りかける。世界のウォーターフロントで、これほど豊饒な気分に満ちた空間は他にないだろう。

水辺というのは、いかなる時代にもさまざまな使われ方をされ、多くのイメージを発信して、多義的な性格をもつものであった。ところが、水の価値をまったくおろそかにした工業化社会に染まったわれわれの頭や身体からは、こうした水への理解がすっぽり抜け落ちてしまったように思う。

さすがのヴェネツィアにおいても、都市をとらえる目があまりに専門分化してしまった今日、都市と水との有機的な関係の全体を考察するような視点は、すっかり忘れられてきた。

本章では、ヴェネツィアを今なお飾る水辺の象徴空間、カナル・グランデに注目し、その機能と意味の変遷をたどり、都市にとっての水辺の多様な価値を振り返ってみたい。

## 2 運河成立の背景

カナル・グランデで毎年、九月の第一日曜日に行われる歴史的レガッタの祭りを注意深く観戦していると面白い。レガッタに参加するゴンドラをはじめとする舟の漕ぎ手は、この運河の水の流れを巧みに読んで、コースをとる。流れに逆らう時は、その抵抗が少ない内側のコースを、流れの向きに進む時には、それに乗るように外側のコースをとるのである。

おだやかな水面に見えるこのカナル・グランデも実は、本土（テッラフェルマ）から流れ込みラグーナ（浅い内海）を通ってアドリア海へ抜ける大きな水の流れの一つだということを思い起こさせられる（図2）。一日に二回の潮の満干とともに、流れの向きを変えるのはいうまでもない。

このカナル・グランデは、こうした自然の水路そのものを生かしながら人工的に整理された運河だといえる。

ヴェネツィア人は、ラグーナを抜けるこの水の空間を巧みに使って、都市をデザインした。そのほぼ真ん中に位置するやや高い土地にまずリアルト地区が早くからつくられ、次いでカナル・グランデの河口の東先のサン・マルコ地区に、海に開くもう一つの中心を置いたのである。

東はアドリア海からオリエントの海につながり、西には河川網が巡るテッラフェルマ（本土）をひかえたヴェネツィアには、船によって人や物や情報が集められた。サン・マルコ周辺からカナル・グランデにかけての水辺は、その主たる舞台でもあった。

この大運河の在り方を見るのに、常に三つのレベルに注目してみたい。水と結びついたさまざまな機能、都市の平面形態、そして実際に水辺を飾る建築のデザインである。

## 3 港湾機能の展開

カナル・グランデを舞台に最も華やかに展開したのは、まずオリエント世界と結びついた通商や交易の活動であり、港湾機能がさまざまな形でここに発達した。

その中心はリアルト地区で、五世紀に創設されていたサン・ジャコモ教会のまわりに、一一世紀末には、現在に通じるような市場を形成し始めた（次頁図3）。かつてはオリエントと西欧を結ぶ世界の中央市場の役割をもった。今も、観光用の土産物屋と地元民の生鮮食料品を扱う市場がひしめく活気にあふれた光景は、イスラーム都市のバザールやスークを思い起こさせる。

東方貿易が活発で、交易に生きた中世の時代には、カナル・グランデは水

図2　クリストフォロ・サッバディーノによるラグーナの地図（1557年）

上の大動脈であると同時に、港の機能をもち、大きな帆船も航行した。従って、一六世紀後半に石橋に架け替えられるまでのリアルト橋は、カルパッチョ「十字架の奇跡」の絵（図4）に描かれているように、木造で、真ん中が跳ね上げ式になっており、帆船が通れるように工夫されていたのである。

物資が運び込まれる港にとって欠かせないのは、税関である。東方の国々からアドリア海を経て入ってくる物資は、現在のサルーテ教会（一七世紀）の東先の位置に設けられた「海の税関」（図5のⒶ。第1章図7も参照）によって、またテッラフェルマの河川を通じ、ラグーナの水上を運ばれてくるヨーロッパやイタリアからの物資は、リアルトのリヴァ・デル・フェッロ（鉄の岸）に置かれた「陸の税関」によってコントロールされた。

現在のカナル・グランテをよく観察すると、水際に公共の波止場あるいは岸辺の道（ヴェネツィア方言でフォンダメンタと呼ばれる）がとられているのは、三か所しかないことに気づく。一つは、海の税関のところであり、船が停泊し、検査官が乗り込みやすい構成になっていた。二つ目はリアルトで、大運河の両岸に岸辺がとられ、荷揚げされる品物ごとにその名称がついていた。現在は、往時のようには荷揚げが行われなくなった岸辺を利用して、水辺に心地のよいレストランを並べる華やいだ光景を目にできる。三つ目は、カナル・グランデを上った

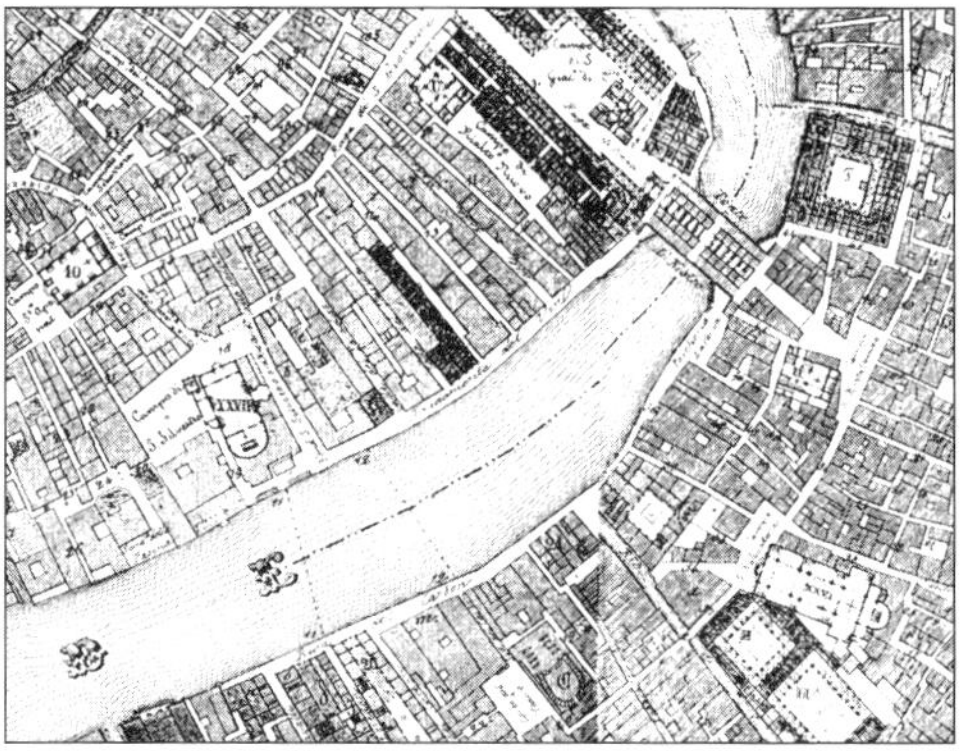

図3　リアルト周辺（コンバッティの地図，1847 年より）

図4　カルパッチョ「十字架の奇跡」（部分）

北西の端の地点にあり、北から入り込む重要なカンナレージョ運河を経てパドヴァなどの地方から運ばれる品物の中継地に使われた。

それ以外の場所では、建物が水の中から立ち上がり、正面玄関を水に向け、船で直接アプローチするという、ヴェネツィアならではの華麗な水辺の構成を見せているのである。貴族の住宅はどこも自家用のゴンドラをもち、芝居を見に行くにも、祝宴に赴くにも水上からアプローチした。

東方貿易の「海の都」を象徴するのが、商人貴族たちが大運河に面して構えた商館建築である。冒険的スピリットをもち、自ら船団を組んで東方の海に繰り出した貴族たちの拠点で、一二、一三世紀に数多く建設された（図6）。

いずれも、水に面した一階に開放的な連続アーチのポルティコをとり、船着き場あるいは荷揚げ場としている。いかにも水辺にふさわしい建物だ。岸辺（フォンダメンタ）が私的な施設の中に取り込まれたものと考えることもできる。

こうした個人の邸宅としての商館建築は、カーザ・フォンダ

図5　カナル・グランデの入口と税関（Ⓐ），サルーテ教会（Ⓑ）

図6　トルコ人商館

コ（またはフォンテゴ）と呼ばれる。同時に、第1章ですでに見た通り、ドイツ人商館をはじめ、交易に欠かせない外国人コミュニティ活動の拠点としての商館が大運河沿いに設けられ、それが「フォンダコ」と呼ばれた。これが実は、北アフリカを中心としたアラブ圏に広域に見られる「フンドゥク」から由来した言葉だといわれる。これはペルシア語のキャラバンサライにあたるもので、隊商宿であり、同時に取り引き場でもあった。こうした商館という考え方そのものを、ヴェネツィア人がアラブ、イスラーム世界から学んだことは疑いがない。イスラーム都市の商館がバザール（アラビア語ではスーク）の中につくられたのに対し、ヴェネツィアのそれはカナル・グランテの水に面して建設されたという点がユニークである。

個人の邸宅としての商館（カーザ・フォンダコ）では、東方からの物資を満載した船をつけ、荷揚げし、一階の倉庫に搬入する。主階は二階にとられ、商品を展示したり、取り引き、接客が行われた。同時に、商人貴族の個人の住まいでもあった。

ヴェネツィア商人が東方の海に繰り出した頃、文化の水準は、オリエントの方が西欧よりもずっと高かった。ビザンツ、イスラームの高度な文化がヴェネツィアにどっと流れ込んだのはいうまでもない。ヴェネツィアの商館建築は、当時の東地中海世界に見られたすべての建築要素を複合して生まれた独特の様式を示す。

両端に塔状部分をもち、中央を連続アーチで開放的につくるやり方は、海辺などにつくられた古代ローマのヴィッラ（別荘）の形式に由来しているといわれる。そしてアーチを連ねる形式、アーチや柱頭、メダイオンなど細部の装飾には、ビザンツとイスラームの要素がふんだんに取り入れられている。モノと人と情報が東方からヴェネツィアに流れ込んだこの時期に、建築の構成も東方的な表情を身にまとったのである。水の側に大きく開き、中央内部に大広間が伸びて陸側と水側を結ぶ空間軸を構成するやり方は、この時代に確立し、後のヴェネツィアの住宅建築に受け継がれた。イタリアや他のヨーロッパ都市の中世の住宅は、まだどれも閉鎖的で、質素なものが多かっただけに、水辺に華麗に開くヴェネツィアの建築は当時の人々にとって眩《まばゆ》いほどの輝きを放っていたに違いない。

## 4 聖なる空間

カナル・グランデに面する重要なもう一つの要素として宗教施設がある。ところが、その在り方は、時代とともにおおいに変化した。今日、カナル・グランデを水上バスで進むと、水に面した象徴的な造型の教会建築を幾つも見ることができる。しかし、それは比較的新しい時代に生まれたことなのだ。

まず、デ・バルバリの鳥瞰図（一五〇〇年）に描かれたカリタ修道院（一二世紀創設、図7）を見ると面白い。一五世紀中頃にゴシック様式で再建された教会の姿が描かれているが、その北側の運河に面した方に囲いを巡らし、内側に墓地をとっているのが見てとれる。このように中世には、カナル・グランデに面して他界空間さえもが存在していた。中世末のカナル・グランデには、ビザンツ、ゴシックの様式をもつ華麗な貴族の館が並んでいたが、教会建築もがそこに正面を向け、象徴的な造型を追求するようになるのは、ずっと後のことといえる。

その点で、最も示唆的な例は、サン・スタエ教会（一〇世紀創設。次頁図8）であろう。デ・バルバリの鳥瞰図が示すように、この教会は本来、中世の教会配置の定石に従い、東西の軸をもち、地区を貫く南北の道路に面して、コミュニティの方に顔を向けていた。ところが一六七八年の再建の際に、

図7　デ・バルバリの鳥瞰図に描かれたカリタ修道院（1500年）

向きを九〇度回転させ、カナル・グランデに正面を向けることになった。さらに一八世紀はじめに、古典主義のファサードがつけられ、水辺に面する見事な建築表現が獲得されたのである。コミュニティのまとまりより、都市の象徴軸としてのカナル・グランデを飾る舞台装置としての役割を追求したといえる。

カナル・グランデの教会で忘れられないのは、サルーテ教会である。サン・マルコの前を船で進み、税関（ドガーナ）の所からカナル・グランデに少し入り込んだ視覚的にも重要な一角に、ロンゲーナの設計でモニュメンタルな大聖堂（一六三一～八七年）が登場した。八角形のプランにドームをのせる優美なバロック様式のこの教会は、前面のカンポに大階段を張り出し、魅力ある水辺空間を実現した。ここでも東西軸は完全に無視され、正面は北の水側を向いている。一一月に行われるサルーテ教会の祭りは、共和国時代には、総督が行列をひきいて訪問する華やかなものだった。今でもこの日には、カナル・グランデに小舟を並べてその上に仮設の橋が参道として架け渡され、教会と水との象徴的な関係をいっそう強調する。

図8　カナル・グランデに正面を向けるサン・スタエ教会

## 5　ステイタス・シンボルとしての館

カナル・グランデはもともと、東方貿易が急速に伸びた一二、一三世紀に、物資を運ぶ大動脈として整備され、港湾機能をもつものだった。貴族の館も、交易、商売のための商館としての意味をもった。建築のデザインは、当時の先端をいくビザンツ、イスラームのオリエンタルな様式をまとった。

しかし、富を蓄積し、建設の黄金時代を迎える次の一四、一五世紀には、事情が変化した。まず、貴族の館の正面を見ると、連続アーチで大きく開き、波止場や荷揚げ場の役割をもった一階のつくりが完全に変わり、中央に立派なアーチ状の玄関を残して、他は壁で閉じるようになった（図9）。逆に、生活の中心である上階が華麗なつくりになり、運河に向けても軽快で装飾的な連続アーチ窓がとられ、水辺を飾った。

倉庫に物資を運び込む商館の役割から、貴族の華やかな生活の舞台へと、住宅建築が変化していったのである。倉庫は、

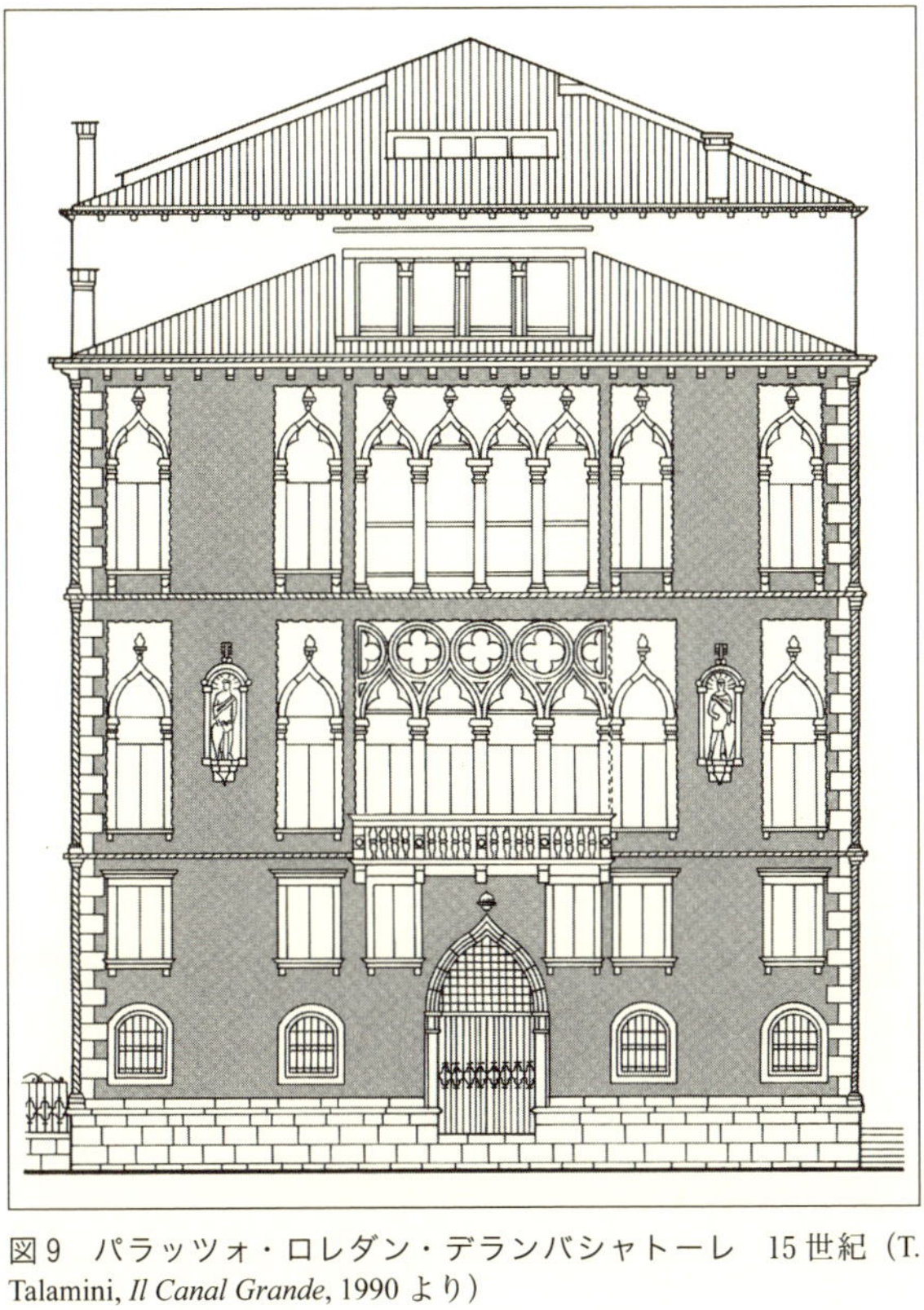

図9　パラッツォ・ロレダン・デランバシャトーレ　15世紀（T. Talamini, *Il Canal Grande*, 1990より）

都市の港湾施設として公的に整備されていった。また、この時代のヴェネツィアは、都市内の陸の道が整備され、橋が架けられ、水に完全に依存する都市構造から水陸両用の都市へと移行した。そのことが、貴族の館のつくり方にも反映したのである。

アルプスの北からもたらされたゴシック様式がヴェネツィアの環境の中で伸び伸びと開花し、この水の都の独特の表情を形づくった。

富を得た貴族たちは、快適な館を求めた。当時、都市は高密に建て込んできたから、その中で、個人の静かで落ち着いた住環境を確保する必要があった。こうして生まれたのが、ヴェネツィア住宅のコルテとよばれる中庭である。これも中東や北アフリカのイスラーム都市に見られる中庭型住宅とよく似ている。快適で居心地のよい住まい、そしてプライバシーを尊重する考え方を、ヴェネツィアはイスラームの高度に発達した都市社会から学んだのであろう。中世のヨーロッパでそれが可能だったのは、東方の先端文化にたっぷりと触れうるヴェネツィアだけだった。

図10　現在のリアルト橋

こうしたヴェネツィアの住宅では運河の側からも、裏の道からも、この中庭へまずは導かれ、そこから建物の内部に入る。レンガで鱗状に舗装され、アーチの回廊が巡る。中央には、雨水を溜めて飲料水に使う貯水槽の井戸がある。その中庭の一角に設けられた外階段が優雅に人々を二階、あるいは三階の主階へと導く。劇的効果も満点だ。

一五世紀の中頃には、交易上の危険が訪れたばかりか、ラグーナ全体の水理学的バランスが変わって、カナル・グランデの水深が浅くなったために、その港湾機能の重要性は低下した。荷を積んだ帆船が通る必要が少なくなった。

逆に、ルネサンスの都市改造が進む中、リアルト橋も木造の跳ね上げ橋（図4参照）から、巨大なアーチでひとまたぎに架かる石のモニュメンタルな現在の橋（図10）に架け替えられた。それは大きな帆船の航行を妨げるものであり、カナル・グランデの従来のような港湾機能を放棄することを意味した。

しかしゴンドラなどの都市内交通の船に加え、結びつきを強めた本土のパドヴァ、ヴィチェンツァ、そしてフェラーラやマントヴァなどの都市と行き来する船がリアルトを中心に発着し、カナル・グランデの水上はおおいに賑わい続けた。

一五八一年に完成した新たなリアルト橋は、カナル・グランデに架かる水上の記念門で、海とともに生きてきた共和国の輝かしき過去の記憶を思い起こさせる。しかも、橋の上に二列の商店街が設けられ、テナントを入れた複合建築としての面白い姿を見せている。こうして象徴性を獲得し、機能性を高めたリアルト橋は、常に人々が集まり賑わいに溢れた広場や市場としての意味をもつことになった。

一六世紀のヴェネツィアは、海洋都市国家から、文化と祝祭の都市へと完全にイメージを転換した。サン・マルコの沖合の水上と並んで、カナル・グランデは最も華やかな祝祭、スペクタクルの舞台となった。

船とともに生きるヴェネツィア市民の間で、自然発生的に生まれ、共和国の船乗り養成の政策にも支えられて活発になっていたレガッタは、もともとラグーナで行われていたが、一五世紀中頃から、カナル・グランデを舞台とするようになった。一六世紀には、貴族の子弟たちが祝祭、イベント、演劇などを企画、運営する文化サークルであるコンパニア・デッラ・カルツァを組織し、しばしばカナル・グランデのレガッタをはじめとする水上のイベントを行った。世界劇場という水上を動き回る移動劇場（第3章図15参照）がカナル・グランデに登場したのも、一六世紀である。貴族の館は、商館であることを捨て、人々を招き、祝宴、レセプションを繰り広げる社交の場になった。中世のスケール感を完全に逸脱し、ローマの巨大なモニュメントのスケールを思わせるパラツツォも幾つか登場した。

## 6 今に生きる大運河

こうしてさまざまな時代の建築で飾られたカナル・グランデは、今も、華やかな水の都の目抜き通りとして眩いばかりの輝きを誇っている。貴族の館のバルコニーに、あるいは館の横の水辺にとられた庭園に集い、ワイングラスを手にする着飾った紳士淑女の姿をよく見かける。ヴェネツィアにはこうした演出がよく似合う。

カナル・グランデに面した一五世紀の貴族住宅、パラッツォ・ピザーニ・モレッタ（図11）ではしばしば国際会議が催される。運河沿いのホテルに宿泊する参加者たちは、朝、迎えのモーターボートに乗り、水上からこの会場に入る。かつてのゴンドラが、今は動力つきのボートに変わっただけだ。

世界中で、今、ウォーターフロントの街づくりが話題になる。人々の心を踊らせ、想像力を喚起してくれるこの水の街の不思議な力をもう一度考えてみたい。

図11　パラッツォ・ピザーニ・モレッタ

# 第5章　カナル・グランデを望む貴族住宅

## 1　開放的な商館建築の成立

「水の都」ヴェネツィアには、街の中央部を逆S字形に貫いて大運河がゆったりと流れている。共和国の指導者、商人貴族たちの館が並ぶ華やかなこの大運河の景観は、しばしば絵に描かれてきた（図1）。

これらの館は、時代によってその機能を少しずつ変化させつつも、常に象徴的性格をそなえ、貴族にとってのステイタス・シンボルでもあった。住居とはそもそも、社会的性格を濃厚にもつものであって、単に家族の日常的生活の行われる場にとどまらないのはいうまでもない。ヴェネツィアのような繁栄を極め、高度な文化を築いた都市国家にあっては、とりわけ貴族の住まいともなると、さまざまな機能、意味をもち、社会の中で重要な役割を演ずる存在であった。しかも、地中海世界に君臨し、東西交流の要《かなめ》に位置するヴェネツィアには、時代の先端的な建築様式がいち早く採り入れられ、「水の都」にふさわしい住宅建築が常につ

図1　カナル・グランデ沿いの貴族住宅（D. Moretti, *Il Canal Grande di Venezia,* Venezia 1828 より）

くり出されてきたのである。

九世紀初頭から、ラグーナ（浅い海）に浮かぶ群島に移住した人々の手で小規模な街づくりを行っていたヴェネツィアにおいて、本格的な都市の建設は、一二、一三世紀頃、東方貿易による繁栄のもとで開始された。とりわけ東方の海に乗り出す冒険的商人たちは、リアルト地区を中心とした大運河沿いに競って商館建築を建てた。この街におけるはじめての本格的な石造、煉瓦造による住宅建築はこうして誕生したのである。

それはカーザ・フォンダコと呼ばれ、商業センターと私的な住まいを兼ね備えるものだった。東方から持ち帰られた物資が船で各商館へと運ばれたから、ここでは水際に正面玄関を設け、直接荷揚げできる開放的な構成がとられた。結局それは、波止場、荷揚げ場、倉庫、商館、住宅といったさまざまな機能を一つの建物の中に統合したものだった。こうして一二、一三世紀の間に、開放的な建築表現を見せる華やかな商館が並んで、大運河はヴェネツィアのメイン・ストリートとなったのである。

図２　トルコ人商館

このような商館の典型とされるのは、一三世紀初期につくられ、一七世紀はじめにはトルコ人商館となった建物であり、中央に連続アーチによる広い二層のアーケードを置き、両端に塔を配するという構成をとっている（図2）。だが中世には、このような開放的構成をとる都市住宅は、フィレンツェやローマをはじめ、他の都市にはまったく見られないものだった。それでは、このヴェネツィア独特の住宅建築はどのようにして成立したのだろうか。

まず、住まいであると同時に商取引のセンターである商館にとって、機能的にも直接船を横づけして物資を荷揚げすることのできる水に開かれた構成が必要であった。また、往来の激しい道路に面する他都市の住宅とは違って、運河沿いの住宅建築は開放的構成を可能とした。さらに、ヴェネツィアはラグーナに浮かぶ天然の要塞であり、しかも、共和国のすぐれた政治のおかげで内紛が少なく治安もよかったため、それぞれの建物が防備をめぐらす必要がなかったのである。

これらがヴェネツィアの開放的な商館建築の成立にとって欠かせない条件であったとはいえ、中世の比較的早い時期からこのように特異で、しかも高度な建築表現を生み出しえたのは、ヴェネツィア人の活動する世界の中に手本となるようなすぐれた建築の文化が存在していたからに違いない。

このような視点から従来注目されてきたのが、古代ローマ時代のヴィッラ（別荘）なのである。ローマの勢力が拡大し、地中海世界に平和な時代が訪れると、イタリア半島のナポリ周辺、北イタリアのアドリア海沿岸、シチリア、さらに北アフリカ等、各地に開放的な外観をもつヴィッラがつくられた。その多くは、ポンペイの壁画（図3）に見られるように、海辺に登場し、水際に開放的なポルティコ（柱廊）をとって、直接船でアプローチできるような構成になっている。

ヨーロッパの住宅史を見るならば、外部に向けて柱廊を並べ、開放的にする構成は、平和で安定した政治状況と繁栄した経済基盤のもとで繰り返し登場したことがわかる。華麗でモニュメンタルな印象を与える柱廊は、ギリシアの神殿の外観やアゴラ（広場）を囲む回廊以来、石

図3　ポンペイ壁画の海浜ヴィッラ

図4　カルタゴ出土のモザイクにあるヴィッラ

造建築の文化の中で常に憧れの的だったのである。

ポンペイ壁画の海浜ヴィッラでは、柱廊にまだアーチが用いられていなかったのに対し、カルタゴ出土のモザイクにあるヴィッラは、田園のものとはいえ、正面の二層目に連続アーチのリズミカルな柱廊を置いて、両端を塔で押さえる構成をとり、ヴェネツィアのトルコ人商館との類似性を示している（前頁図4）。さらに、四世紀はじめにクロアチアのアドリア海に面するスプリッツの街に登場したディオクレティアヌス帝の宮殿は、海を望む外部に、連続アーチの大きなギャラリーを設け、両端に塔を配するモニュメンタルな構成をとった（図5）。中世初期には、ヴェネツィア周辺にこういったヴィッラや宮殿がまだ幾つも残存していたと想像されるし、アドリア海、地中海に繰り出すヴェネツィアの商人貴族たちは、各地で目にするローマ後期の堂々たる建築を憧憬をもって見ていたに違いないのである。

一二、一三世紀に、ヴェネツィアの貴族が街の幹線水路、大運河に沿って進出し、立派な商館建築を建て始めた時、このようなローマ時代のヴィッラが重要なモデルとなったと考えるのは、ごく自然のように思える。当時はまだヴェネツィアの都市建設の早い時期で、未開発の沼沢地や空地が多く残され、おそらく大運河の水面も、都市の幹線水路でありながら、むしろ大自然の雄大な水面という雰囲気をもっていたに違いない。従って、当時の建設者にとって、海浜に建つローマの別荘はモデルとしてまさに格好のものだったと考えられるのである。そしてこのモデルに忠実に実現されたのが、先に述べた両端に塔をもつトルコ人商館であった。

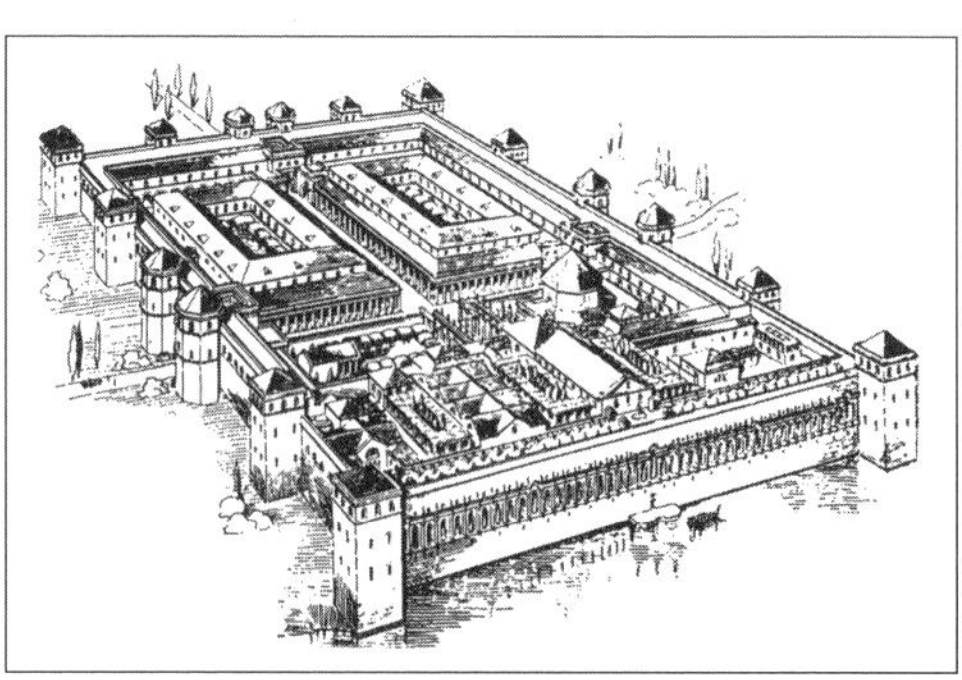

図5　ディオクレティアヌス帝の宮殿（B. Fietcher による復元図）

## 2　高密な水の都市へ

しかし、都市形成が進み、中心地区において商館が軒を連ねるようになると、大運河は、大自然に開かれたおおらかな空間から大都市の人工的な幹線水路へとその性格を大きく変えた。こうなると、自然の中に点在するヴィッラのイメージはもはや成立しにくくなるのは当然である。実際、一三世紀中頃の商館は、トルコ人商館とは明らかに異なる性格をすでに示し始めている。すなわち、両端にアクセントを与えていた塔が失われ、逆に、二階の中央を大きなアーチによって強調する傾向が顕著になる（図6）。しかも、トルコ人商館にも、普通の半円アーチに比べ、足が長く中心が上に寄った上心アーチ、そして防御的性格をもたない装飾性に富むシンボリックなパラペット（胸壁）等、ローマのヴィッラ以外にその起源を求めなければ説明のつかない幾つかの特徴がすでに見出せる（図2参照）。

そこでクローズアップされるのが、当時地中海世界において最大の勢力を誇ったイスラーム諸国からの影響である。ヴェネツィアで商館が誕生し始めた一二世紀にはまだ、西欧に比べ、イスラーム世界の文化水準ははるかに高かったのである。

試しに中世のイスラーム建築を観察すると、ヴェネツィア商館の中に見られるこれらの特徴との驚くべきほどの共通性を指摘できる。まず上心アーチは、ビザンティン建築にその起源があるとはいえ、それがのびやかに展開したのはイスラーム建築においてであった。そこには、砂漠に都市をつくったアラブ人たちの願望の表れとして、樹木の繁ったオアシスのイメージがこめられているようにも思われる。一方、装飾的パラペットは、古代ペルシアの首都ペルセポリスの王宮の階段の手摺に「聖なる山」のシンボルと

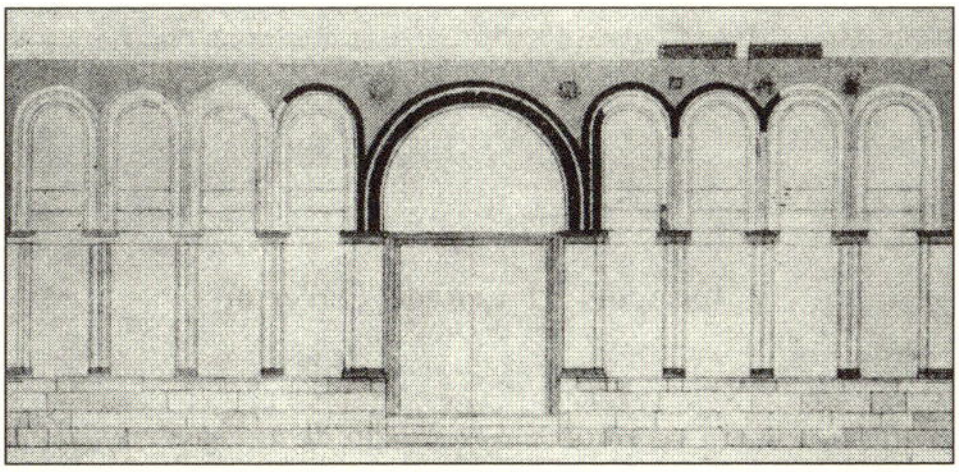

図6　13世紀中頃の商館（E.R. Trincanotoによる1階正面復元図）

してすでに用いられており（図7）、それが様式化して後にイスラーム世界全体に広まったと考えられる。

そして、建築の基本的構成としての、柱廊で外部に向けて開放的にし、しかも中央に大きなアーチを置いて強調する考え方も、実はイスラーム建築に共通して見られる特徴といえる。こうした建築の開放性は、ヴェネツィアの場合、安全な都市の状況と水に面する立地条件によって可能だったのに対し、イスラーム建築では、中庭側にアーチの並ぶ回廊をとることによって実現していた。イスラームの都市においては、モスクにしても住宅にしても、道路に面した外観にはあまり関心が払われず、各建物の華やかなファサード（正面）はあくまで中庭に面した内側に形成されたのである。有名なアルハンブラ宮殿のミルトルの中庭（アラヤネスの中庭）を見ると、上心アーチを連ね、中央アーチを強調した軽快な柱廊の構成、そしてオアシスのイメージと結びつく中庭の池の水面に映し出された柱廊の姿は、まさに大運河に臨むヴェネツィアの商館を連想させる（図8）。

しかも、ヴェネツィア商館の「フォンダコ」の名称は、アラビア語の「フンドゥク」にその語源をもつとされる。ヴェネツィア人は、交易に生きるアラブ人から、その呼び方ばかりか「商館」という施設の在り方そのものをも学んだのに違いない。

このように、ヴェネツィアが水辺の自然に開かれた雄大な都市から、人工的で制御された高密な水の都市へと

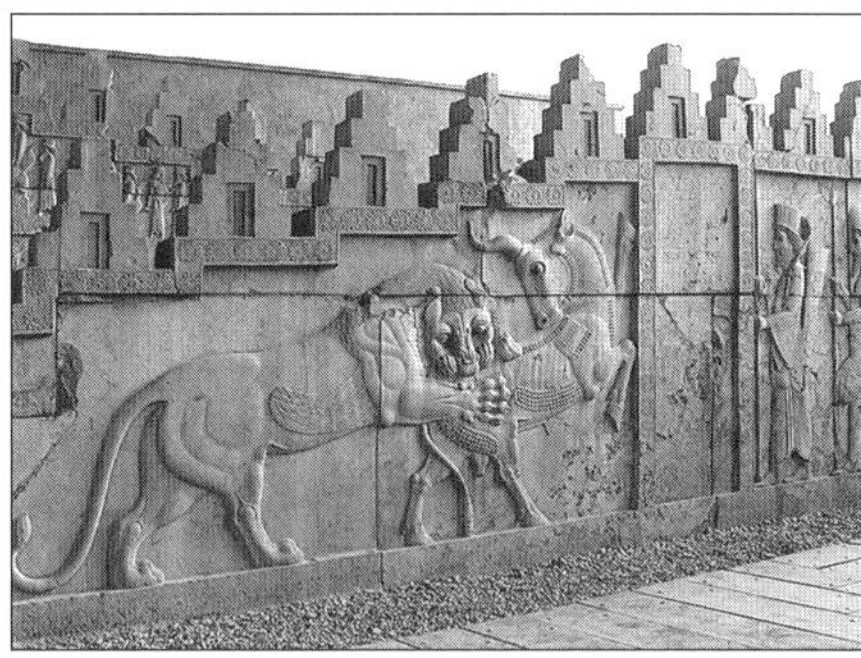

図7　ペルセポリスの装飾的パラペット（胸壁）

図8　アルハンブラ宮殿のミルトルの中庭（アラヤネスの中庭）

発展、転換していく中で、そしてまた、ヴェネツィア人の活躍の舞台が東地中海のイスラーム諸国へ広がったのを背景として、その商館のモデルも、海辺に建つローマのヴィッラから、中庭に開かれ、しかも水のイメージと結びつくすぐれた都市型建築であるイスラーム建築へと置き換わっていったと想像されるのである。

こうして形成された水の大動脈、大運河は、交易都市にとっての水運や流通という日常的機能に加え、遠方の異文明との交流を表現し、都市の歴史と神話の交錯する象徴的な都市空間としての性格をもつようになった。

## 3 舞台装置的な都市空間

続く一四、一五世紀のゴシック時代には、ヴェネツィアは都市建設の黄金時代を迎え、今日見られるような運河と道のネットワークで見事に組み立てられた「水の都」を築き上げた。この時期の貴族住宅は、おそらくイスラームの宮殿や住宅から住いの「快適性」という考え方を積極的に学び、それまでのもっぱら商館機能に重点を置いた建築から、家族生活、接客機能を重んじ、内部空間を充実させる方向へ徐々に変化していった。波止場の役割を果たしていた運河際の開放的な柱廊が失われて大きな正面玄関にとって代わられる一方、内部にイスラーム建築とよく似た中庭がとられ落ちついた居住環境を演出するようになった（図9）。また、アルプス以北から流れ込んだゴシックの様式を、オリエントからの影響下で培われたこの街独特の工芸的、装飾的趣向の中で華麗に展開させ、水辺にふさわしい見事な建築様式をつくり出した（次頁図10）。中世も終りを迎えた一五世紀末に、カール八世の大使としてヴェネツィアの

図9　イスラーム世界と相通ずる居心地の良い中庭

地を踏んだ歴史家、フィリップ・ド・コミーヌは、豪華に着飾った二五人のヴェネツィア貴族、ミラノ公やフェラーラ公の大使たちに歓待された時の様子を、回想録に次のように書いている。

「カナル・グランデと呼ばれるとても広くて大きな道に沿って私は案内された。そこにはガレー船が通行し、また館のすぐ近くに四〇〇トン位の船が停泊しているのが見られた。街全体を弧を描いて貫き、家々で見事に飾られたこの運河は、世界で最も美しい道だと思う。建物はどれもたいそう高くて大きく、良質の石でできており、ファサードには、ここから一〇〇マイルの距離のイストリアから運ばれた白い大理石、そして斑岩や蛇紋岩の大きな板が用いられている。どの家も内部には、金で飾られた床と大理石の暖炉のある部屋を少くとも二つもち、金めっきされたフレームのついた寝台、絵で飾られ金箔の施された屏風など、すばらしい家具を備えている」

一六世紀に入る頃、オスマン帝国の進出、ポルトガルの新航路発見によって、政治的、経済的危機を迎えたヴェネツィアは、もっぱらオリエントとの結びつきを求めた従来の生き方を大きく転換し、ヨーロッパ大陸に関心を向け始めた。ちょうどこの頃、すぐれた政治によって自由と民主体制を堅持し続けていた唯一の共和国、ヴェネツィアには多くの思想家、芸術家が移り住み、ここがルネサンス文化の拠点都市となった。

このような状況の中で、大運河の意味にも大きな変化が生じた。東方からの物資を満載した無数の艀《はしけ》が行き交う幹線水路としての機能を誇ってきた大運河も、むしろ、過去の栄光を背景とした水の都の象徴的で舞台装置的

図10　フォスカリ家（右）とジュスティニアン家（左）の邸宅群

な都市空間としての性格を強めたのである。それまでの伝統的なスケール感を大きく打ち破り、古典主義の豪壮なパラッツォが水際に幾つか姿を見せ始めた。東方の海に自ら繰り出す冒険的精神をもはや失い、大陸に広大な農園をもつ安定した土地貴族に転身したこの時期の指導者階級は、交易、産業から手を引く一方、政治や文化に大きな関心を示した。

こうした彼らの社会的活動の場として、貴族の館は新しい意味と役割を担わされ、それがまた建築的表現の中にもそのまま表れた。たとえば、この時代の代表的邸宅、パラッツォ・グリマーニでは、大運河に向けられた大きな玄関は明らかに古代の凱旋門の記憶を呼び起こすものであり、もはや船からの荷揚げのためよりも、豪放で、印象的な構え自体に意味が与えられていた(図11)。

こうして大運河は、共和国の晴れがましい目抜き通りとしての性格をさらに強めた。そもそも、一二世紀にバルバロッサを迎えた時以来、外国からの要人がこの地を訪れる際には常に、歓待の意を表す儀礼的な祝祭が、この大運河の水辺の空間を使って催された。ルネサンスやバロックの時代ともなると、それが劇的な演出を伴って、さらに華やかに行われたのである。

オーギュスト・ヴェリーの回想録の中に、後にフランス王となるアンリ三世のために、一五七四年にこの地で催された儀式の様子が生き生きと描かれている。

リドに着いた一行は、パラーディオによって設

図11　パラッツォ・グリマーニ

計され、ティントレットによって装飾された仮設の凱旋門をくぐって、お召し船に乗り込み、大運河を通ってパラッツォ・フォスカリまでパレードを行った。その間、花火が打ち上げられ、音楽、演劇、舞踏などが催され、レガッタが色彩を添えたのである。そして祝祭は、二〇〇人ものヴェネツィア貴族の行列を伴って総督宮殿の大評議会の議事堂に入場する場面でピークに達したという。

ヴェネツィアでは、こうした祝祭的行事が行われる時には、全ての日常的な都市活動が停止し、貴族から庶民まで市民の誰もがそれに熱狂的に参加した。そのメイン舞台となる大運河に沿った貴族の館には、それぞれ趣向をこらしたカラフルな垂れ幕がバルコニーに飾られ、水辺に見事な演劇空間がつくり出されたのである。

# 第6章　教会建築と運河の関係

## 1　はじめに

水の上という特異な自然条件のもとで都市建設を進めたヴェネツィアでは、運河の整備が重要な課題であった。中世から馬や馬車の通行は禁止されていたから、すべての物は船で運ばれ、人の移動にも歩く以外は船が用いられた。その状況は今も変わらない。

したがって、重要な建物の多くは、運河に正面を向けて建てられた。特に貴族の華麗なる邸宅は運河に面し、水の側から直接アプローチできることを求められたのである。地区の顔である教会も、[(1)] 運河との関係を強く意識して建てられた。現在でも、教会で結婚式が行われる際には、儀式の後に、その前に待たせておいたゴンドラで出発する光景をよく見かける。葬儀の時には、霊柩船が教会前の岸辺に待機している。教会の配置は、機能的に見ても、水と密接に結びつく必要があった。

しかし、ヴェネツィアにおける運河と教会建築の関係は、そう単純ではない。ラグーナ（浅い内海）の自然の条件を読みながら長い時間をかけて形成された都市だけに、その形態は非常に複雑な様相を見せる。教会の運河との関係も、地理的条件とつくられた時代との両方のファクターによって、さまざまに異なってくる。しかし幸い、ヴェネツィアには教会の数が非常に多い。それらを相互に比較し、類型的に分析することによって、ヴェネツィアにおける教会と運河との関係がどのようにつくられてきたかを考察することができるのである。それは、この水の都の華麗な都市空間がいかに形成されたかを解き明かすことにもつながる。

## 2 分析の方法

こうした分析を可能にさせてくれる貴重な古地図集がある。ベルナルド・コンバッティとその息子ガエターノによって一八四七年に刊行されたもので[2]、ヴェネツィア全体を二〇に分割して都市の形態を詳細に描くばかりか、重要な教会、パラッツォなどについては平面図を描き込んでいる。これを活用することによって、教会建築の空間構成を都市の周辺環境との関係において分析することができるのである。この地図に描かれた教会堂の大半は現在も存在している。筆者は一九九〇年の八月に、この地図を基礎資料として、ヴェネツィアのすべての教会の現地調査を行い、その配置、空間構成、ファサード（正面）を中心とした外観のデザインについて、運河との関係において観察、分析した。

ここでは、コンバッティの地図に描かれ、今もなお存在し、具体的に観察が可能な教会建築を主たる分析の対象とするが、さらに古い時代の鳥瞰図、地図、あるいは文献史料で知ることの可能なより早い段階の教会の在り方にまで考察を広げたい。特に、ヤコポ・デ・バルバリによって一五〇〇年に刊行された詳細な鳥瞰図は[3]、ルネサンス、バロックの時代に建て替えられる以前の、古い段階の教会建築について、多くの情報を与えてくれる。

また、ヴェネツィアの教会の創設、その後の改造と再建の過程を詳細に調べ上げた貴重な研究として、U・フランツォイとD・ステーファノによるものがある[4]。教会建築の成立を周辺環境との関係で論じている点でも、本稿にとって大いに参考になる。

ヴェネツィアのそれぞれの島＝地区のユニークな形態を理解するには、その形成のダイナミズムを中世の早い段階まで遡って、さまざまな角度から考察し検討することも必要である。ヴェネツィアの古い教会の中には、九世紀の初頭にリアルトの地に共和国の政府が移り、この都市の本格的な建設を開始する以前の七、八世紀にすでに誕生したものも幾つかある。その後、一一世紀にいたるまで、教会の創設が進み、七二ほどの教区＝地区のシステムが確立した。(5) それ以外に、修道院としてつくられた教会が数多く存在する。(6)

しかし、教会の創設年代に関しては普通、伝承によって知られるのみで、史料に教会が登場するようになるのは、やや遅れる。後に一二、一三世紀頃、ヴェネト・ビザンティン様式の煉瓦造で立派に建て替えられたものが多く、また一四、一五世紀にゴシックの様式で壮麗に再建されたものもある。デ・バルバリの鳥瞰図を見ると、こうした中世の教会の形態をおおむね知ることができるのである。

その後、どの教会も再建、あるいは増築や改築を経てきたが、規模を拡大しても、位置や方向は、変わらないことが多かった。しかし、とりわけ一六世紀以後には、運河やカンポ（広場）との関係を考え、より象徴的な構成を実現するために、教会の向きを変えることも少なくなかった。それだけに、一五〇〇年の時点における教会の姿をほぼ正確に伝えるデ・バルバリの鳥瞰図とコンバッティの地図（一八四七年）、そして現状の姿を比較することがきわめて重要な作業となる。

## 3 中世における教会の配置の一般原則

数多くの教会を観察していると、その配置に関する一般的な原則が明らかになる。運河と教会の位置関係を類型的に分類、分析する作業の前提として、まずその一般原則を見ておきたい。

創設が中世の一三世紀頃までのものは、ヨーロッパのどの都市においても指摘されるのと同様に、教会の軸はおおむね東西方向を向き、西側に正面入口、東側にアプス（後陣）を設ける傾向が強い(7)。

その後、時代が下るにつれ、東西の軸から大きくはずれる教会も増え、特に一六世紀のルネサンスの時代には、水に向けて象徴的にファサードを構えることの方を優先するため、絶対方位はあまり考慮されなくなる。

教会の絶対方位を考慮しながらつくられた教区においては、当然ながら、運河の向きによって教会と運河の位置関係が規定された。運河が南北方向に通る場合は、その東側に教会を置き、運河に垂直方向に軸を設けるのが一般である。こうすると教会の正面は水の側を向き、象徴的な構成も可能となる。一方、運河が東西方向に通る場合は、運河に平行に教会の軸が設けられる。教会の正面が直接運河を向くことにはならないが、前面にカンポをとって、水の側に視界を開き、また水上から教会の正面が眺められるように工夫されている。

いずれにしても、多くの地区において、教会の配置は運河との結びつきを考えて決められたことは明らかである。ただし、ヴェネツィアにあっては、それぞれの島やその中心のカンポの大きさおよび形態が、個々の事情によってさまざまな在り方を示す。これらを総合的に分析することによって、教会と運河の位置関係について、幾つかの類型（タイプ）を抽出することができる。まず、古い教区がぎっしり詰った都市内部を巡る運河（リオ）に沿って見ていきたい。次に、比較的新しい時代に教会建築が重要な役割を演ずるようになったカナル・グランデをはじめとする大きなスケールの水辺に目を向けることにする。

## 4　内部の運河と教会の関係

### 1 サンタ・マリア・フォルモーザ型

七世紀に創設されたこの街でも最も古い歴史をもつ教会の一つとして、サンタ・マリア・フォルモーザ教会がある（図1）。ヴェネツィアにおけるマリア信仰の中心であり、中世には、この教会を中心に毎年、街をあげて盛大な祭りが行われていた。まわりに広がるカンポは、規模も大きく、立派な建物で囲われ、いまなおヴェネツィアを代表する広場の一つである。

現在の建物は、マウロ・コドゥッチによって初期ルネサンスの様式でつくられた（一四九二年着工）ものだが、基本的な配置や向きは、それ以前に存在していたものを踏襲したと考えられる。この教会の特徴はまず、運河に正面を向け、ちょっとした前庭をとり、水からの象徴的なアプローチを考えている点にある。一方、カンポの側には三つの半円形をしたアプスがそのまま突き出る形となっている。教会の裏側が広場を向いているのである。だが、その意外性のある形態がまた風景に変化を与え、面白い効果を生んでいる。

カンポは初期には、まだ広場の体裁をとっていなかった。草木の生えるコミュニティにとっての菜園やサービス・ヤードであった。西の運河を軸として、この地区の開発が始まったのであろう。それに正面を向ける形で七世紀に教会がつくられた。その基本形が今日まで受け継がれていると考えられるのである。やがて都市の成熟とともに、カンポは立派な建物で囲われ、舗装も施された本格的な広場になっていった。だが相変らず、教会は広場に背中を向けている。

しかし、ここで注目されるのは、一六〇四年にカンポに面した北側に、

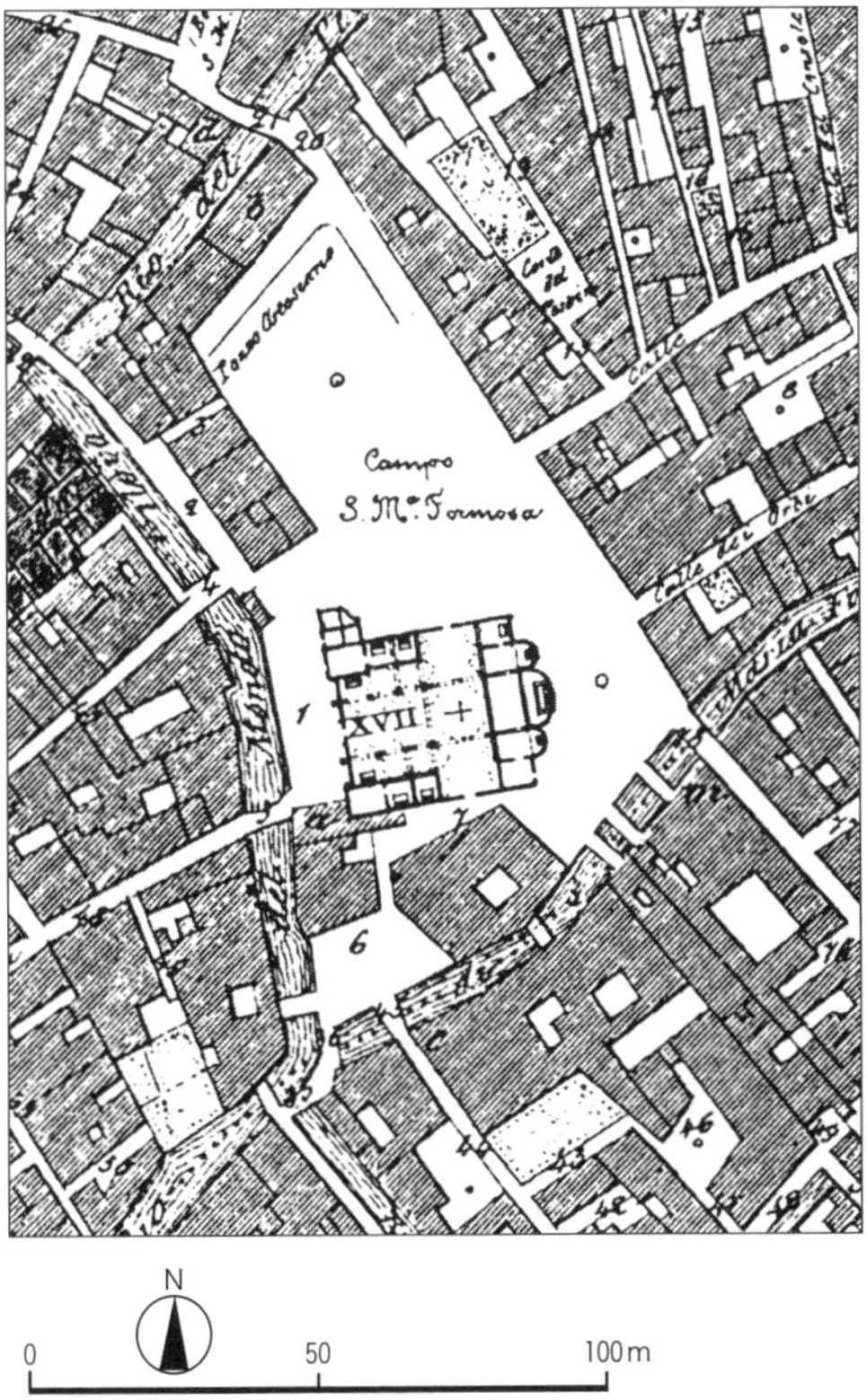


図1　サンタ・マリア・フォルモーザ教会（コンバッティの地図より．以後の地図も縮尺・方位は同じ）

第二のファサードがつけ加えられ、教会のもう一つの顔ができたという事実である。運河ばかりか、カンポが機能的な面に加え造形的にも重要な意味をもつ都市空間となった段階で、象徴的な演出を考えた教会の再構成が実現したのである。ヴェネツィアの教会にはこのように、水を望む正面に加え、側面にあるカンポ、あるいはもう一本の運河の側に第二の入口を設け、外観上も都市空間の中での象徴性を高めている例が少なくない。

サンタ・マリア・フォルモーザ型に分類できるものとして、サン・ポーロ（九世紀創設）、サンタゴスティン（一〇世紀創設）、サン・ジャコモ・ダッローリオ（九～一〇世紀創設）という南北に並んだ三つの地区を挙げることができる。南北方向に流れる運河に沿って、その東側に同じような形で形成されたこれらの地区の様子は、デ・バルバリの鳥瞰図の中に克明に見てとれる（図2）。運河の側に教会の正面がとられ、カンポの側にアプスの背面がきている。サンタ・マリア・フォルモーザに加え、サン・ポーロ、サン・ジャコモ・ダッローリオのカンポも周辺住民にとっての生活の中心としての大きな広場であり、市場が立ち見世物が行われる場所としても人気があった。このように大規模で古くて重要なカンポにおいて、いずれも同じような教会と運河の位置関係が見られることが興味深い。

図2　デ・バルバリの鳥瞰図に描かれたサン・ポーロ（Ⓐ），サンタゴスティン（Ⓑ），サン・ジャコモ・ダッローリオ（Ⓒ）の教会

中世の後半には、本格的な広場として造形され華やかさを獲得したカンポの側に対し、内部を巡る小さな運

河（リオ）の相対的な価値はそれまでに比べるとやや低くなった。[8] サン・ポーロ教会の前庭もこうした状況のなかで消失したものと思われる。デ・バルバリの鳥瞰図を見ても、すでに建物でふさがっていることがわかる。なお、ナポレオン支配下での教区の統合と再編成[9]により存在意義を失ったサンタゴスティン教会は、一九世紀に取り壊された。

アンジェロ・ラッファエーレ（七世紀創設）やサンタンジェロ（九二〇年創設、一九世紀取り壊し）の教会もこの類型として考えられる。

### 2 サン・カッシアーノ型

商業中心のリアルト市場から少し北西に行った所に、ほぼ南北に細長いサン・カッシアーノの島＝地区がある。カナル・グランデからほぼ南に入り込んだサン・カッシアーノ運河に面して、この地区のカンポと教会（九世紀創設、図3）がある。教会は原則通り東西の軸にのり、正面を西に向け、前庭を挟んで運河に面している。この前庭と一体となってカンポがL字形に構成され、その西面はすべて水に開いている。

このような構成は、中小規模のカンポにしばしば見出せる。オープン・スペースを効率よく利用でき、しかも水との結びつきの上でも象徴的な効果をあげられるからである。

サン・ザンデゴラ（八世紀創設）やサン・シルヴェストロ（九世紀創設、図4）の教会がこのタイプであり、またサンタニェーゼ教会（一〇〜一

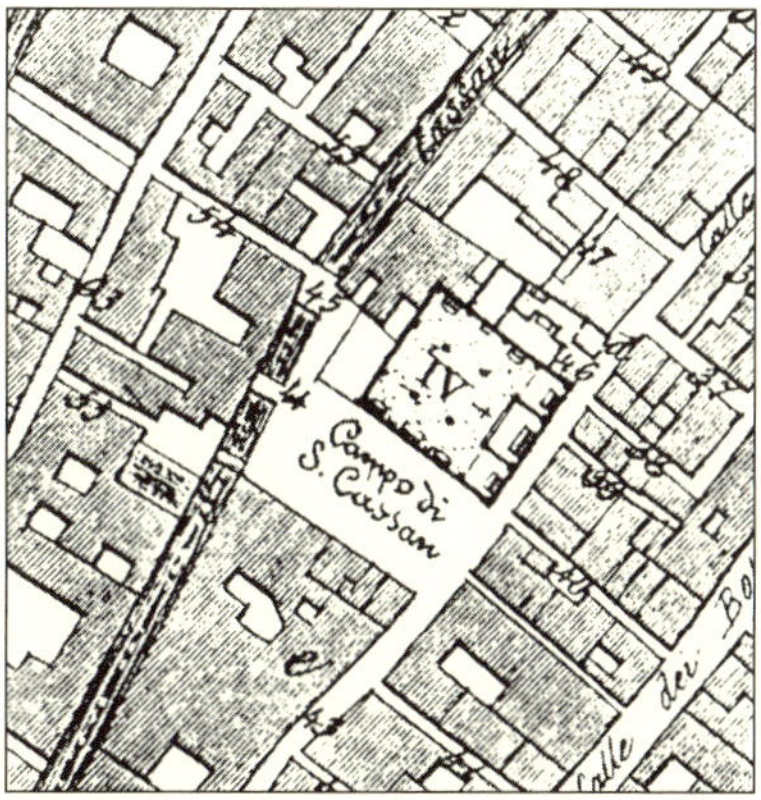

図3　サン・カッシアーノ教会

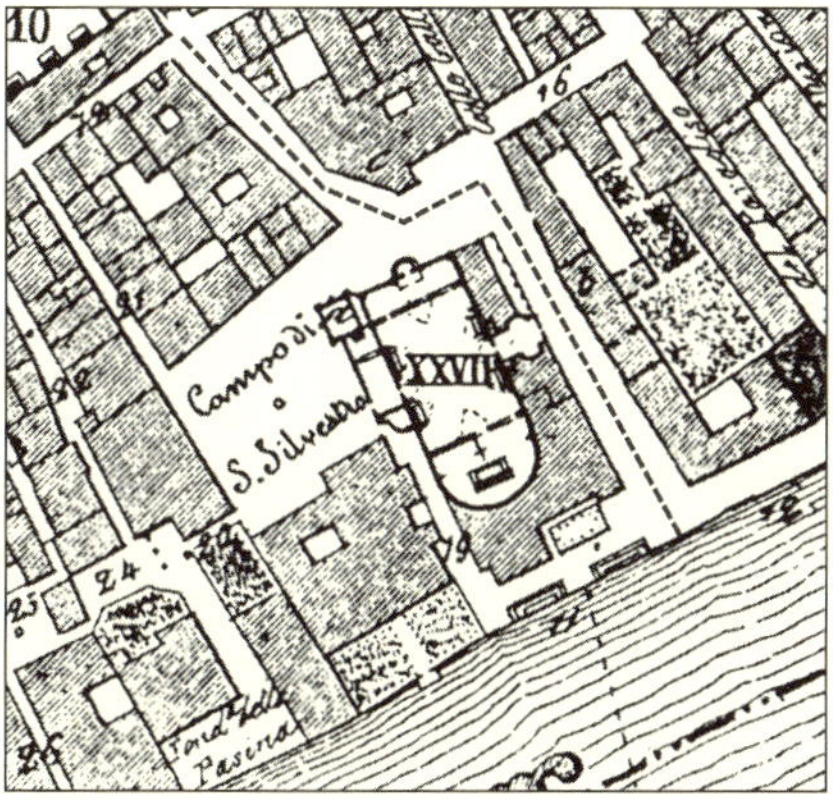

図4　サン・シルヴェストロ教会（点線部分は元の運河）

一世紀創設）は、前庭を省略して運河に直接正面を接したものと考えられる。

このような理にかなった空間構成は広く応用され、特にゴシックの時代に登場した二つの大規模な修道院建築の建設に際して用いられた。まず、街の北東に位置する一四世紀のサンティ・ジョヴァンニ・エ・パオロ教会である（図５）。ほぼ東西の軸にのり、正面と南側面をゆったり囲うようにＬ字形の大きなカンポが設けられている。教会の運河を向く正面ばかりか、側面のダイナミックな外観も一緒に目に入り、モニュメンタルな広場の雰囲気を生んでいる。さらに一五世紀末には、教会の西側奥に、スクオラ・ディ・サン・マルコ（Ｐ・ロンバルド、Ｍ・コドゥッチ設計）が登場し、特に低層部にトロンプ・ルイユ（騙し絵）のような効果をもった浮彫り装飾を施すことによって、この広場に不思議な魅力がつけ加えられた。

もう一つは、フラーリ教会である。はじめは幾つかの教会に間借りしながら活動していたサン・フランチェスコ派の修道会が一三世紀の前半にこの地に定住の権利を得て、修道院を建設した。最初の教会堂は、ほぼ東西の軸にのり、西から入っていたため、フラーリ運河の側にアプスを向けていたようである。[10] 一四世紀中頃のゴシック様式による新しい大規模な聖堂への建て替えの際に、運河を正面とすべく、方向を逆転させたのである。こうして現在見るような、教会の水に面する正面と南側面を取り巻いてＬ字形にカンポがとられる象徴的な構成が生まれた（図６）。教会の方位に関する一般原理を無視してまでも運河との間に象徴的な空間構成を生み出そうとした、ごく早い例の一つといえよう。サンタ・マリア・フォルモーザ等の早くから教区として登場した地区の場

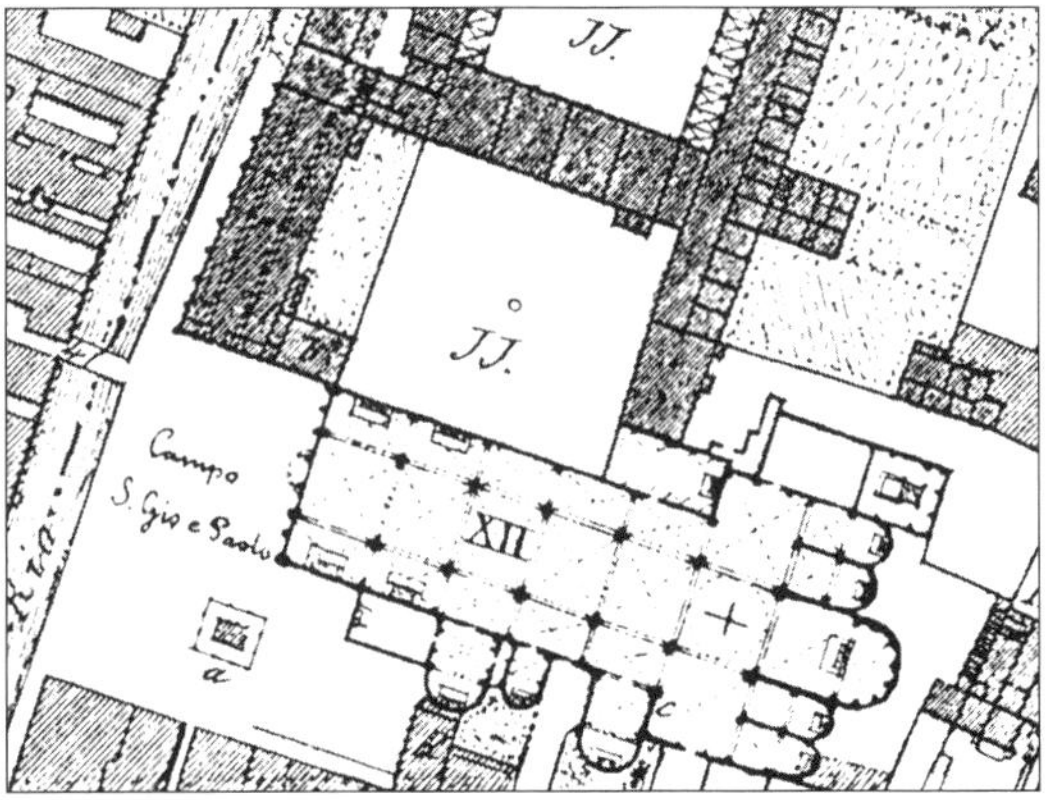


図５　サンティ・ジョヴァンニ・エ・パオロ教会

合、カンポが明確な形態を獲得するのは教会の創建よりずっと遅れたのに対し、この一四世紀に建設された修道院では、教会建築とカンポと運河の関係がはじめから明確に計算されていたのである。

### ３ サン・ピエトロ型

ヴェネツィアの東端に、サン・ピエトロ・イン・カステッロ教会（九世紀創設）がある。現在の建物は一七世紀前半のものである。実は、これが共和国時代におけるこの街のカテドラルにあたる。宗教的にもローマのヴァティカンから独立を保とうとする共和国は、街の守護聖人をまつるサン・マルコ教会を中心に置く一方、カテドラルを都市のはずれに意図的に追いやったのであった。

原則通り東西の軸にのるサン・ピエトロ教会は、やはり南北方向を流れる運河の東側に立地した（図７）。教会と運河の間には長方形のカンポが形成されている。運河とカンポと教会の、最も単純明快な関係を示すタイプといえる。

このタイプに分類できるものとして印象的なのが、サン・モイーゼ教会（八世紀創設）である。西隣の島から橋

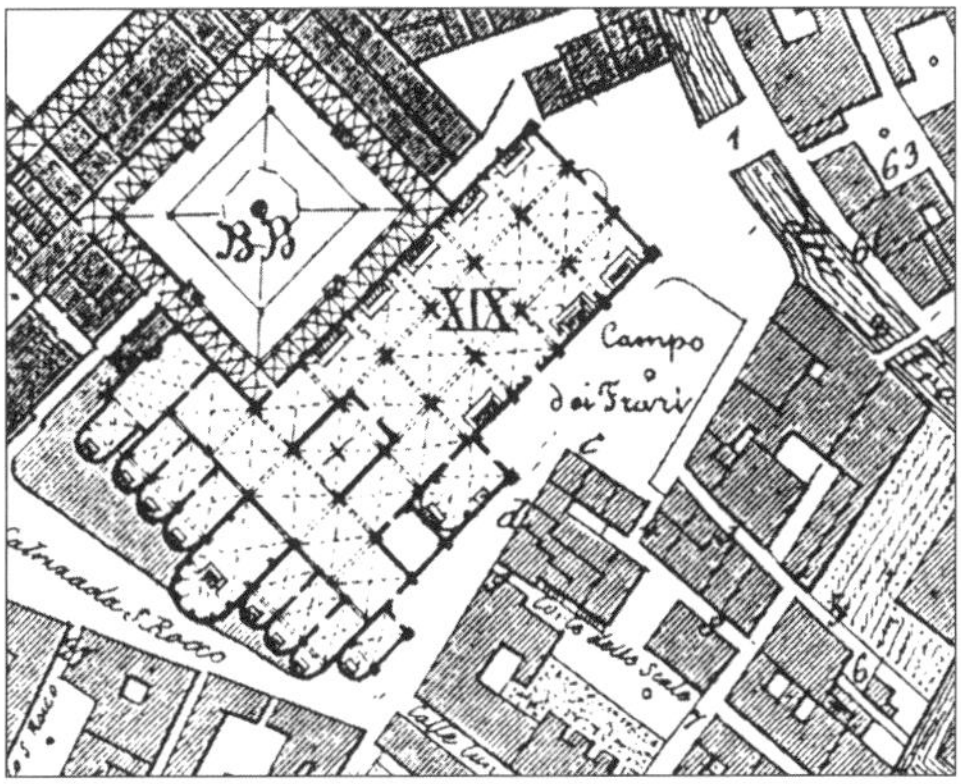

図６　フラーリ教会

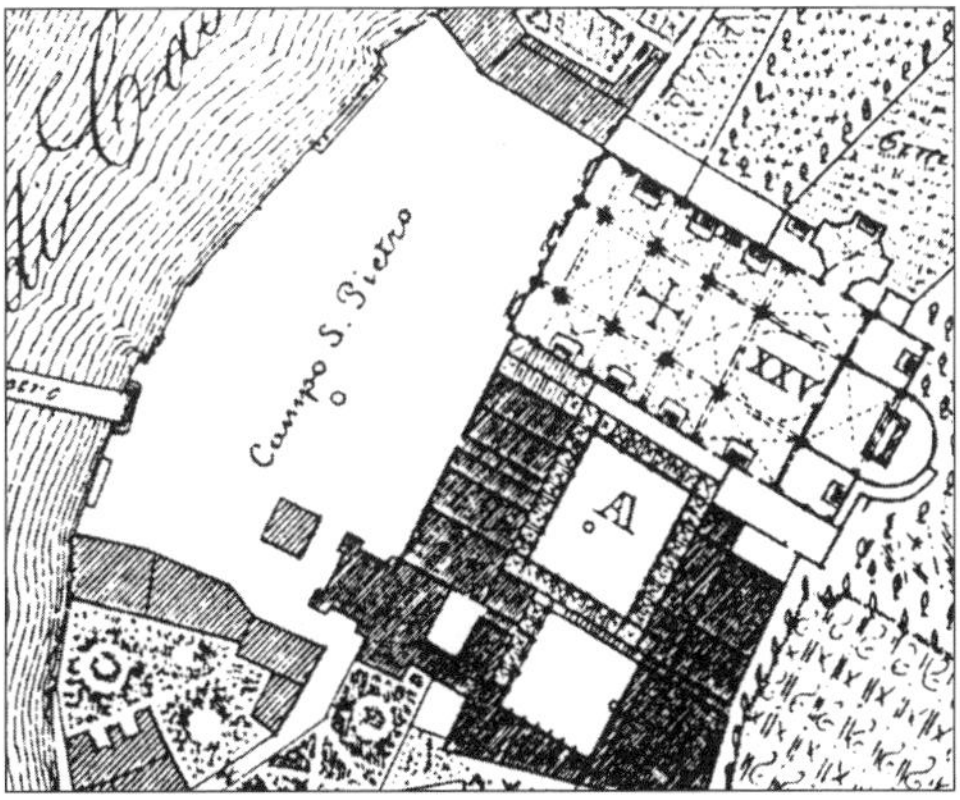

図７　サン・ピエトロ教会

を越えてこの地区に入る際に、カンポの正面奥に壮麗なバロック様式の教会（七世紀前半）の姿が目に飛び込むのである。

　サン・パンタロン地区（教会の創設は九世紀前半）では、島の南を東西に流れる運河を軸にして、その北側にサン・ピエトロの場合と似た教会とカンポと運河の関係を構成している点が注目される（図8）。つまり、ここでは教会がほぼ南北の軸にのっているのである。しかし、これは本来の姿ではない。デ・バルバリの鳥瞰図を見ると、その段階では教会は明らかに東西の方向に置かれ、運河に対しては南側の側面を向けていたことがわかる（図9）。その後一六六八〜八六年に行われた再建の際に、南北の方向に軸を転換させたに違いない。この時期にはすでに教会の東西軸に対するこだわりはすっかり薄れており、運河とカンポを前面にもつこういった象徴的な構成の方が求められたと考えられるのである。

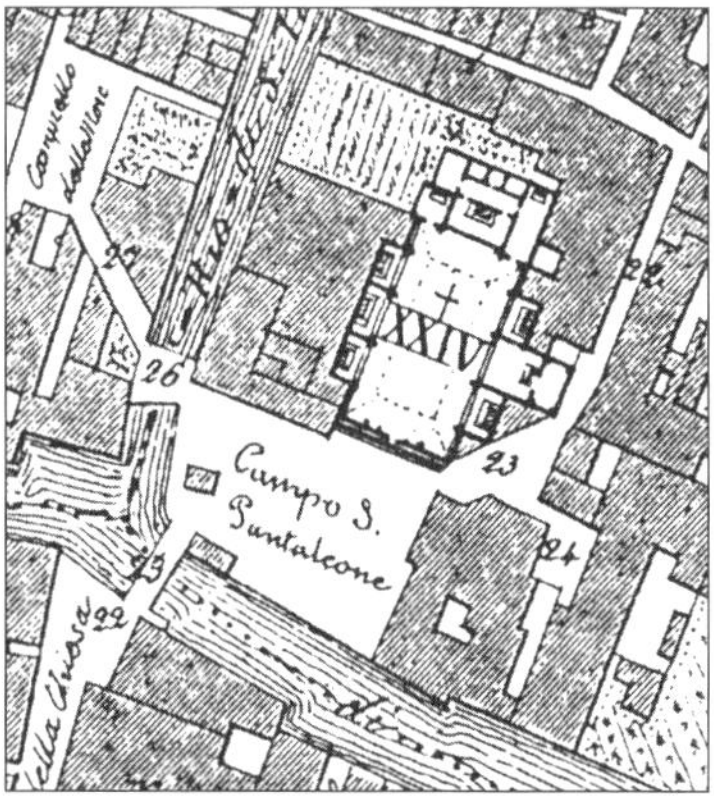
図8　サン・パンタロン教会

図9　デ・バルバリの鳥瞰図に描かれたサン・パンタロン教会（1500年）

### ④ サン・バルナバ型

　これまで主に南北に流れる運河を軸に配置が決った教会を見てきたが、ヴェネツィアにはもちろん、東西方向の重要な運河（リオ）も多くあり、それらをよりどころとして教会がつくられることもしばしばあった。この場合、ふつう教会の軸は東西を向くから、運河と教会は平行に並ぶ関係をとった。

最も多いのは、サン・バルナバ教会（九世紀創設）のようなタイプで、東西に流れる運河の南にとられた矩形のカンポの東側に正面をもつ（図10）。教会とカンポと運河の一体感が強いから、教会の正面は運河に対して直角の向きにあるものの、水の側から十分に眺めることもできる。

サンタ・フォスカ教会（九世紀創設）もまったく同じタイプに属す。

### ⑤ サンティ・アポストリ型

東西の運河を軸にしていても、教会がやや内部にひっこんで置かれると、運河と教会側面との間にカンポをとり、教会の正面は比較的狭い道に面することが多い。サンティ・アポストリ教会（九世紀創設、図11）、サン・カンチアーノ教会（九〜一〇世紀創設）などがこの形式をとる。前述したサン・パンタロンの古い教会は、まさにこういった配置を見せていた（図9参照）。これでは教会建築の象徴的な形態表現が不可能であったからこそ、一七世紀の再建のチャンスに教会の向きを変えることになったと思われる。

### ⑥ マドンナ・デロルト型

一四世紀頃、ヴェネツィアの北西部のそれまで湿地帯だった所に、計画的にカンナレージョ地区が形成された。ほぼ東西に長く伸びる帯状の三つの島が造成され、それぞれの南側に運河と平行して岸辺の道（フォンダメンタ）が整備された[11]。その一番北の島の中ほどに、マドンナ・デロルト教会（一四

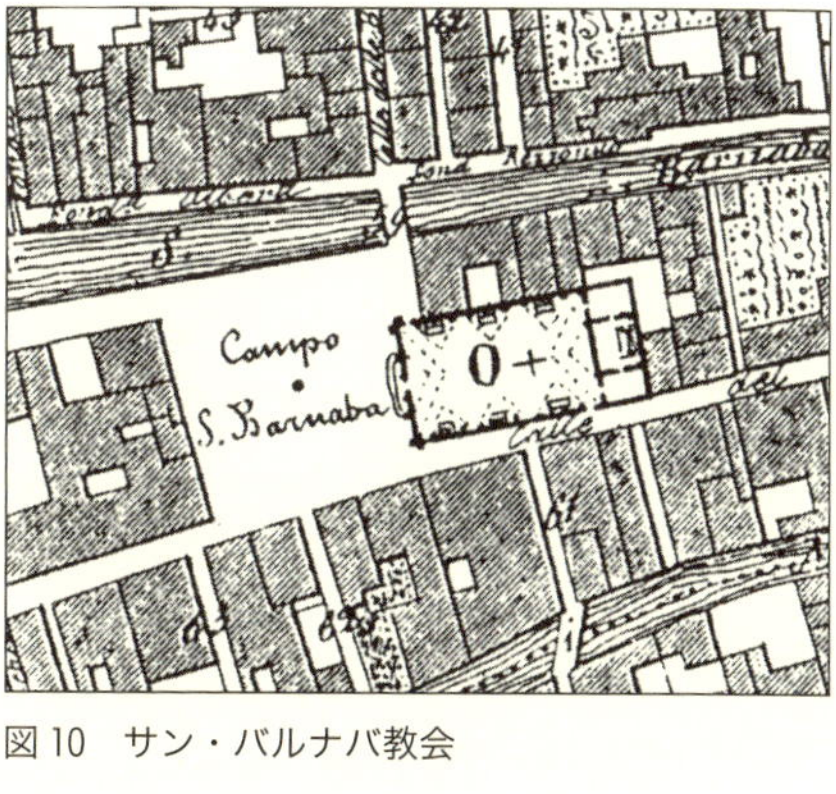


図10　サン・バルナバ教会

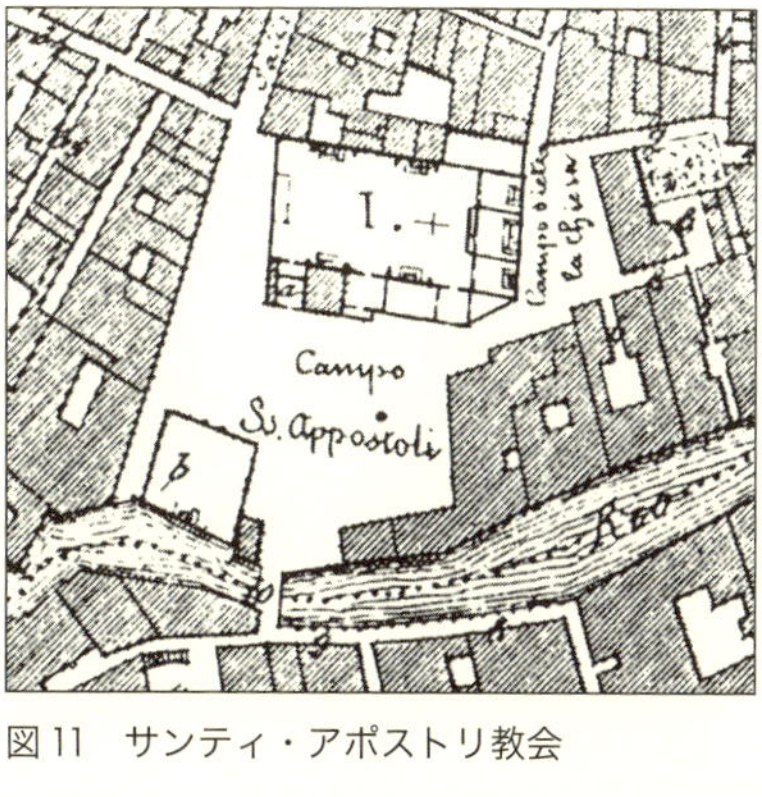


図11　サンティ・アポストリ教会

世紀創設）が登場した（図12）。中庭を囲う修道院部分を東にもち、小さなカンポをはさんで、創建当時のままのゴシック様式の正面を運河に向けている。運河がほぼ東西に流れるため、教会の軸はそれに直交して、南北を向いている。ここではもはや教会は東西軸へのこだわりを見せず、地区全体の明確な開発原理に従いながら、運河とフォンダメンタおよびカンポと教会建築とが一体となって象徴的な水辺の空間を生んでいる。

このように中世後期になると、湾曲した運河と島の内部を複雑に巡る道からなるヴェネツィア独特の迷宮空間は失われ、フォンダメンタを活用した明快な水辺の空間が好んでつくられるようになった。教会は、矩形をした小さなカンポを前にもちながら、運河に面するという構成を示している。

古い形成の歴史をもつサンタ・マルゲリータ地区の南の一角に登場したカルミニ教会（一三世紀末創設）も、似たような構成をもつ（図13）。やはり教区制度とは別の修道会の教会である(12)。運河に垂直に、ほぼ南北の軸をもつ。フォンダメンタはここでは、古くから形成された東の側にはなく、新たに開発された西側にだけ見られる点が注目される。

### 7 サン・トマ型

ヴェネツィアのカンポの中には、周囲を建物で囲われ、運河に接していないものもある。教会も従って、水には面さない。サン・トマ教会

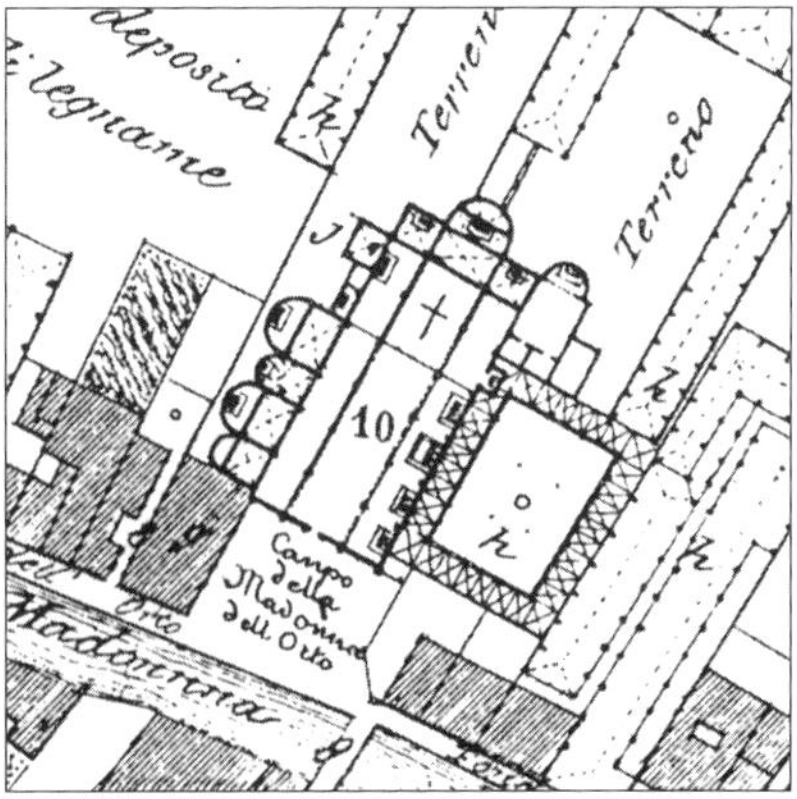

図12　マドンナ・デロルト教会

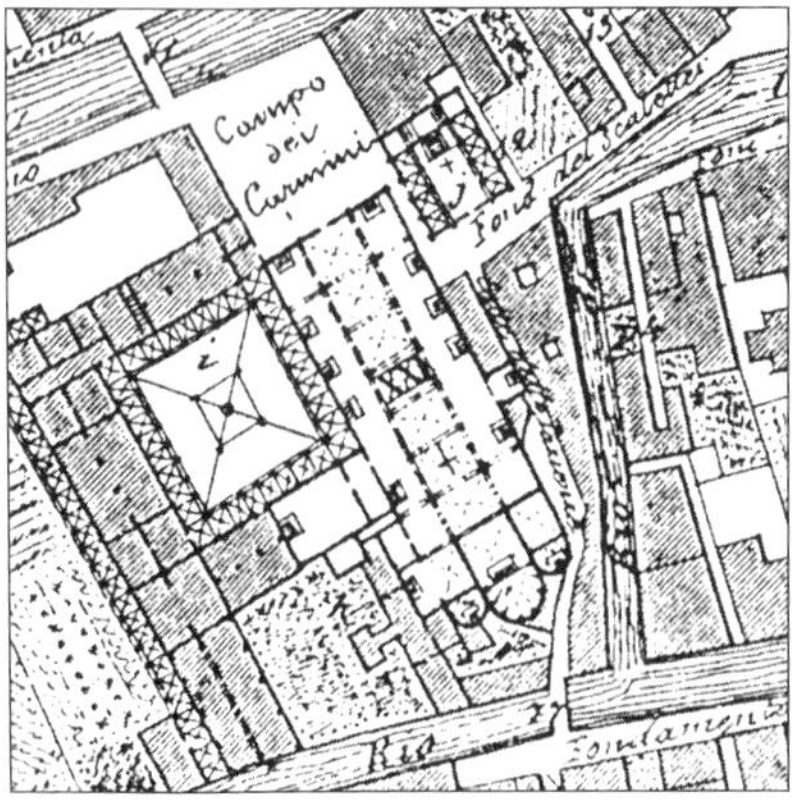

図13　カルミニ教会

（一〇世紀創設）はその典型である（図14）。小さな長方形のカンポの南東部の頭に教会が置かれ、残り三面も建物で完全に囲われて、運河からは離れている。

このタイプとしては、サンタ・マリーナ、サンタポナール、サン・ベネデット、サン・ジョヴァンニ・グリゾストモなどが挙げられるが、いずれも教区形成の最終段階にあたる一一世紀に創設されたものである。この時期には、開発可能なまとまった湿地、空地がもはや限られていたであろう。その中で、土地利用上の合理性を求め、カンポを囲うコンパクトな地区形成が進められたと考えられる。カンポを単なるサービス・ヤードではなく、コミュニティの空間的な中心とする考え方がすでに成立し始めていたともいえよう。こうした状況において、後発の小さな教区においては、無理にカンポを運河に面させるより、周囲を建物で囲んで地区のまとまりをつくることが求められたと思われる。

より古い九世紀に創設された教区の中でも、リアルトとサン・マルコを結ぶ中心地区に位置するサン・リオとサン・ズリアンのカンポは、やはり運河に面していない。いずれも重要な道に沿って形成された商業地区であり、運河に開くより、店舗を集積させるメリットを追求したものと考えられる。

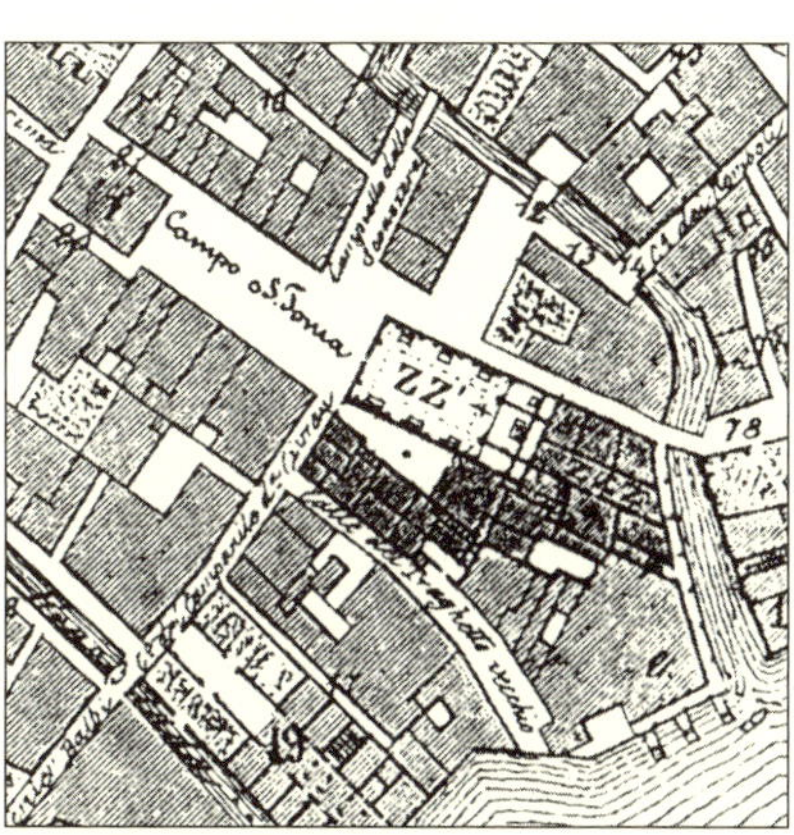

図14　サン・トマ教会

## 5　大スケールの運河と教会建築

### ① カナル・グランデ

今日、カナル・グランデを水上バスで進むと、水に面した象徴的な造形の教会建築を幾つも見ることができる。

しかし、それは比較的新しい時代に生まれたことといえる。

カナル・グランデの近くに中世に誕生した教区の教会は、すでに見たサン・シルヴェストロ（図4参照）やサン・トマ（図14参照）のように、内部の地区コミュニティの側に顔をもち、大運河にはむしろそっぽを向いているのが普通である。

この点において、デ・バルバリの鳥瞰図（一五〇〇年）に描かれたカリタ修道院（一二世紀創設）の在り方は示唆的である（図15）。一五世紀中頃にゴシック様式で再建された教会の姿が描かれているが、その北側の運河に面した方に囲いを巡らし、内側に墓地をとっているのが見てとれる。このように中世にはカナル・グランテに面して他界空間さえもが存在していたのである。中世末のカナル・グランテには、ビザンティン、ゴシックの様式をもつ華麗な貴族の館が並んでいたが、教会建築もがそこに正面を向け、象徴的な造形を追求するようになるのは、ずっと後のことといえる。

カナル・グランデと教会建築の関係を考える上で最も興味深いのは、サン・スタエ教会（一〇世紀創設）である。デ・バルバリの鳥瞰図が示すように（図16）、この教会は本来、定石通り東西の軸をもち、地区を貫く南北の道路（サリッザーダ）に面して、コミュニティの方に顔を向けていた。ところが、一六七八年のG・グラッシによる再建の際に、向きを九〇度回転させ、カナル・グランデに正面を向けることになった

図16　デ・バルバリの鳥瞰図に描かれたサン・スタエ教会（1500年）

図15　デ・バルバリの鳥瞰図に描かれたカリタ修道院（1500年）

(図17)。さらに一七一〇年に、D・ロッシによって古典主義のファサードがつけられ、水辺に面する見事な建築表現が獲得されたのである。コミュニティのまとまりより、都市の象徴軸としてのカナル・グランデを飾る舞台装置としての役割を追求したといえる(13)。

カナル・グランデの教会で忘れられないのは、サルーテ教会である。税関(ドガーナ)の所からカナル・グランデに少し入り込んだ視覚的にも重要な一画に、ロンゲーナの設計でモニュメンタルな大聖堂(一六三一～八七年)が登場した(図18)。八角形のプランにドームをのせる優美なバロック様式のこの教会は、前面のカンポに大階段を張り出し、魅力ある水辺空間を実現した。ここでも東西軸は完全に無視され、正面は北の水側に向いている。一一月に行われるサルーテ教会の祭りは、共和国時代には、総督が行列をひきいて訪問する華やかな祭りであった。今でもこの日には、カナル・グランデに小舟を並べてその上に仮設の橋が参道として架け渡され、教会と水との象徴的な関係をいっそう強調する。

② ジュデッカ運河

街の南側に、東西方向に流れる大きなジュデッカ運河がある。この運河に沿って中世につくられた教会は、いずれも運河に平行な東西の空間軸をもち、正面を大きな水面に向けることはなかった。サンテウフェミア教会(九世紀創設、次頁図19)やサン・ジャコモ教会(一四世紀前半創

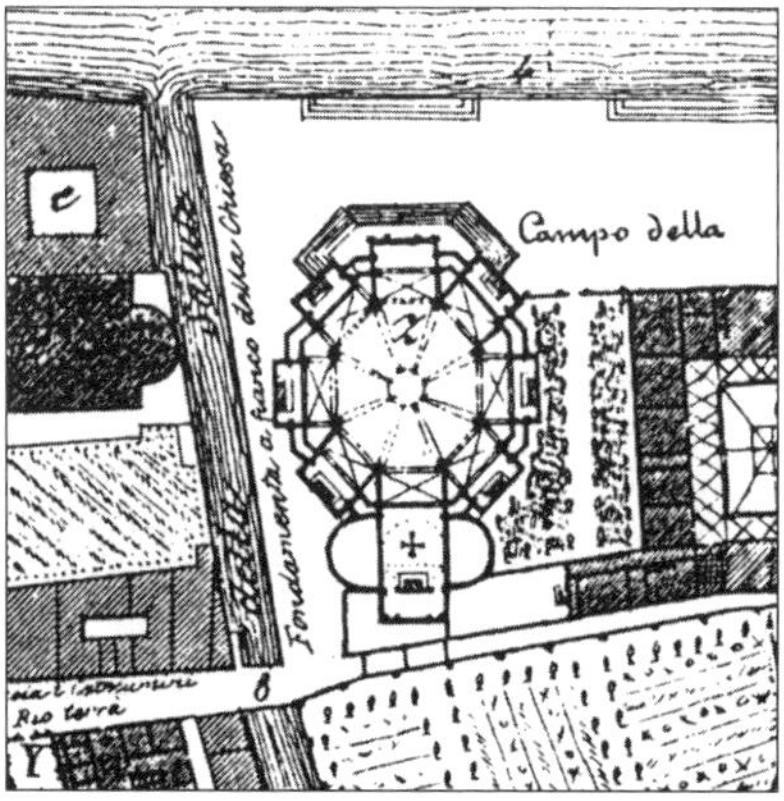

図18　サルーテ教会

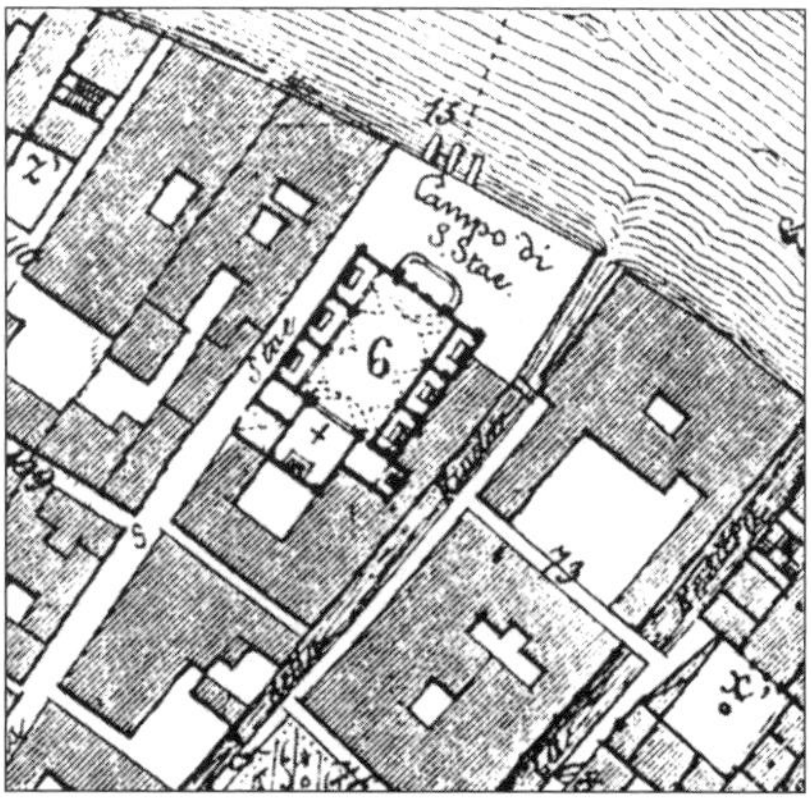

図17　サン・スタエ教会

設、一九世紀取り壊し）がその典型である。

ところが一六世紀に入ると事情が大きく変化した。まず、ジュデッカ運河の北側のザッテレの岸辺において、サンタ・マリア・デッラ・ヴィジタツィオーネ教会が南北の軸をもち、初期ルネサンスの様式のファサードを大きな水面に向けてつくられた。約一世紀後にそのすぐ東に登場したジェズアーティ教会（一七二四年）は、古典主義によるファサードを水に向けてより象徴的に造形している（図20）。

ジュデッカ運河の南側では、一六世紀にさらに意味のある動きが見られた。サン・ジョルジョ・マッジョーレ島からジュデッカ島へ伸びる運河に沿った水辺空間は、サン・マルコの小広場やザッテレの岸辺、あるいはラグーナを行く船上から眺めることができる、水の都にとって景観上重要な部分である。そこにパラーディオによる三つの教会が水との関係を強く意識してつくられ、ヴェネツィアの都市のイメージをダイナミックに再構成することになった。

一〇世紀に創設されたサン・ジョルジョ・マッジョーレ修道院は、中世を通じて、島の内部で完結する閉じた空間構成をとり、水にはまったく開いていなかった（図21）。一方、対岸にあるサン・マルコ小広場は、一五世紀末から一六世紀前半にかけての都市改造で、象徴性を著しく高めていた。こうした状況の中でパラーディオが登場した。彼は、教会の向きは変えず、周囲の施設を取り去って、水辺に開く大聖堂（一五六六〜一六〇〇年）を実現させた（図22）。前面にカンポをとり、その軸はラグーナの大きな水面に力強

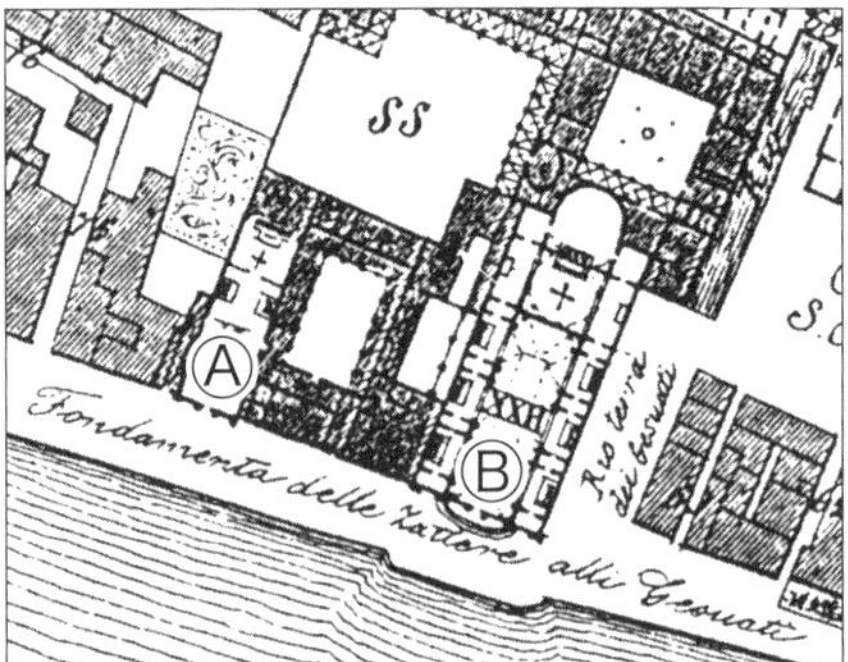


図20　サンタ・マリア・デッラ・ヴィジタツィオーネ教会（Ⓐ）とジェズアーティ教会（Ⓑ）

図19　サンテウフェミア教会

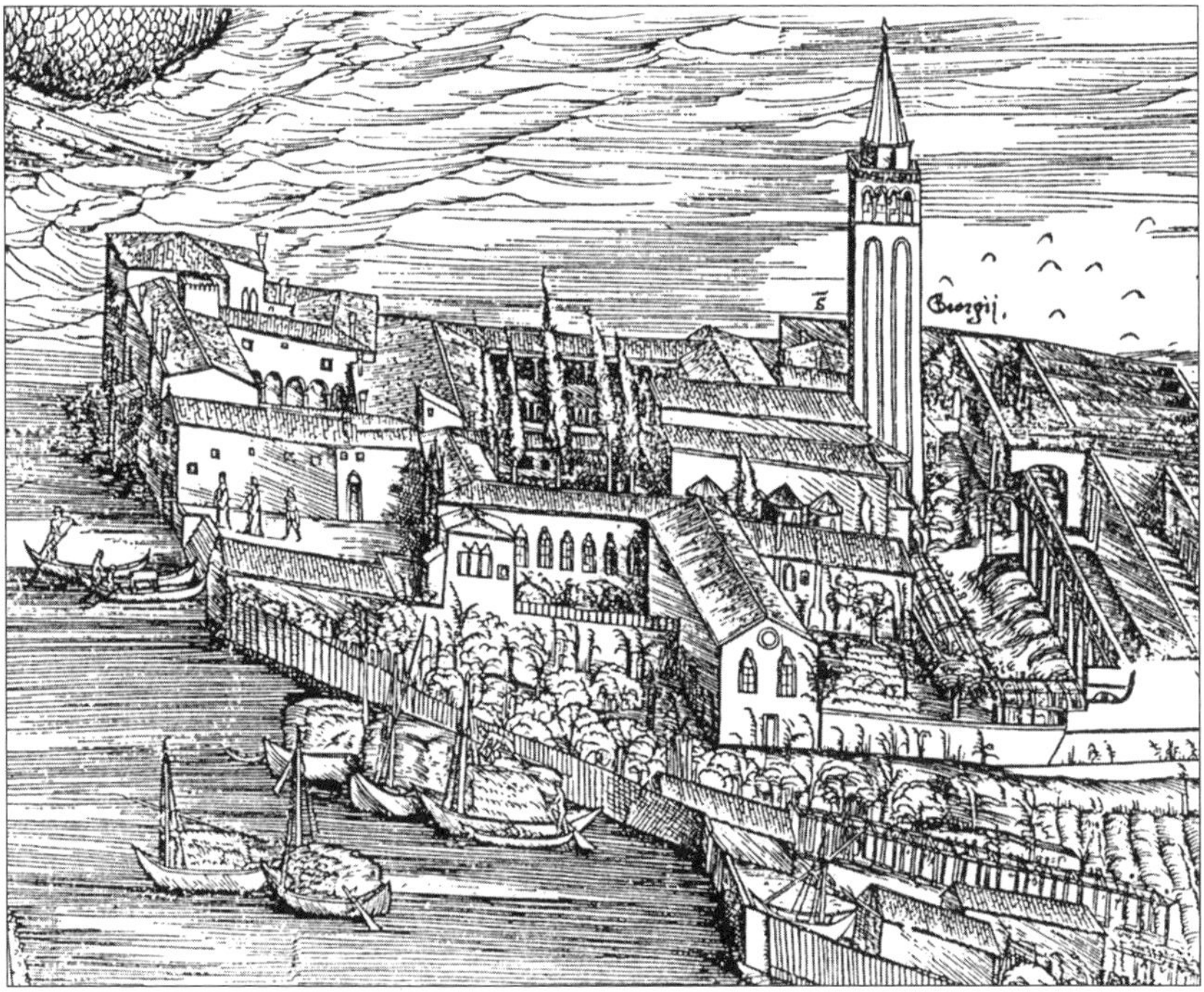

図 21　デ・バルバリの鳥瞰図に描かれたサン・ジョルジョ・マッジョーレ教会（1500 年）

く伸びていく。それはまさにパラーディオのヴィッラにおける田園の中に伸びる軸が、そのまま水上に置き換えられたかのように見える。

ついでパラーディオは、ジュデッカ島の中ほどの運河に面した位置に、イル・レデ

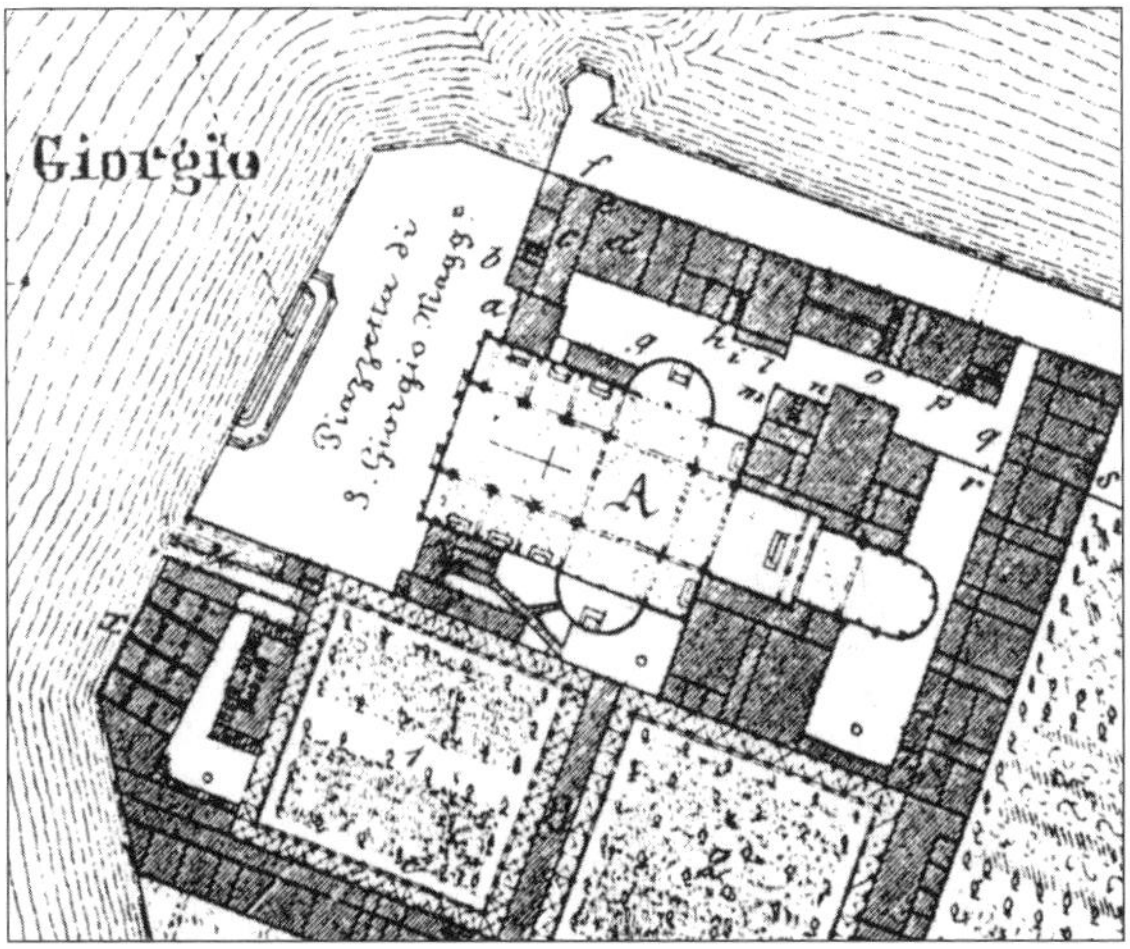


図 22　サン・ジョルジョ・マッジョーレ教会

ントーレ教会（一五七六〜九二年）を設計した。これもまた対岸から、あるいは航行する船からの眺め、見え方の変化を十分に計算した外観の構成を示している（図23）。

これら二つのモニュメンタルな聖堂にはさまれて、水に面したジテッレ教会（一五八二〜八六年）があり、これもパラーディオの設計によるとされる。背後にオスピツィオ（養護院）をもつ複合建築で、水に対する正面性を強く意識した建築といえる。

こうしてジュデッカ運河の両岸では、互いに見る、見られることを意識しながら、水に正面を向けた教会を次々に建設していったのである。

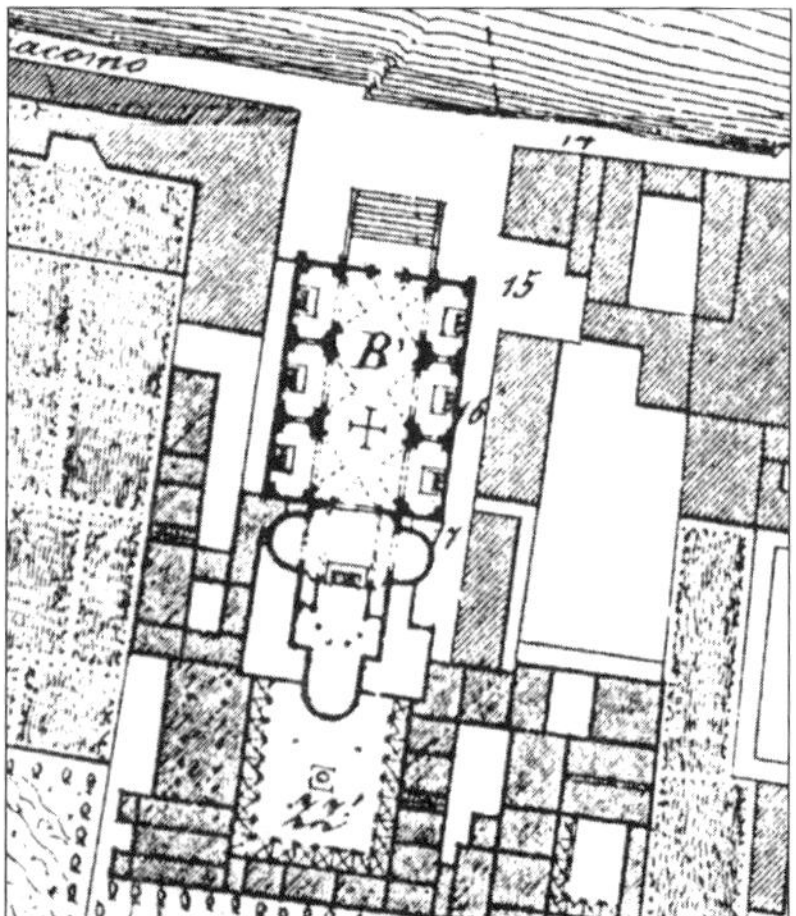

図23　イル・レデントーレ教会

### 3　スキアヴォーニの岸辺

サン・マルコの船着き場から東にスキアヴォーニの岸辺が伸びる。今日のようにそれが広げられ、堂々たる水辺のプロムナードとなったのは一九世紀の初頭であるが、デ・バルバリの鳥瞰図を見ても、中世の末にはすでに、ラグーナの水辺にフォンダメンタが東西に伸びていた様子がわかる。この岸辺のだいぶ東に寄った位置に、サン・ビアージオ教会（一一世紀創設、図24）がある。やはり東西軸をもつこの教会は、ラグーナの水面の近くにありながらそれには正面を向けず、むしろ南北に流れるアルセナーレ運河にカンポをはさんで面している。

一方、この岸辺をサン・マルコ地区の方へ歩くと、ラグーナの水面に古典主義のファサードを向けるピエタ教会が見出せる（図25）。一六世紀にこの地に登場した捨て子を収容するオスピツィオの教会堂として、ジョルジョ・マッサーリの設計によって一八世紀の中頃につくられた。ヴィヴァルディが子供たちを指導してコンサートを行ったことでも知られる。

　サン・ビアージオ教会が創設された一一世紀には、フォンダメンタは存在しなかった。教会が西に正面を向けるのはごく自然であった。ところが、フォンダメンタが建設され、華やかな水辺のプロムナードがすでに存在した段階で登場したピエタ教会は、それに面し、水辺に顔を向ける象徴的な構成をとったのである。その背景として、ルネサンス以後、サン・マルコからスキアヴォーニにかけての沖合の水上は、「海との結婚」をはじめとする国家の儀礼、スペクタクルが繰り広げられる華やかな舞台として象徴性を著しく高めていたという事実を忘れることはできない(14)。

## 6　おわりに

　ヴェネツィアには、これまで述べてきた例以外にも、建て替えの際に、あるいは改築によって、水辺を意識する象徴的な構成を獲得した教会が幾つも見出せる。たとえば、この街の北西部に注目するだけでも、幾つかの面白い例をあげることができる。カナル・グランデに沿ったサン・ジェレミーア教会（一一世紀創設）は、一八世紀中頃の再建に際し、それまでの東西軸にのり正面を西に向ける本来の方向を完全に逆転させながら、北のカンポと東のカンナレージョ運河の側に入口をとり、この運

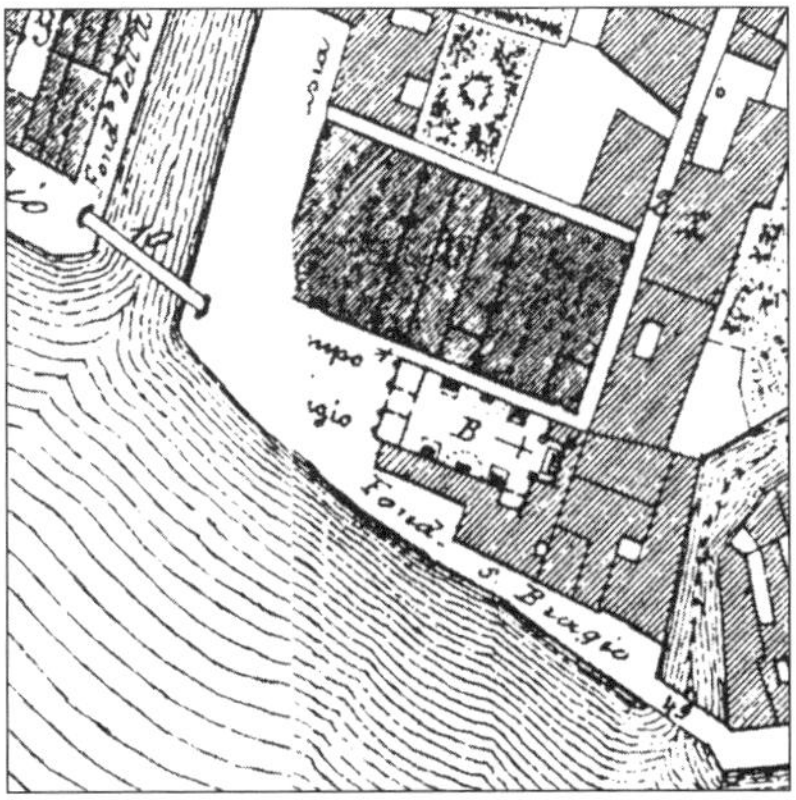

図 24　サン・ビアージオ教会

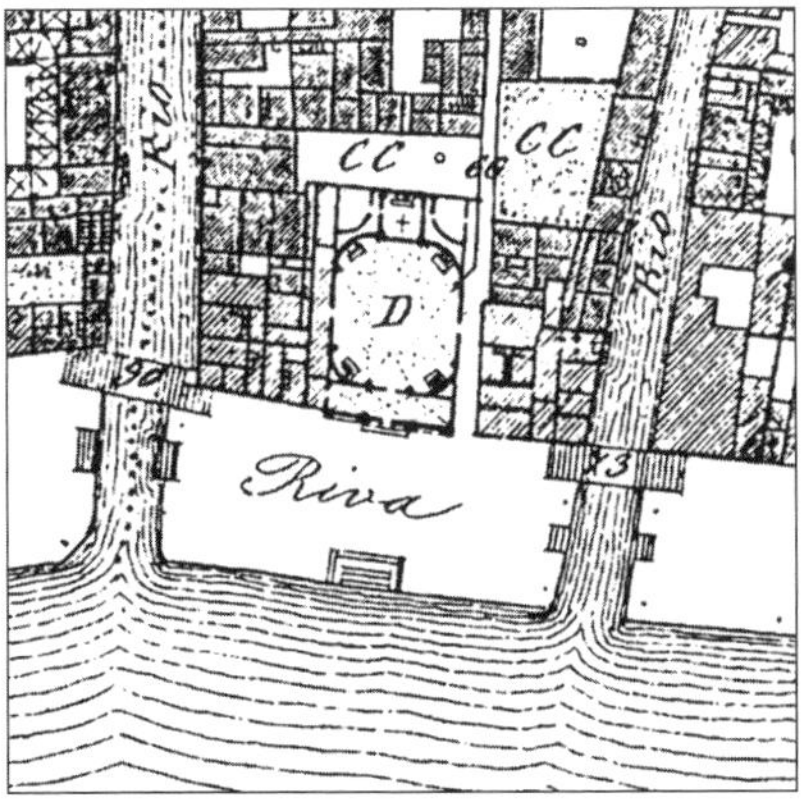

図 25　ピエタ教会

河とカナル・グランデの両方の水上から見た景観上の効果を考えたデザインを実現した。

またカナル・グランデをさらに東に行くと、北の岸辺にカンポが見え、その奥にサン・マルクオーラ教会（九～一〇世紀創設）が姿を見せる。東西の軸をもち正面を西に向けるこの教会はデ・バルバリの鳥瞰図が示すように、本来カナル・グランデに向く入口をもっていなかった。しかし一八世紀前半の再建の時に、水から見た景観を意識し、こちら側にもモニュメンタルな入口をつけ加えたのである。

その東を内部に入った所にあるマッダレーナ教会（一三世紀創設）は、一八世紀後半における再建の際に、ほぼ東西を向いていた本来の方向をだいぶ変えながら、運河とカンポからなる外部空間との魅力ある結びつきを生みだすことで、絵画的な都市風景を獲得した。

しかし、ヴェネツィアを訪れる人々にまず強烈な印象を与える水辺の教会は、サン・シメオン・ピッコロ教会（一〇世紀創設）であろう（図26）。列車でこの街に到着し、サンタ・ルチア駅から外へ出ると、すぐ目の前に、光に溢れた華やかなカナル・グランデの水辺空間が広がる。その正面の対岸にドームをもって堂々とそびえるのがこの教会である。前面に大きな階段と神殿風の正面をもち、その上に巨大な淡緑色のドームをいただく姿は、すぐれたプロポーションとはいえないものの、ランドマークとしては一際《ひときわ》目立つ。前身の建物の配置を受け継ぎつつも、水辺の

図 26　サンタ・ルチア駅から対岸のサン・シメオン・ピッコロ教会を望む

教会としての象徴性を著しく高めながら、G・スカルファロットの設計によって一七一八〜三八年に再建された。その後、対岸にサンタ・ルチア教会を取り壊して鉄道の駅がつくられた（一八六一〜六二年）ことにより、ヴェネツィアに列車で到着する人は、まずこのサン・シメオン・ピッコロ教会との印象的な出会いを体験することになったのである。

このようにヴェネツィアにおける教会建築と水との関係は時代とともに大きく変わった。中世には、それぞれの教区＝島において内部の運河とコミュニティの中心としての教会との結びつきが追求されたのに対し、ルネサンス以後になると、大きな運河が象徴的な性格を強め、水に正面を向ける壮麗な教会建築の出現によって、劇的な効果をもった大スケールの水辺の風景を生みだしたのである。

注

（1）教会は組織や団体とその施設としての建物の両方を意味し、後者の場合は厳密には教会堂ないし聖堂とすべきであろうが、本章では繰り返し使用するので繁雑さを避け、その場合にも一般に教会と記すことにする。

（2）*Planimetria della città di Venezia ediia nel 1846 da Bernardo Gaetano Combatti*, Treviso 1982 として復刻されている。

（3）復刻版として次のものが出版されている。Jacopo dè Barbari, *Perspektivplan von Venedig*, Unterschneidheim 1976.

（4）U. Franzoi, D. Stefano, *Le chiese di Venezia*, Venezia 1976.

（5）E. Miozzi, *Venezia nei secoli*, Venezia 1957, vol.1, pp.108-127 及び S. Muratori, *Studi per una operante storia urbana di Venezia*, Venezia 1960, p.29.

（6）M.P. Cunico, *I conventi veneziani*, Venezia 1975. が修道院の立地を分析している。

（7）ローマの初期キリスト教の教会堂の中には、サン・ピエトロ、サン・ジョヴァンニ・イン・ラテラノ、サン・クレメンテ（いずれも四世紀創設）のように正面を東、アプスを西に向けるものも多いが、これは古代神殿が太陽の運行に合わせて東西軸をもち正面を朝日の昇る東に向けたことから影響されているのではないかと考えられる。その後一二〜一三世紀頃までにつくられた中世都市のドゥオモをはじめとする主な教会は、東西軸をもち西に正面、東にアプスを向ける傾向にある。聖地エルサレムを向いて礼拝することを求めたものと思われるが、本章ではこれ以上この種の複雑な議論には立ち入らない。

(8) 拙著『ヴェネツィア』鹿島出版会、一九八六年、六七〜七五頁。

(9) 一三世紀はじめには七二の教区があり、その後長らくほぼこの状態が続いたが、ヴェネツィアを占領したナポレオンの近代化政策として、一八〇七年に四〇の教区に再編、統合された。G. Romanelli, *Venezia Ottocento*, Roma 1977, pp.44-47.

(10) U. Franzoi, D. Stefano, *op.cit.*, pp.63-65.

(11) G. Cristinelli, *Cannaregio*, Roma 1987 参照。

(12) 拙稿「サンタ・マルゲリータ広場の歴史」『スパーツィオ』一九号、一九七八年。

(13) U. Franzoi, D. Stefano, *op.cit.*, pp.63-65.

(14) 拙稿「ピアッツェッタの象徴的造型とその社会的背景——十六世紀ヴェネツィアにおける都市空間の統合戦略」『建築史論叢——稲垣栄三先生還暦記念論集』中央公論美術出版、一九八八年。

# 第7章　祝祭空間としての都市構造

## 1　都市研究の新たな潮流

都市研究の一つの新しい潮流として、一九八〇年前後から都市空間における〈儀式〉、〈祝祭〉の在り方とその意味を明らかにしようとする問題意識が生まれた。それは、都市をもっぱら機能や効率、あるいはせいぜい快適性といった実用的な観点を中心にとらえる近代主義の考え方にはもはや飽き足らなくなり、人間集団を組織し活性化させ、都市や国家を成立させている根源的な仕組みや、歴史の〈記憶〉とか社会的共通体験を媒介として人々の深層に共有されている都市空間への〈イメージ〉などを問題にしたいという、新たな要求と結びついているように思える。

従来われわれが建築史や都市形成史で扱ってきた広場や街路、都市を囲む水面なども実は、儀式、祝祭における象徴的な舞台としての役割をも想定して形づくられたのであり、その〈形態〉の背後にある〈意味〉にまで考察を深めていかなければならないのはいうまでもない。

もちろん演劇、劇場史それ自体の研究も活発になっているが、それ以上に、文化人類学や社会史などの問題意識をも背景として、都市空間そのものがもつ祝祭性、演劇性、あるいは都市における見世物、パフォーマンスなどへの関心が高まっているように見える。こうした観点こそ、都市の全体構造を解く上でより重要と考えられるからである。たとえば、一六世紀に活発になる演劇が貴族のサークル的な活動としてのエリート文化にとどまるのに対し、同じ時代に広場などの戸外で盛大に催された国家的な儀式、祝祭は、宗教的、文化的イベントであるばかりか、国家の元首、君主から庶民まで、都市社会を構成するすべての人々が参加する、政治的、社会的性格を濃厚にもつものであり、都市の在り方を構造的に解き明かすには、実に面白いテーマとなるのである。

　このような観点から見た時、世界中の人々を魅了し続けてきた水の都ヴェネツィアは〈祝祭都市〉、あるいは〈劇場都市〉としてまさに格好のモデルを提供してくれる（図1）。

　水の都ヴェネツィアは、一〇〇〇年にわたる輝かしい共和国の歴史をもつ。とくに一六世紀の前半には、ローマやフィレンツェをはじめ、他のイタリア都市が寡頭政治に移行し、重苦しい空気に包まれる中で、ヴェネツィアのみが、政治的にも宗教的にも独立を保持

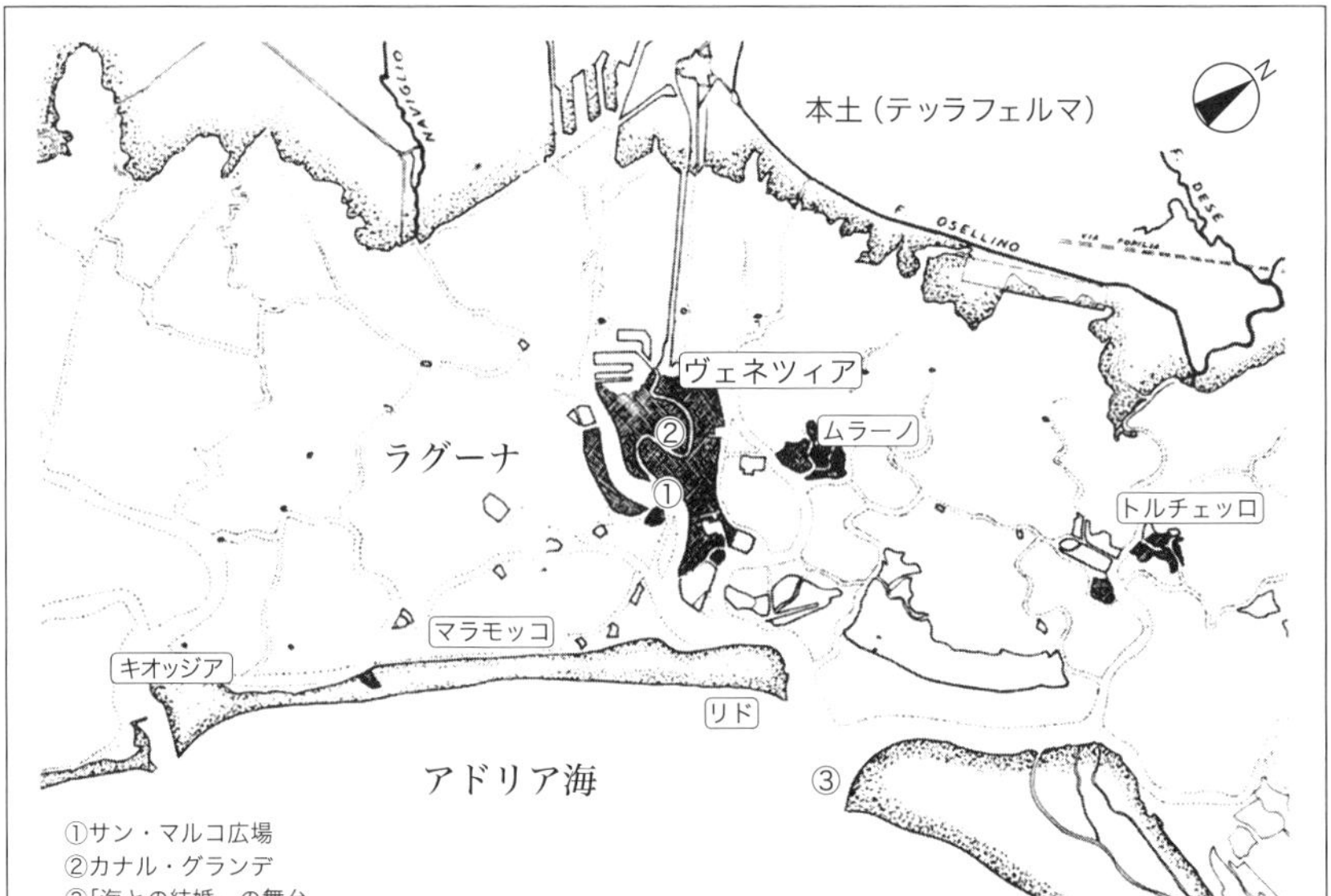


図1　ヴェネツィアとその周辺

し、自由な文化的雰囲気に包まれていた。

中世には東方貿易で富を蓄積し、立派な街づくりを実現したこの都市も、ルネサンスを迎えようとする一五世紀末、政治的、経済的な危機に直面した。宿敵ジェノヴァ、ピサに加え、オスマン帝国の脅威を受け、しかもポルトガル人による新航路の発見によって、ヴェネツィアの世界経済の中心としての地位が崩れ始めたのである。一六世紀になると、ヴェネツィアは、危機を克服し、街の栄光を維持する新たな道を切り開くため、商業活動よりむしろ、大陸での農業経営に乗り出す一方、さまざまな分野での文化的活動にその本領を発揮するようになった。都市の指導階級である貴族たちの関心は、政治と文化にもっぱら集中した。それまでの富の蓄積に支えられながら、人々の内面的充足と享楽的生活を求める精神的態度が生まれ、成熟した市民文化が開花した。絵画、音楽、演劇などの各芸術分野でもすぐれた作品が生み出された。こうした状況の中で、ルネサンスからバロックの時期のヴェネツィアには、他のどの都市にもまして華やかな祝祭的雰囲気が満ち溢れた。

そもそも水の上に建設されたヴェネツィアでは、物資の輸送はすべて船に依存するから、陸の空間である広場や道はどれもヒューマン・スケールで組み立てられ、中世以来、馬や車を締め出し、もっぱら人間のための空間として使われてきた。そのため、すべての都市空間が人間を主役とする演劇的、舞台装置的な空間としての性格をもったのである（図2）。

現代においてさえ、この街には車はいっさい入らず、舟の進む音と

図2　劇場的な性格をもつサン・マルコ広場（1970年代前半）

カモメの鳴き声を除けば、聞こえてくるのは人間の歓声だけなのである。車にはね飛ばされる心配もなく、のびやかに使いこなせる都市空間だけに、華やいだ雰囲気の広場を堂々と行き交い、あるいは路上でジェスチャーたっぷりに立ち話にふける人々の態度には、自ずと演劇的な性格が表われてくる。

また、水で囲われた都市であることが、ヴェネツィアの祝祭性を高める最高の条件をすでに準備していた。水は人々の心を解放し、また気持ちを高ぶらせる。時間や季節とともに刻々と表情を変える水面は、常にドラマ性をふくんでいるし、広く明るい水面は、パフォーマンスの舞台としてうってつけの空間を提供した。

## 2 祝祭の社会的性格

### 1 都市的な祭り

ヴェネツィアで行われる祭りは、実にバラエティに富んでいた。もともと交易に依存した都市だけに、農業と結びついた豊作や豊饒を祈るような祭りの要素はあまり見られなかった。それでも、ヴェネツィアには大陸の農村から流入した人々も多かったから、祭りの中に農村的な要素もないわけではなかった。たとえば、カーニバルの期間中、小広場で行われる踊りは、フリウリ地方の農民舞踊と相場が決っていた。エプロンをつまんでもち上げながら、チェロ、バイオリンなどの伴奏、あるいは拍子に合わせて踊るシンプルだが楽しいものだった。

図3　カンポ・サン・ジェレミーアにおける雄牛狩りの見せ物（1720年頃）

だが一般的に見れば、都市的で、しかも世俗の祭りが発達しているというのが、この街の一つの特徴だった。その代表的なものとしては、雄牛や熊を追いかけ格闘する闘牛のような見せ物（図3）、力比べの人間ピラミッド、橋の上で落とし合う格闘、ゴンドラによるレガッタなどを挙げられる。これは都市に住む民衆にとっての楽しみであると同時に、列強諸国と争いながら勢力を維持し拡大しなければならない海洋都市国家、ヴェネツィアにとって、民衆の競争心を高め、国威を発揚するのに欠かせない重要な国家的イベントでもあった。

## 2 カーニバルと仮面

ヴェネツィアのもっとも華やかな祭りは、何といってもカーニバルであった。カーニバルといえば、カトリックの国で、四旬節に入り肉食を絶つ断食の修行の前に、大いに肉を食べ、酒を飲み馬鹿騒ぎする、もともと宗教と結びついた祭りであるが、文化の爛熟期を迎えた一七、一八世紀のヴェネツィアでは、それがどんどんエスカレートし、盛大な世俗の祭りとして何か月もの長い間、人々はこの祭りに明け暮れるようになった。

一六世紀にヴェネツィアで活発になったコメディア・デラルテの活動とも結びついて、この街のカーニバルは演劇的かつ祝祭的な性格を一層高めた。ヴェネツィアに一七世紀に常設の劇場がつくられるまで、短期間仮設の空間で芝居が上演されたが、カーニバルの時期が選ばれることが多かった。

ヴェネツィアのカーニバルで忘れることのできないものとして仮面の存在がある（図4）。仮面の意味についてはさまざまな解釈がある。古代の人々は仮面をつけることによって超自然的な神、神話上の英雄、祖先精霊などに変わることができると

図4　カーニバルにおける仮面（Giacomo Franco, 1610 頃）

信じたのに対し、キリスト教では仮面は悪魔の用いる術とされた。また仮面にはどこか、死のイメージもともなう。カーニバルにおいては、集団で同じ仮面をつけることによって集団に帰属し、自我を失うということもあったが、一般には、仮面によって個人を隠し、世俗の身分を離れて自由の身になれるところに、仮面の最大の魅力があった。

だが、自由都市ヴェネツィアにおいてさえ、仮面の使用をめぐる歴史はそう簡単ではなかった。一三世紀の中頃から、この街では仮面の使用が認められていたが、しばしばそれが乱用され風紀が乱れたので、その使用を制限する政令が継続的に出された。一四五八年、男が女装して女子修道院に行くことを禁じたのに続き、一四六一年にはすべての仮面が禁止された。それも後には空文化していたが、市民のプロテストが効を奏して、一七世紀にはカーニバルの時のみ仮面の使用が認められた。そして一八世紀になると、仮面が一般的に使われるようになったのである。総督も庶民の中に入ろうと思えば、それができたし、貴婦人も若い男性とアバンチュールを楽しむことができたはずである。

普通西欧都市では、一九世紀中ごろになって、近代の都市発展にともなう大衆の出現とともに、匿名性をもった自由な雰囲気を享受できる盛り場が成立してきたといわれる。それに比べると一八世紀のヴェネツィアでは、人口二〇万弱の小さな規模に過ぎなかったから、人々の常日頃の行動は監視され、このような意味での自由は制限されていた。そこで仮面をつけることによって、匿名性を獲得することが考えられたのである。これもヴェネツィアの都市文化の高さを物語る一つの重要な要素といえよう。

### 3 国家的儀式としての祝祭

もちろんこの街にも、宗教的な祭りはたくさんあるが、独特の性格を示している。そもそもヴェネツィアは政治的、経済的に完全な独立を保ったばかりか、宗教的にもヴァティカンの法王庁から常に距離を保った。ここでは司教座のある教会、つまりカテドラルは街の東端のカステッロ地区にあり、政治や経済の中心から遠ざけられ、実際にはほとんど影響力をもっていなかった。それに対し、真の宗教的中心の役割を担ったのは、八二八年にサン・マルコ広場に、総督の私設礼拝堂として建設されたサン・マルコ寺院だった。

この教会に、ヴェネツィアの守護聖人、聖マルコの遺骸が葬られたことにより、この場所の宗教的価値も、著しく高められた。この歴史的出来事は、強大な国家の建設をめざすヴェネツィア商人たちが見せた幾多の狡猾な策謀の内でも最たるものだろう。この聖マルコの遺骸は、実は、ビザンツ帝国からの完全な独立を焦がれるヴェネツィア人の手で、ギリシアの聖テオドロに代わる、新たな街の守護聖人として祭るために、アレキサンドリアから盗み出されたものなのである。ヴェネツィアは、このようないささかミステリアスな物語を背後に秘めながら、自分自身を神話化していったのである。

こうしてヴェネツィアでは、国家の元首である総督が宗教的にも力をもつという、独自の政治的、宗教的形態が見られた。そのためキリスト教の宗教的祭礼においても、総督のプロセッション（行列）がしばしば行われた。また同時に、共和国の歴史にとって記念すべき戦争での勝利などを祝う国家的儀式を宗教的祝日と抱き合わせて催し、総督のプロセッションを壮麗に行うことも多かった。

ヴェネツィア共和国においては、権力が個人や特定の家族に集中するのを避け、集団で政治を司る仕組みが巧みにでき上がっていたが、やはり総督は国家を代表する顔として絶対的な重要性をもっていた。その総督が儀式や祝祭の中心に位置し、民衆の前に姿を見せ、熱狂的に人々に迎えられることによって、祭りの高揚と一体感が生まれ、国家の結束がさらに強められたのである。その意味で、総督のプロセッションは実に大きな役割をもっていた。

サン・マルコ寺院の前庭にあたるサン・マルコ広場は、そのメイン・ステージだった。普通、行列行進はパラッツォ・ドゥカーレ（総督宮殿）を出て、サン・マルコ広場の中をぐるっと回り、サン・マルコ寺院で終る、というコースをとっていた（図5）。プロセッションを行うにあたって、その行列の並び方には、社会的な身分、役割に対応した厳格な順序が定まっており、そこには共和国の政治形態がそのまま視覚的に誰にもわかる形で表現されていたのである。とくに、一二九七年の改革で、国政に参加できる特権的な貴族階級（Nobili）とその下の市民階級（Cittadini）の区別が明確化してから、この街における階級差のもつ意味がますます大きくなり、プロセッションの序列にも反映したのである。宗教色の強い儀式には、司教も参加した。

もちろんサン・マルコ寺院以外の教会で催される儀式のために、運河や路上を使って総督のプロセッションが行われることもしばしばあった。

政治的、国家的な儀式や祭典は、他にもしばしば催された。とくに、総督や国家の要職にある人物の葬式や選挙の際には、国をあげて盛大な式典や祝祭が行われた。このような国家的イベントには、スクオラと呼ばれる相互扶助組合が積極的に参加し、経済的な負担を請負って、祭りのパトロンとなった。ヴェネツィアは民主制をとっていたとはいえ、実際には人口の五パーセントにすぎない貴族階級が政治権力を独占していたのであり、五パーセントの市民階級と残り九〇パーセントの庶民階級は、政治から疎外されていた。にもかかわらず民衆の叛乱もなく、社会が安定しえたのは、市民がスクオラの組織を通じて福祉や社会活動ばかりか国家行事に主役として参加し、共和国への帰属意識をもつことができたからだといわれている。

一六世紀はじめの有名なマリン・サヌードの日記によって、共和国の重要人物の葬式に参加したスクオラの数

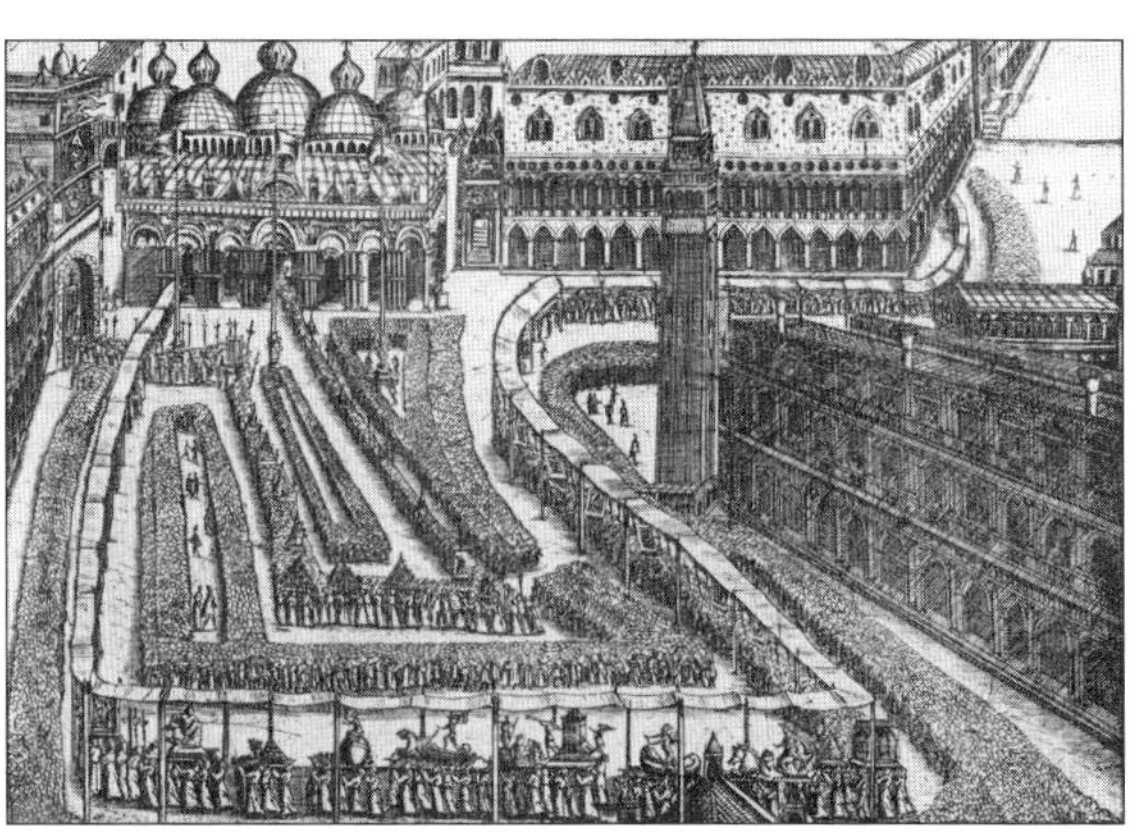

図5　聖体節のサン・マルコ広場でのプロセッション（Giacomo Franco, 1610 頃）

を知ることができる。中でも一五二一年の元総督で海軍総司令官であったレオナルド・ロレダンの葬式には、約一二〇ものスクオラ・ピッコラ（ギルドに似た職能組合）が参加したと記されている。宗教的祝祭や国家の公的行事にそれぞれの組合の旗をかかげて参加することが義務づけられたが、それは同時に組合員にとって大きな名誉でもあった。

### ④ 外交戦略としての祝祭

国際政治のバランスの中で生きなければならないヴェネツィアは、外交戦略としても祭りを巧みに利用した。文化の爛熟期を迎えたルネサンスからバロックの時代のヴェネツィアは、魅惑的な都市として、イタリアばかりかヨーロッパ中の文化人、知識人のあこがれの地となった。外国の元首をはじめ数多くの賓客が、期待に胸踊らせ、この水の都に続々とやってきた。こうした国賓を手厚くもてなし、ヴェネツィア滞在を堪能させることは、共和国の国際的名声を高める上で大きな役割を果たしたのである。

総督は国賓をリド島で迎え、お召し船（ブチントロ）に乗り込んでラグーナ（浅い内海）での水上パレードを行い、まず熱狂的な歓待の意を示した。

オーギュスト・ヴァレリーの回想録の中に、後にフランス王となるアンリ三世のために、一五七四年にこの地で催された儀式の様子が生き生きと描かれている。

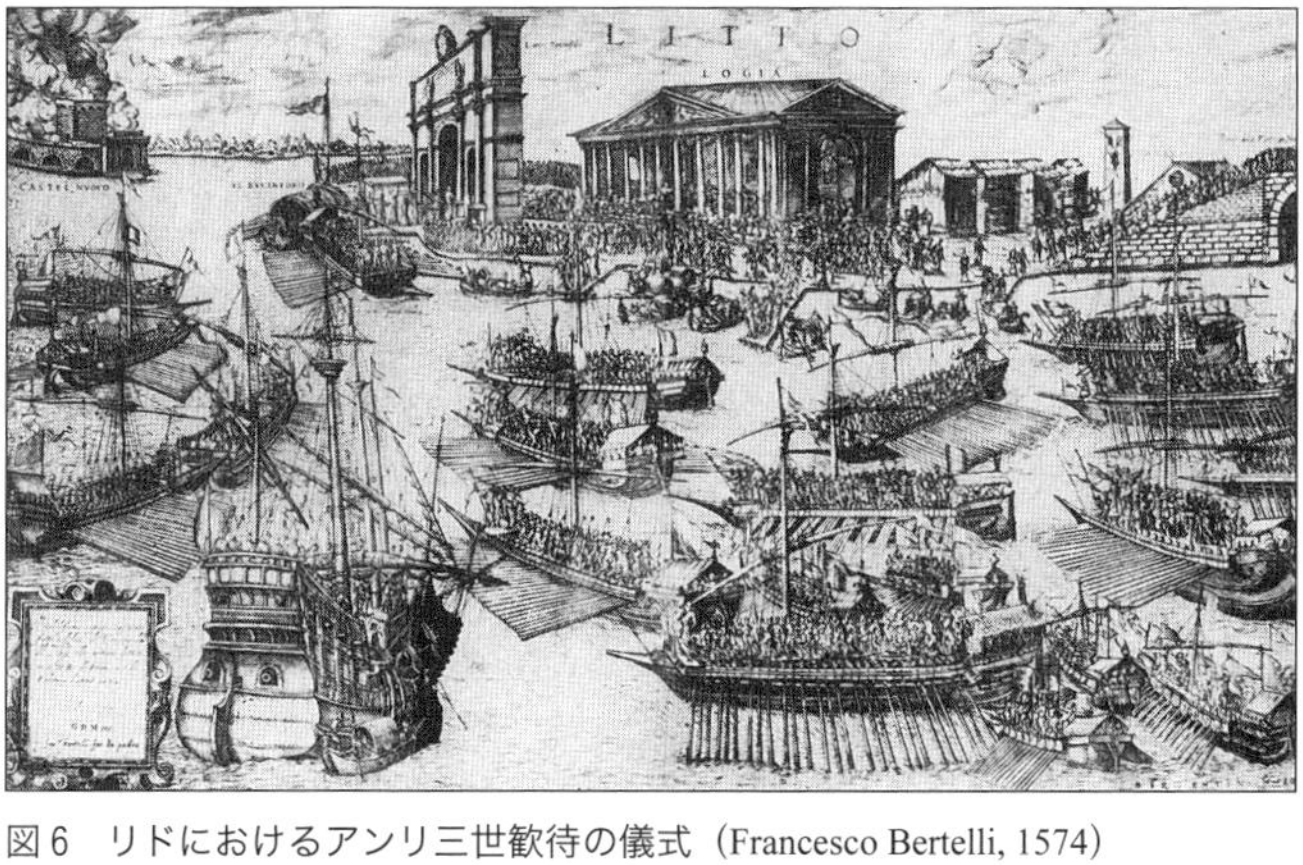


図6　リドにおけるアンリ三世歓待の儀式（Francesco Bertelli, 1574）

リドに着いた一行は、パラーディオによって設計され、ティントレットによって装飾された仮設の凱旋門をくぐってお召し船に乗り込み、大運河を通ってパラッツォ・フォスカリまでパレードを行った（前頁図6）。その間、花火が打ち上げられ、音楽、演劇、舞踏などが催され、レガッタが色彩を添えたのである。そして祝祭は、二〇〇人ものヴェネツィア貴族の行列を伴って総督宮殿の大評議会の議事堂に入場する場面でピークに達したという。

ヴェネツィアでは、こうした祝祭的行事が行われる時には、すべての日常的な都市活動が停止し、貴族から庶民まで市民のだれもがそれに熱狂的に参加した。そのメイン舞台となる大運河に沿った貴族の館には、それぞれ趣向をこらしたカラフルな垂れ幕がバルコニーに飾られ、水辺に見事な演劇空間がつくり出されたのである。

国賓のヴェネツィア滞在中は、有力貴族が接待役をつとめ、自分たちの邸宅を宿泊の場に提供し、また豪華な宴会を催した。街の広場や劇場においても、歓待のための華やかな祝祭が催された。一六二九年、トスカーナ大公フェルディナンド二世がこの地を訪れた時には、ヴェネツィア貴族の名門、コルネール家の邸宅（サン・マウリーツィオ地区）に泊った。この建物は、ローマからやってきた建築家サンソヴィーノによって古典主義の方法で設計されたヴェネツィア・ルネサンスの代表的な建築作品で、個性溢れる壮麗な姿を水辺に見せていた。

そもそも、これらの建築が登場した本格的なルネサンスを迎える時期には、ヴェネツィアにおける大運河の意味に変化が生じていた。すなわち各貴族の商館へ物資を運び込むための幹線水路としての機能を誇った大運河も、この時代になるとむしろ、〈象徴的〉で〈舞台装置的〉な都市空間として再び脚光を浴びるようになっていたのである。

そしてフェルディナンド二世を歓待するためのさまざまな祝祭が催された。素晴らしいレガッタが行われたし、一やはりカナル・グランデに臨むゴシック様式の壮麗な建築、フォスカリ家の邸宅で祝宴が開かれた。これには一三〇人もの貴婦人が参加したという。彼女らは祝祭の雰囲気を盛り上げるため、高貴な刺繍、レース、宝石を身につけてゆくことを正式に許されていた。こうして女性にも高い社会的立場が与えられ、社交を中心に華やかな生活を享受する機会が保証されていたのである。

ヴェネツィアを訪ねる賓客はあとを絶たなかった。たとえば、一六四八年のカーニバルの期間中には、サヴォイア公をはじめ、ゆうに二〇人を越える外国の君主がこの地に滞在していたことが知られている。贅を尽くしたことでとくに知られるのは、一七八二年、ロシア大公パオロ・ペトロヴィツ（カテリーナ二世の息子）夫妻に対する歓待であった。北国の伯爵としてもてなされた彼らは、大運河に面する当時最も名の通ったレオン・ビアンコ・ホテルに泊った。そしてカジノでの仮面の祝祭、サン・ベネデット劇場での祝宴（図7）、大運河でのレガッタ、さらにはサン・マルコ広場での昼夜にわたるさまざまなスペクタクル（図8）といった具合に、街を挙げてまさにフルコースでの歓待が行われたのである。こうして国賓をもてなすために広場や運河で大がかりに催される見世物が、同時に、ヴェネツィアの民衆にとっても常に待ち望まれる最高の楽しみだったことはいうまでもない。

このようにヴェネツィアでは、国をあげて多彩な方法で祭りが催された。祭りは人々を日常の生活から解放し、エネルギーを発散する機会を与えた。見世物的、演劇的な性格を強め、民衆に享楽の場を提供した。国家の指導者層にあたる貴族たちは古代以来の伝統である「パンとサー

図7　北国の伯爵のためのサン・ベネデット劇場での祝宴（Antonio Baratti, 1782）

図8　北国の伯爵のためにサン・マルコ広場につくられた夜の祝祭空間（G.B. Moretti & Antonio Baratti, 1782）

カス」にならい、私財を投じて華やかな祝祭を催した。こうした祭りに参加することにより、人々は愛国心と共和国への帰属意識を大いに高めることができた。祭りは、国家をまとめあげるための巧妙な政治的手段でもあったのである。

## 3　都市空間の中のパフォーマンス

これまでヴェネツィアにおける儀式や祝祭、見世物の在り方とその意味を、主として都市国家の社会的、政治的側面から見てきたので、次にいよいよ、これらのパフォーマンスが都市空間の中でいかなる形で演じられたのか、という本章の中心テーマについて論じていきたい。それはすなわち、ヴェネツィアのユニークな都市形態にこめられた象徴的な意味について考えることでもある。

ヒューマン・スケールでつくられ、しかも水の上に浮かぶこのヴェネツィアでは、祭りの舞台として、都市空間が実に効果的に使われた。その様子は、都市の祭りの場面をくりかえし描いた一八世紀の画家、ガブリエル・ベッラの絵などの中に、詳細に見てとれる。

まず、水の都ならではの、水上における祭りの見事な演出について見ていこう。

### 1「海との結婚」の象徴的意味

水の中から生まれ、水と共に生きてきたヴェネツィアにとって、水を舞台とした最も象徴的な祭礼は、「海との結婚」と呼ばれる国家的な儀式である。キリスト昇天祭（復活祭から四〇日後の木曜日）の日に、サン・マルコの岸辺からお召し船に乗った総督が、リドの海までゆき、金の指輪を海に投げ、「海よ。永遠の海洋支配を祈念してヴェネツィアは汝と結婚せり」と唱えた。神聖な水に祈りを捧げ、海の上での永遠の支配と都市の繁栄を祈願したのである。

この「海との結婚」の象徴的意味について、E・ミューア（E. Muir）が次のような興味深い考察を示している（“Civic ritual”, in *Renaissance Venice*, Princeton 1981）。ここでは、ヴェネツィアの「都市」（la città）が女性で「海」（il mare）が男性にあたり、両者の結婚という形をとっている。これ程に豊饒を思わせ、官能的でこのうえなく美しい都市だけに、性と結びついたかくも魅惑的な「海との結婚」という国家儀礼が生まれたというのである。都市と海を夫婦に見立てるイメージはヴェネツィアのロマンティックな記憶の中に生き続けている。

この儀式は、サン・マルコ広場からリドにかけてのラグーナの広い水面、そしてリドからアドリア海へ出るあたりを舞台として行われる。東方の海に繰りだし、海に命運を託して生きてきたヴェネツィアにとって、常日頃から最も重要なアドリア海へ向かう船の航路が、ハレの儀式のルートとなる。

総督、すなわちヴェネツィアの艦長は、都市の中心の安全なサン・マルコの港から出航し（図9）、知りつくしたラグーナの静かな水が未知で計り知れぬ大波と出会うリドの海へと向かう。そこはヴェネツィアの都市領域のちょうどはずれの位置にあたる。このリドの長い帯状の島が切れて海に口を開く海峡からちょっと外へ出たあたりが、儀式の舞台である。そこはヴェネツィアにとってとくに象徴的な価値をもつ焦点にあたる場所である。ヴェネツィアと非ヴェネツィアの二つの世界が出会うこの地点で、男性と女性が結ばれるのである。また、その時に海に投げられる丸い形の指輪は、統一、連続、永遠、豊饒などを象徴するといわれる。

この儀式は同時に、さまざまな催しをともなって行われ、春の最も華やかな祝祭でもあった。リドの海から戻った総督は、お召し船から降りると、

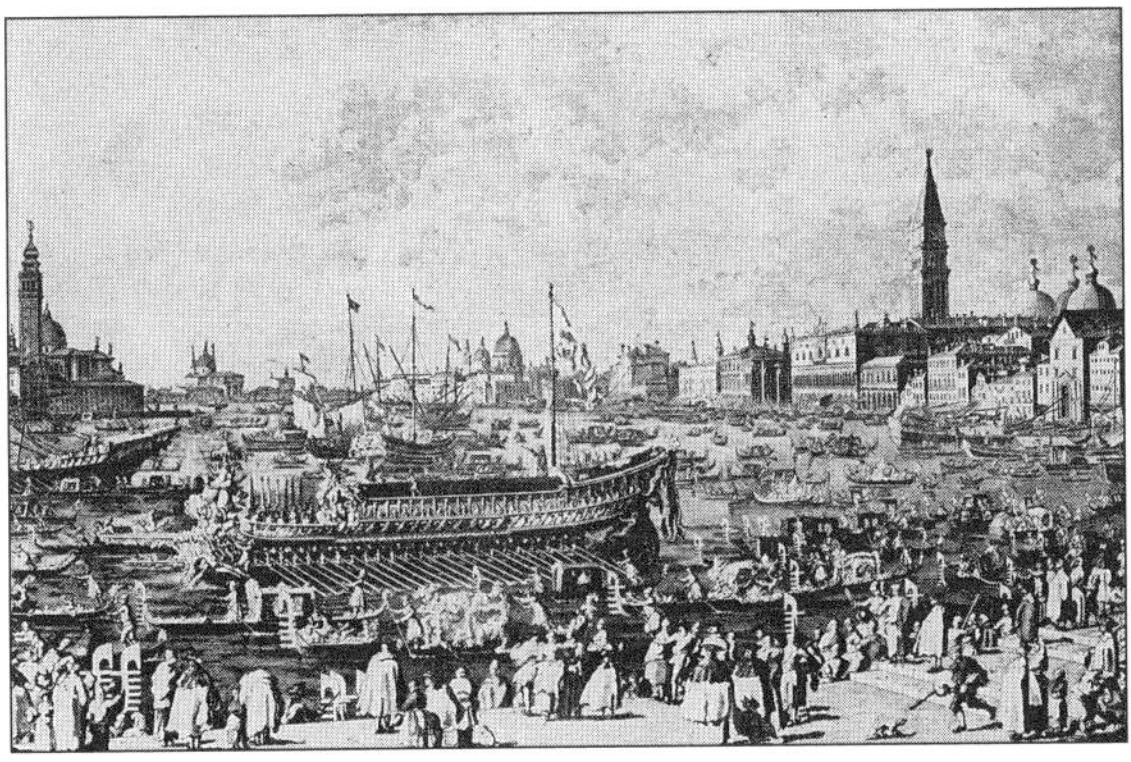

図9　サン・マルコの港を出航するお召し船（Canaletto, 1766）

今度は招待者とともに総督宮殿の大広間で盛大な祝宴をもった。一方、外のサン・マルコ広場では、国産品、東方の物品を並べたフィエラ（見本市）が賑やかに催され、ヴェネツィア市民ばかりか外国人、巡礼者でごったがえした。また一六、一七世紀にはこの祭りが、七月まで続く演劇シーズンの幕明けを告げる役も果たしていた。

### ② 橋のもつ象徴性

さて次に、いかにも水の都にふさわしい、「橋」と「祭り」の象徴的な関係について見てみよう。ヴェネツィアでは、水と結びついて演出される華やかな宗教的な祭りも見られた。一七世紀にペストが鎮まったのを感謝して、聖母マリアに捧げられたサルーテ教会の祭りは、一一月におごそかに行われる。共和国時代には、総督がプロセッションを行って、公式に教会を訪問していた。

図10　サルーテ教会の祭り

図11　イル・レデントーレ教会への仮設の参道

今でもカナル・グランデの南岸にそびえるこの教会への参道として、舟を幾つも並べ、その上に仮設の橋が掛け渡される（図10）。舟を水上の生活の中で、まるで自分の手足のように駆使してきたヴェネツィア人にとって、こうした舟を活用した芸当はお手のものである。教会の前には出店が並び、祭りの気分を高める。橋を渡り、川を越えて聖なる空間へアプローチする演出は、日本の都市にもしばしば見られたものであり、橋のもつ象徴的意味を感じさせる。

ヴェネツィアの街の南に浮かぶジュデッカ島のイル・レデントーレ教会も、七月の祭りの時には、広いジュデッカ運河に、やはり同じ方法で仮設の橋を掛け渡し、延々と続く参道を設けるのである（図11）。

橋にちなむ祭りですぐ思い出されるのは、橋の上で落とし合う格闘のイベントである。これはヴェネツィアの庶民が東西の二つの党派に分かれ、東のカステッロとサン・マルコの地区住民からなるカステッラーニ派の人々と、西のドルソドゥーロ、サンタ・クローチェ、サン・ポーロ、カンナレージョの地区住民からなるニコロッティ派の人々の間でライバル意識を燃やして行われる。両者は橋の両側に分かれて陣どり、橋の上で棒をもって、あるいは拳固を振ってなぐりかかり、水の中に互いに落とし合うという手荒い祭りである。思えば江戸でも、千住大橋を挟んで二手に分かれ、綱引きで力を競い合う祭りが行われていた。こうして二つの異なる世界を掛け渡す橋が、二つの勢力の力を競い合う象徴的な場所として、ちょうど同じように位置づけられていたのも面白い。

ヴェネツィアの橋には、本来手摺がなかったから、水の中にどんどん相手を突き落とせた。この祭りの主たる舞台となったサン・バルナバ地区の「拳固の橋」と呼ばれる橋の上には、殴り合っている人々の足跡が、歴史の記憶として刻み込まれている（図12）。しかしこの祭りも、次第にエスカレートして流血の騒ぎにも及んだため、後に禁止され、こうしたライバル意識に燃える民衆のエネルギーの捌《は》け口は、もっぱらレガッ

図12　サン・バルナバの「拳固の橋」での格闘のイベント（1720年頃）

タに求められるようになったのである。

### 3 水上の象徴軸カナル・グランデ

このように水に囲われたヴェネツィアだけに、水上での祭りの演出は見事だった。なかでもとくに、この都市の水の大動脈、カナル・グランデは、祝祭空間を生み出すにも格好の舞台となった。東方貿易に命運を賭けた中世には、この大運河には荷物を満載した無数の舟が往来し、商業的活気に満ちていたが、ルネサンスを迎えると、むしろこの水辺空間は、栄光ある海洋都市国家の過去の記憶をとどめた象徴空間としてのイメージを強め、華やかな舞台装置としての役割を担うようになったのである。

カナル・グランデの水上で催された模擬海戦は、コロッセオなどの円形闘技場に水を張って行われた古代の見世物としての模擬海戦の記憶を受け継ぐものであっただろう。また舟の上に動くステージを組み、その上で力比べを競う人間ピラミッドの見世物も人気を集めた。

だが、ヴェネツィアの真中を逆S字形に貫くカナル・グランデの空間を最大限に生かしたイベントは、何といってもゴンドラによるレガッタであった。それはちょうど、大陸で古代から行われてきた馬車による競争や競馬を、水の上に置き換えたようなものだった。もともとは市民の間で自然発生的に行われていたが、東方の海に繰り出すヴェネツィア共和国の政府が、海軍の優秀な船乗りを養成するためにもそれを利用するようになり、やがてはそれが国家的イベントに仕立てあげられた。

一三世紀からは、毎週レガッタの訓練が行われるようになり、一三一八年には、地区（コントラーダ）の長の責任のもと、一六〜三五歳の男子をすべて登録し、毎週一回、ピアツェッタの岸からリドをめざし、鐘を鳴らしながら訓練を行うことを制度化した。欠席者には罰金を課したが、それも国家をしょって立つべき貴族には重く、庶民には軽く課した。

一方、一三〇〇年頃、賞品つきの競争も行われるようになり、一三一五年、第一回の正式のレガッタが開かれて以来、次第に市民の熱狂する享楽的な祝祭の性格をもつようになった。

このようにレガッタの成立には、海洋都市国家、ヴェネツィアの政治的、社会的事情がよく反映されているが、その祝祭の行われる場所の変遷もまた興味深い。軍事訓練的な性格をもった早い時期には、イェーゾロの港またはマラモッコからスタートし、税関まで、ラグーナの広い水面を使って行われていたが、それが祝祭的性格を強めた一五世紀中頃には、貴族の華やかな邸宅が並ぶ水の都の象徴空間、カナル・グランデを舞台とするようになった。都市構造と祝祭の演出の間に、密接な関係が成立するようになったのである。

こうした祝祭についての記述も、しばしば史料に見出せる。ヴェネツィアの都市生活を詳述したことで知られるサヌードの日記も、一六世紀はじめに、信じがたいほどの見事なスペクタクルが、「コンパニア・デッラ・カルツァ」によって組織されたことを伝えている。このグループは、当時のヴェネト地方一帯に流行していたある種の結社群の総称で、貴族や富裕な市民層の子弟などによって構成されていた。そして演劇の興行をしたことが知られており、パラーディオも一度彼らの依頼によって一五六五年に仮劇場をつくったとされている。

レガッタの祭りは、市民の間にライバル意識を駆り立て、国威を盛りあげる上で大いに貢献した。ゴンドラの漕ぎ手の間で競争心が高まり、庶民の間では、とくに前述のカステッラーニ派とニコロッティ派の住民間の対抗意識が強かった。一方、貴族の間でも、家の名誉のために、この祝祭を積極的にプロモートし、それを成功させるために出資を惜しまなかったから、祝祭の華やかさはどんどんエスカレートした。

レガッタに関する版画、絵画も多く描かれ、その熱狂的な場面の様子を知ることができる。ゴール地点のフォスカリ家の前には、グロッタ（洞窟）や岩山や凱旋門などの装飾を施したマッキナ（祝祭装置）をもつステージが水上に浮かべられ、審査席や来賓席が設けられた。またそこに陣取ったオーケストラが、高らかに音楽を奏でた（次頁図13）。

この地点がゴールの場所に選ばれた理由としては、フォスカリ家が総督を輩出する程の名門であり、ゴシック様式の壮麗な館を構えていたこと、また、ここがヴェネツィアの二大中心、リアルトとサン・マルコの間にあり、しかも大運河がゆるやかに曲がる視覚的にも非常に重要な地点にあたっていたことなどが考えられよう。

レガッタのコースに沿ってもあちこちにオーケストラが置かれたし、祝祭にはつきものの花火が打ち上げられた。運河に面したそれぞれの邸宅では、バルコニーにカラフルな幕を垂らし、あたかも劇場の観客席からステージを見るかのように、鈴なりになってレガッタを観戦した。普段から華やかな雰囲気に包まれたカナル・グランデは、祭りの日にはこうして、両岸に建ち並ぶ貴族の邸宅と水上の空間が一体となって、いやが上にも祝祭的気分を高揚させた。

また一四九三年には、フェラーラ公、エルコレ一世の妻、レオノーラが娘のベアトリーチェとイザベラを伴ってヴェネツィアを訪ねた際に、一行への歓待の意を表わすために、女性だけによるレガッタが催され、以後、女性レガッタもこの街の欠かせない伝統行事の一つとなった（図14）。

今日でも毎年、九月の第一日曜日にレガッタが行われ、熱狂の渦に包まれる。祭りには大勢の見物人が押しかけるが、貴族住宅が軒を連ねるカナル・グランデ沿いには岸辺がほとんどないので、水際

図13　レガッタに際し大運河に設けられたマッキナ（祝祭装置）

につくられた仮設の見物席の席料を払わなければならない。そこでやはり、舟をもつ地元の人々がその特権をいかんなく発揮することになる。運河の中央をコースとして空け、その両側には無数の小舟がひしめく。そこで人々は、ワインと生ハムのサンドイッチでちょっとした宴会を楽しみながら、前座としての古式豊かな仮装パレード、ゴンドラによる力のこもったレガッタに興じるのである。ヴェネツィアの夏も、この熱狂的な祭りとともに幕を閉じる。

## ④ 劇場としてのサン・マルコ広場

カナル・グランデをはじめ水上での祭りの演出も見事であったが、それ以上に重要な祭りの舞台は、この都市に数多く存在する広場だった。サン・マルコ広場をはじめ、サン・ポーロやサン・ジェレミーアのカンポなど、幾つかの広場において、さらにはパラッツォ・ドゥカーレの中庭において、雄牛を放って荒っぽく追い掛ける、闘牛によく似た見世物がしばしば催された（図3参照）。それはちょうど、チンチョン（マドリッド郊外）などのスペインの小都市にいまだ伝えられる広場での闘牛の光景ともよく似ている。これらは地中海都市の広場での祝祭、見世物の在り方をよく示すものといえるのではなかろうか。

ヴェネツィアの祝祭にとって、カナル・グランデと並ぶメイン・ステージはサン・マルコ広場であった。すでに述べたように、この街では、サン・マルコ広場の東側に、政治の中心の総督宮殿と宗教

図14 現在の女性によるレガッタ

の中心のサン・マルコ寺院が隣接して置かれたため、この広場のもつ象徴的で儀礼的な性格は早い時期から著しく高かった。荘厳で華やかな総督のプロセッションの舞台でもあったから、広場の改造と整備にも力が注がれた。

そもそもこの広場は、総督ジアーニの手でほぼ倍の大きさへの拡大が実現した一二世紀という非常に早い時期から、すでに列柱で囲われた長方形の回廊形式をとっていた。そして長手方向の東側の端に、サン・マルコ寺院を置いていた（第3章図5参照）。このような広場の構成は、ローマのフォロを手本としながら、ルネサンスの時期に幾つかのイタリア都市に登場するが、中世の都市には、他にはまったく例を見ないものだった。おそらく東方に残存していた古代的な広場の在り方に接したヴェネツィア人が、そのモニュメンタルな形式に惹かれ、この都市にいち早く導入したと考えられる。

また、サン・マルコ広場の回廊の場合、ローマのフォロとは異なり、列柱にはアーチがのっている。このアーチのある回廊で囲われた中庭の在り方には、イスラーム都市のモスクやキャラバンサライなどの公共的建造物、あるいはやはりイスラームの影響下で生まれたスペインの大規模なパティオの中庭空間との類似性を見てとることができよう。

しかもこのサン・マルコ広場のまわりにも、いかにもヴェネツィアらしい迷路状の都市構造が見られる。ヴェネツィアの都市空間の魅力は、路地が無数に入り組んだ複雑な迷路が街中にはりめぐらされている一方で、それとはまったく対照的に、回廊で囲われ幾何学的に造型された輝かしい都市の中心としてのサン・マルコ広場をもつという、両義的性格にあるだろう。ちょうどそれは、イスラーム都市にあって、迷路状の市街地の中にモスクの清澄な中庭空間が幾何学的にすっぽり切り取られて存在しているのとよく似ている。このような〈闇〉の空間としての迷路と、〈光〉に溢れた大きな中庭のような広場とがつくりだす強烈なコントラストは、ヴェネツィアやイスラームの都市ばかりか南イタリアやスペインにも広く見られるものであり、地中海都市のもつもう一つの特徴といえるのではあるまいか。

そしてまた、このような回廊のめぐる中庭は、そもそも空間装置として演劇的性格をもつものであった。そのことはルネサンスの宮廷で演劇が行われた際に、しばしば中庭の列柱が舞台背景として使われたことからも想像できる。この回廊で囲われたサン・マルコ広場で、中世から華やかな祝祭が行われていたことは、G・ベッリーニの絵画「聖マルコの奇跡を祝う行列」（一四九六年）によっても十分にうかがい知れる（第3章図11参照）。

サン・マルコ周辺の都市空間の演劇性を考える上で、この広場がL字形に南へ折れ、ラグーナの海へ開かれる小広場の空間も実に重要である。

ヴェネツィアには、街の南側に浮かぶサン・ジョルジョ・マッジョーレの島に、教会に接して高い鐘楼がそびえている。この場所から眺めると、水上に広がる水都の見事な全体の姿が眺められる。そのちょうど真正面にヴェネツィアの正面玄関、サン・マルコの小広場周辺の華麗な姿が見える（図15）。水際には、門構えをなす二本の円柱の左右に、明るく軽快なパラッツォ・ドゥカーレと重厚なデザインの図書館が雄姿を見せる。その奥にひかえるサン・マルコ寺院は、イスラーム風のエキゾチックなドームの上半分だけをのぞかせている。そして広場にそびえるヴェネツィアで最高の高さを誇る鐘楼は、この街のスカイラインを引き締めている。ここはまさに海

図15　サン・ジョルジョ・マッジョーレ教会鐘楼からの眺め

洋都市国家ヴェネツィアの海に開かれた表玄関であり、晴れがましい街の顔だった。

一五世紀後半、この水の都にルネサンスの動きが登場し始めた頃、ネーデルラントのユトレヒトからやって来たエルハルド・レウィックという画家によって、ヴェネツィアの本格的な都市の景観画が描かれた（第8章図4参照）。面白いことに、この絵を描いた視点が、ちょうどやはりサン・ジョルジョ・マッジョーレ島の鐘楼の上に据えられているのである。五世紀前も現在も、ヴェネツィアの顔は変わっていないことを意味する。

この絵において、ヴェネツィアの周辺部はいささか歪められ、また背後に広がる本土の山並は幻想的に誇張されているのに対し、最も重要な街の中心部はかなりの精度で描かれている。

とりわけ、正面玄関にあたる象徴的なサン・マルコの一角は、やはり力を入れて描き込まれている。しかもここでは、パラッツォ・ドゥカーレをはじめさまざまな要素が、サン・ジョルジョ・マッジョーレの鐘楼から見える通りに描写されている。まだこの時期には、小広場の西側には、粗末なパン屋や宿屋が並び、誇り高きヴェネツィアの海からの正面玄関にふさわしからぬ光景を呈していた。水際には、魚や肉などの露店が並んでいたし、また東方の海に乗り出す船乗りを探し求める場所として使われるなど、港町に共通した下町的な雰囲気もまだ漂っていた。

サン・マルコ広場においてルネサンスの都市改造が始まったのは、ちょうど一五〇〇年を迎える頃だった。まず小広場の奥の正面に、マウロ・コドゥッチの手で時計塔がつくられた。鐘をつくムーア人の像で有名なこの塔は、ヴェネツィアのメインストリートにあたるメルチェリーア（小間物通り）が広場に流れ込む場所に、一種の凱旋門のような形で登場したのである（図16）。

この塔の建設をきっかけとして、サン・マルコの広場（ピアッツァ）と小広場（ピアツェッタ）では、都市空間のイメージを大きくつくり変えていくことになる。それは、すぐさま都市図の描き方にも直接現われてくる。

一五〇〇年に出版されたヤコポ・デ・バルバリの鳥瞰図を見てみよう。この地図でも、画面の中央に、ヴェネツィア共和国の象徴であるサン・マルコ広場の周辺がとりわけ克明に描かれている（第1章図6参照）。レウィックの景観画がほぼ目に見える通りに描いたのに対し、デ・バルバリは視点をずっと高くとっているから、サン・マルコ広場をも上から覗き込むように描写している。広場のまわりに展開するいかにもヴェネツィアらしい迷路状の都市構造がこの時代にすでに完成していたことも、デ・バルバリの鳥瞰図によって手にとるようにわかる。

デ・バルバリの鳥瞰図に描かれたサン・マルコの小広場に注目すると、新たに登場していたムーア人の時計塔を正面に据え、透視画法的発想で高い視点からこの空間を巧みにとらえていることがわかる。すなわち、ルネサンスの新しい感覚でサン・マルコの都市空間をイメージし始めたといえるのである。

小広場の水際に立って奥の広場の方を眺めると、二本の円柱が構成する舞台の背景のちょうど視覚上の焦点に、時計塔が置かれることになった。そして図らずも、その位置の的確さが次の時代の建築家の空間的構想力を大いに刺激したのだから面白い。

すでに演劇的、祝祭的性格を示していたサン・マルコ広場は、一六世紀の二〇年代になるとその性格をいっそう高めた。この世紀の前半にローマからやってきたサンソヴィーノによって、古典的な建築様式と透視画法に基づく空間構

図16　時計塔と裏手のメルチェリーア

成で容貌を一新したサン・マルコの広場と小広場は、都市の中の〈大広間〉、あるいは〈劇場〉そのものであり、宗教的ページェントや国家的儀式、そして世俗的な祝祭にとってまさに格好の舞台となった。

この小広場のサンソヴィーノによる改造に関しては、セルリオがヴェネツィア滞在中に描いたと思われる舞台装置的なサン・マルコ広場の透視図が大きな刺激を与えたと考えられる（第3章図6参照）。セルリオは、ウィトルウィウスが言及した古代の演劇に関する解釈を行い、悲劇、喜劇、風刺劇のそれぞれについて透視画法にのっとる舞台背景を提示したが、サン・マルコ広場のこの透視図も、これらとまったく同じ考え方によって、舞台背景として想定されているように見えるのである。その意味で、一六世紀に装いを新たにした小広場は、まさに演劇空間としての性格を最初から強く帯びていたということができよう。

このセルリオのスケッチによって示された都市空間の遠近法的解釈を現実のものとしたのが、サンソヴィーノだった。彼は、小広場の西側の、それまで粗末な宿屋やパン屋が並んでいた場所に、ローマ風の本格的なルネサンス様式で図書館を建設し、共和国の表玄関に威厳を与えた（図17左端）。そ

図17　ラグーナから見た正面玄関の小広場

れは奥行きの浅いどちらかといえば書き割り的な建築で、小広場を透視画法的構図をもつ一つの舞台に仕立て上げるのに、最も効果的に設計されていた。

こうしてルネサンスの透視画法的空間がヴェネツィアに実現したというのも、納得のいく話である。透視画法は演劇と結びついて発達したが、そもそも祝祭的な雰囲気に包まれた水都の中心、サン・マルコ広場自体がもともと、ベッリーニの絵をはじめ多くの人々の手で描かれ続けたように、宗教行事、祭り、スペクタクルがしばしば催される演劇的空間なのであった。

一六世紀以降、サン・マルコの小広場で行われる祝祭の場面を透視画法の構図にのっとって描いた景観画あるいは都市図の類いは多い。人々はこの〈広場〉の空間を、もはや完全に〈演劇〉のステージに見立てていたのである。

一五六四年の六月には、この小広場のすぐ先の水面に、「世界劇場」と呼ばれる浮かぶ移動劇場が登場し、音楽、舞踊、演劇で祝祭の雰囲気を大いに盛り上げたことが知られている（第3章図15参照）。

とくにカーニバルの期間中は、この広場でさまざまな見世物、芝居が繰り広げられ、占い師、中にはペテン師までが集まって、盛り場のような活気に包まれた。コメディア・デラルテの芸人が人気を集め（第3章図14参照）、また人形芝居の小屋や仮設のステージで歌う歌手の回りにも人々が群がった。小広場を舞台として、より本格的なスペクタクルも催された。中央にステージが組まれ、その上に仮設の凱旋門が置かれて、仕掛花火が打ち上げられたし、広場にそびえる鐘楼から軽業師が綱を伝わって空中を舞い降り、貴賓席の総督にさっそうと花束を捧げる、とい

図18　カーニバル中の小広場での祝祭（1757年）

った演出も見られた（前頁図18）。

すでに見たように、外国からの賓客をもてなすために、あるいは新たな総督の選出を祝うなどの目的で、サン・マルコ広場では、広い空間を使って、大がかりなスペクタクルがしばしば行われた。ヴェネツィア共和国を代表するこの広場は、都市の象徴空間として常に晴れがましい雰囲気に溢れていた。だが、国家をあげて時折催される祝祭の時には、ふだん見慣れた姿とはまた違ったいっそう華やかで象徴的な空間をつくり出す必要があった。つまりここに集まる市民が非日常的な虚構の世界のドラマを共に熱狂のうちに体験することによって、解放感と一体感を味わうことができる。それがまた共和国への人々の帰属意識を高揚させることにもなったのである。

このような目的で祭りの期間中は、回廊のめぐるこのモニュメンタルな広場の中にもう一つ、回廊で囲われた楕円形の広場やコロッセオのような競技場を仮設でつくり出すという巧妙な舞台演出がしばしば見られた（図19）。この時代には、〈広場〉はまさに〈劇場〉の舞台と共通のイメージでとらえられていた。劇場の舞台を飾るシェノグラフィア、すなわち舞台美術がルネサンス以降に発達したのとちょうど平行して、広場においても祝祭的で演劇的な空間を生み出すための仮設の装置を駆使したシェノグラフィアの考え方が大いに活用されたのである。しかもコロッセオのような空間を再現し、凱旋門をしつらえる演出には、古代ローマの見世物の記憶が明らかに込められていたと思われる。

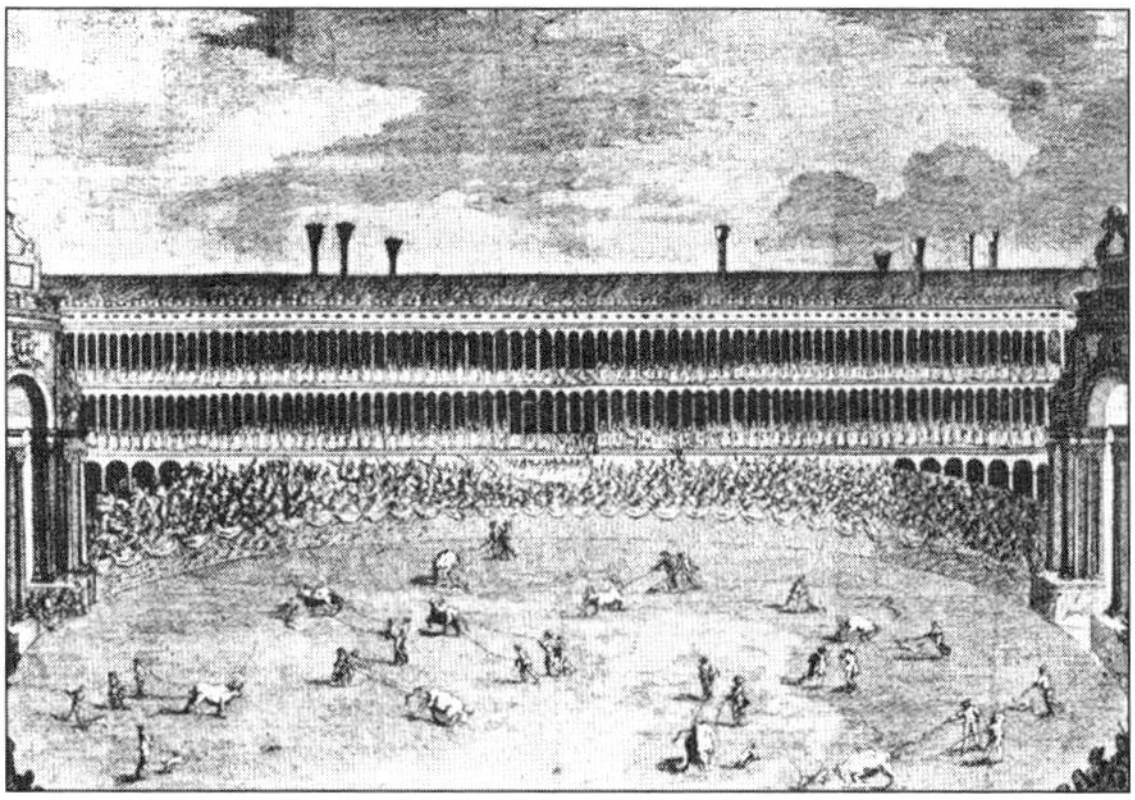

図19　サン・マルコ広場での雄牛狩りの見世物（1757年）

## 4　ファンタジーの中の都市

このヴェネツィアに一九七〇年代末、ビエンナーレの期間中、水上劇場が登場して話題をまいたことがある。世界的に知られる気鋭の建築家、アルド・ロッシの手になるこのユニークな建築作品は、一六世紀のヴェネツィアで、カーニバルの期間中さかんに登場し祝祭的気分を盛り上げた、水に浮かぶ仮設劇場からインスピレーションを受けている。サン・マルコ広場に近いラグーナの水面に浮かんだ、このとんがり屋根のユーモラスな形の劇場は、華麗な歴史をもつ都市の記憶を呼び覚まし、現代に生きるこの水の都に、新たな文化的刺激を与えた（図20）。

また、祝祭都市としての過去の栄光をとり戻すかのように、ヴェネツィアで一九八〇年代から、カーニバルの祭りそのものが本格的に再開され、人気を呼んでいる（図21）。まずは、スノッブな地

図20　アルド・ロッシの世界劇場　1979年（『A+U』1982年11月号より）

図21　復活したカーニバル（2015年，Abxbay氏撮影，Wikimedia Commonsより）

元の若者が始めたのがきっかけとなり、学生、若者一般の間に広まり、やがて街を挙げての大イベントに発展し、ミラノをはじめイタリア各地から、仮装をした人々が押しかけるまでになった。その中心、サン・マルコ広場を埋める群衆の熱狂する光景は、一八世紀の版画に描かれた場面をそのまま再現するかのようである。ヴェネツィアという都市の性格上、このカーニバルも今や観光的色彩を強めつつあるのは否定できないにしても、本質的には、ファンタジーに満ちた街、ヴェネツィアの都市のイメージの復権への動きとしてとらえられよう。

ヴェネツィアの街の一角を対象とした建築設計の国際コンペもしばしば話題になる。豊かな過去の記憶、甘美な現在の都市空間、そして未来への夢が結ばれたさまざまなプロジェクトが、ヴェネツィアの都市の魅力を深層から再び描き出す。

水没の危機によって呼び覚まされた文化財の保存問題をきっかけとしながら、ヴェネツィア救済の問題は、自然環境の保護、大気と水の汚染からの保護、さらには住宅の保存修復など、都市をとりまく環境全体の再生へ向けて大きく広がった。難しい問題だけに、その歩みは遅々たるものだが、本土側の工業地帯での地下水汲み上げの禁止により、今では地盤沈下もストップし（地球温暖化と結びついた海面上昇による冠水の問題はあるが）、ヴェネツィアの人々の関心は同時に、歴史的、文化的ストックを最大限に生かした街づくりへと向かっているように見える。

イタリアでは現在、〈ポスト・インダストリー〉時代の都市づくりが追求されている。そのためには知的想像力に富みファンタジーに満ちたソフトな仕掛けが重要となるのはいうまでもない。ヴェネツィアの祝祭都市、演劇都市としての性格が再評価されつつあるのも、こうした現代文明の大きな流れの中で位置づけられるのである。

# 第8章　都市図における表現法の変遷

## 1　はじめに

長い都市の歴史をもつ西欧諸国においては、都市の設計法やデザイン手法ばかりか、地図、鳥瞰図、景観画など、都市を描写する方法もまた、時代とともに変化してきた。こうした都市図の描き方の変化を追うことによって、各時代ごとの都市の考え方、都市に対して人々が抱いたイメージを知ることもできる。

本章では、西欧の中でも最も高度な都市文化を築き、しかも出版文化の発達を背景に数多くの都市図を生み出したヴェネツィアを主な対象として取り上げ、[1]さらに他のイタリア都市との比較も加えながら、都市に関する地図、鳥瞰図、景観画などの表現がどのようになされてきたのか、その歴史的変遷を考察してみたい。

## 2　中世の都市図

どのイタリア都市でも、鳥瞰図や透視画法にもとづく空間表現が早くから発達したのに対し、平面的に描かれた正確な都市の地図が登場するのは、比較的新しい時代になってからである。その点では、宋代の蘇州の城市を描いた「平江図」のような詳細で平面的な地図を生み出しながら、他方であまり鳥瞰図を発達させなかった中国と、好対照といえる。

ヴェネツィアにおいては、今日に伝わるこの都市最古の地図として、一二世紀に描かれた地図が存在するが[2]（図1）、全体の形もプロポーションもかなり歪められ、正確な情報をそこからえることは難しい。運河の大体の位置、教区教会とそれに対応する島の様子が模式的

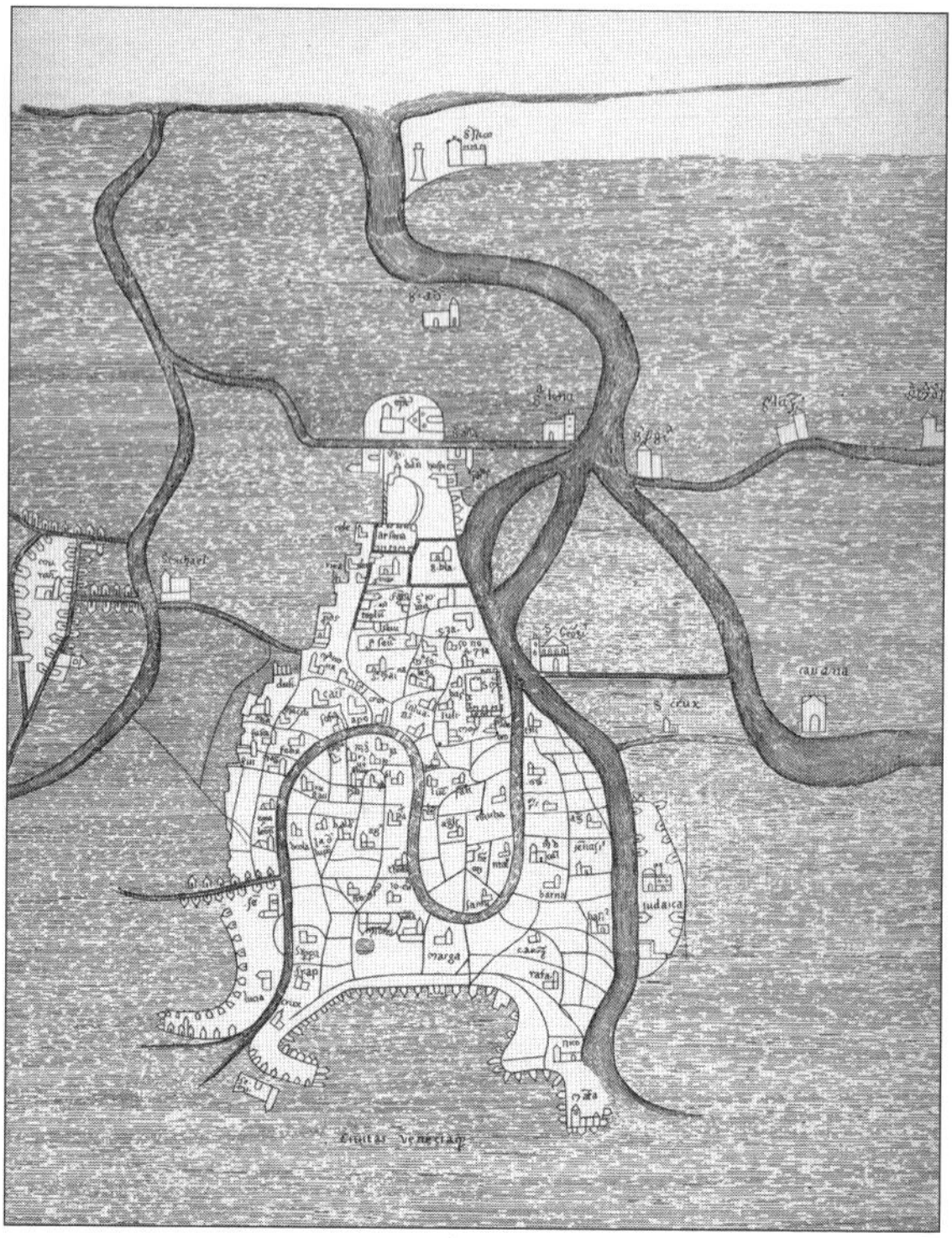

図1　テマンツァの地図（12世紀中頃のヴェネツィアの様子を示す）

図2　中世のシエナ（A. ロレンツェッティ「善き政府の寓意」1338–40年，部分）

に描かれているにすぎない。しかも、その後長い間、平面的な都市の地図は描かれることがなかったのである。

ヨーロッパでは、ルネサンスを迎える頃、都市の景観画や鳥瞰図が活発に描かれるようになった。科学的、合理的精神で都市の姿を客観的にとらえ、それを表現する態度が生まれたからである。また、中世における建設活動でほぼ骨格を築き上げた都市が、ルネサンスの新たな考え方を導入して、広場や主要街路を象徴空間として整備し、あるいは城壁を幾何学的な形態で強化して都市全体を統合する時期を迎えただけに、生まれ変わる都市の美しさや威厳を誇らしげに表現する都市図が次々と描かれる必然性があったのである。

まず、その前の中世におけるイタリアの代表的な都市の景観画を見ておこう。シエナの市庁舎の中の壁に描かれた、アンブロージオ・ロレンツェッティによる「善き政府の寓意」という題のフレスコ画である（一三三八～四〇年、図2）。城壁で囲われた都市の内部と、その外に広がる田園とが、ほぼ目の高さの位置からリアルに描かれている。ここでは建物、人物、風俗など都市の生活空間が詳細に描かれ、しかも経験的な透視画法による建築や都市空間の表現がすでに見られるのが注目される。[3] フィレンツェに先立ちルネサンス絵画への芽生えを示したシエナならではの、中世においては突出した都市の景観画といえる。だがここでも、都市の全体的形態をルネサンスの都市景観画のように統一的にとらえることは、まだほとんど意図されていない。

## 3　ルネサンスにおける鳥瞰図の技術

精度の高い都市の鳥瞰図の早い例としては、フィレンツェの通称「カテーナ（鎖）の鳥瞰図」と呼ばれるものが知られる（次頁図3）。描かれている建物から判断して、制作年代は一四七一～八二年の間と考えられる。ブルネレルキ、アルベルティによって透視画法的空間のとらえかたが早くから発達したフィレンツェだけあって、この時期にすでに、大きさ、長さ、距離、プロポーションなどがかなり正確に表現されている。[4]

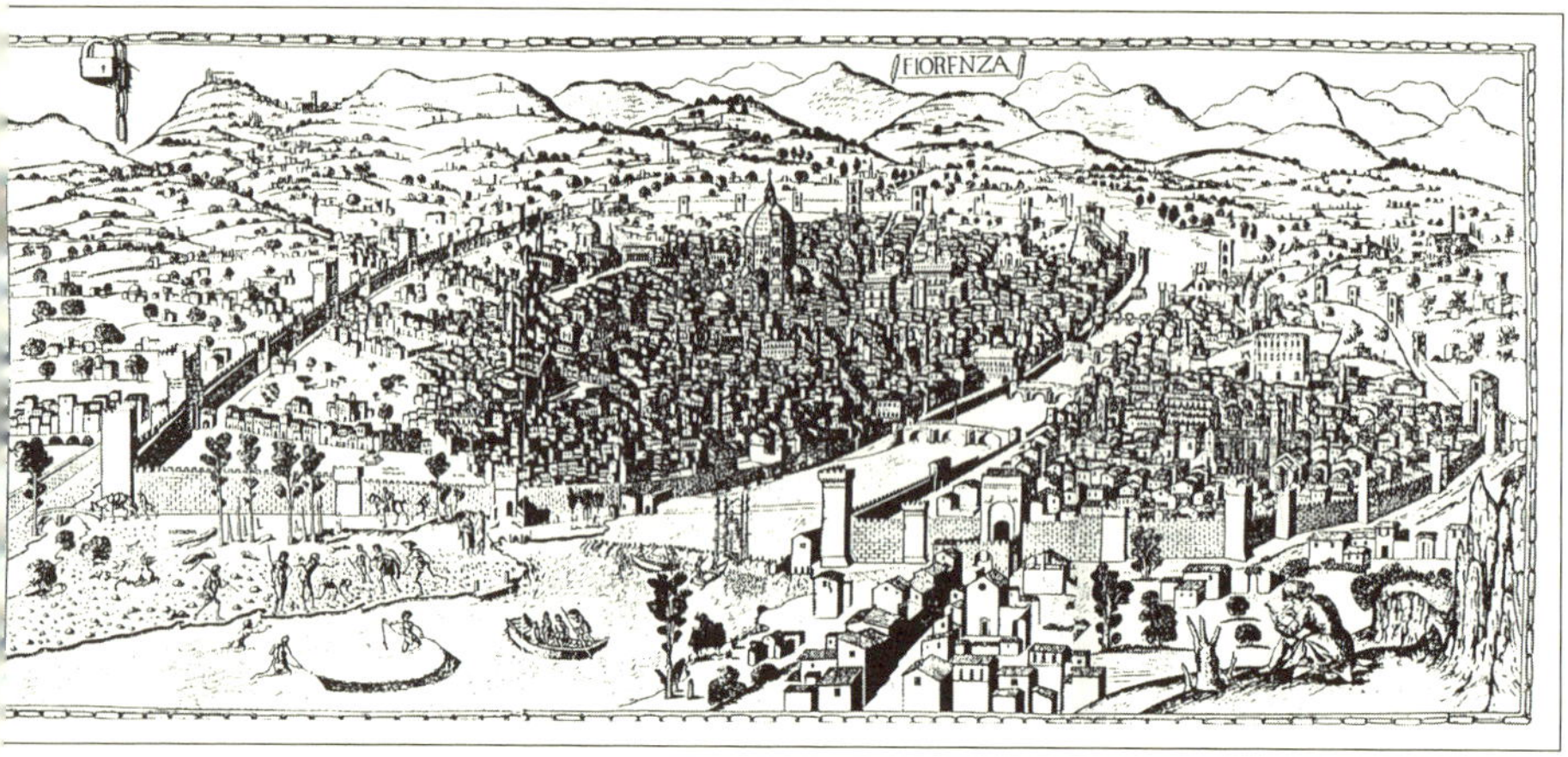


図 3　ルネサンスのフィレンツェ（カテーナの鳥瞰図，1471-82 年）

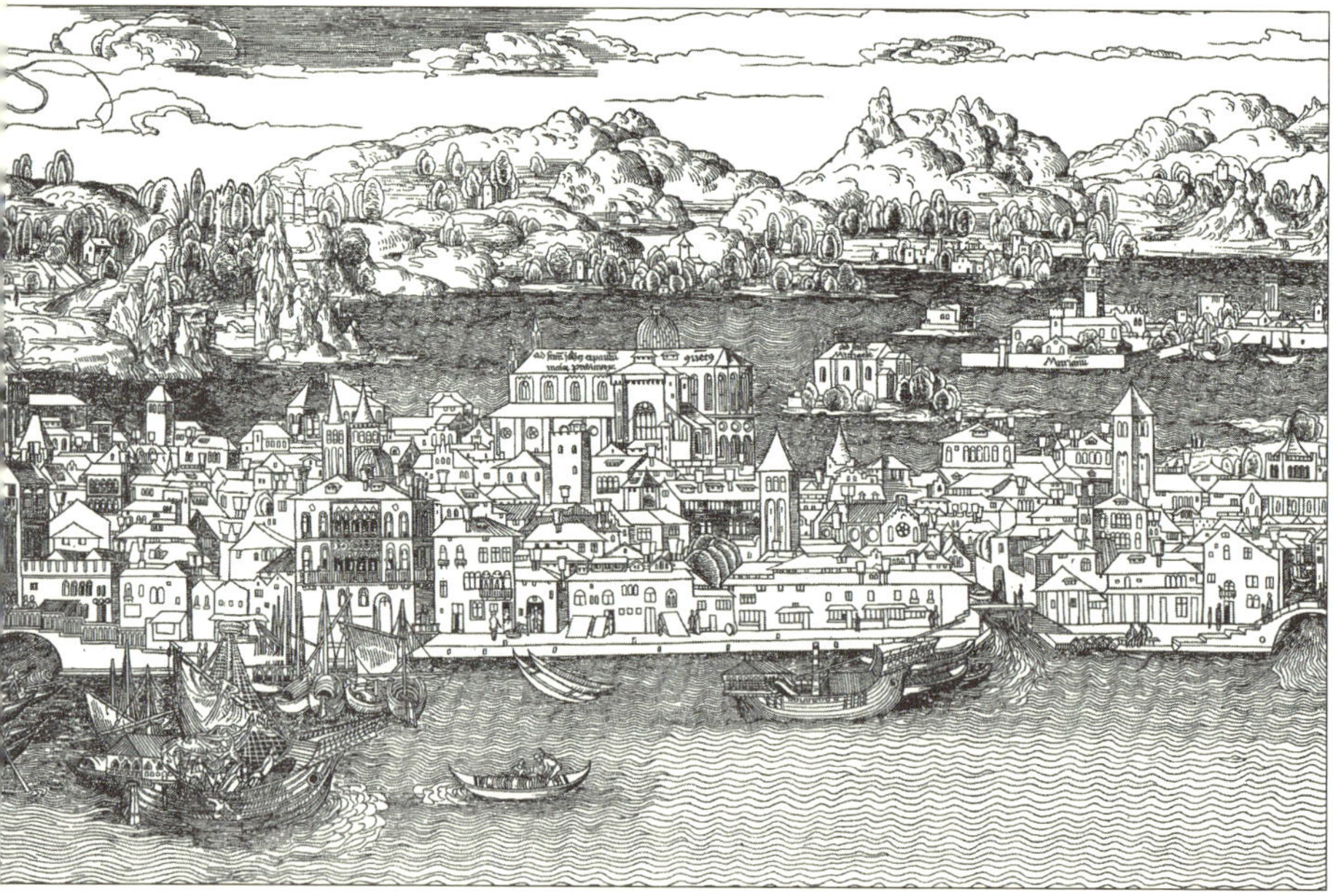

ではここで、ヴェネツィアに目を戻そう。現存する最古のヴェネツィアの本格的な景観画（veduta prospettica）は、一四八三年にネーデルラントのユトレヒトから聖地エルサレムへ巡礼に行く途中この地にやって来たエルハルド・レウィックによって描かれたものである（出版は一四八六年、図4）四枚からなる木版画で全体の大きさは二六五×一六四五ミリである。

この絵は、実在する視点から比較的忠実に描かれている。サン・マルコのほぼ対岸にあたるサン・ジョルジョ・マッジョーレ島の教会の鐘楼の上に昇り、北に目をやって実際にヴェネツィアを眺めながら描いたことは明らかである。今日、この鐘楼に昇ってみると、ほとんど変わらない都市風景を目にできるのである。この絵において、ヴェネツィアの周辺部はいささか歪められ、北欧人のレウィック自身の自然観を反映してか、背後に広がる本土の山並みは幻想的に誇張されているのに対し、最も重要な街の中心部はかなりの精度で描かれている。特に、都市の正面玄関にあたる象徴的なサン・マルコの一角につ

図4　中世のヴェネツィアの景観画（E. レウィックによる木版画，1486年，部分）

いては、パラッツォ・ドゥカーレをはじめさまざまな要素が、サン・ジョルジョ・マッジョーレの鐘楼から見える通りにやや斜めの角度から正確に描写されている。従ってここでは小広場（ピアッツェッタ）の奥や広場（ピアッツァ）の部分は隠れて見えていない。見える通りの角度から、見えるまま忠実に描く都市の風景画に近いものといえる。

ヴェネツィアの都市図の歴史において最も重要な役割を果たしたのは、一五〇〇年に出版されたヤコポ・デ・バルバリの鳥瞰図（pianta prospettica）

である（図5）。六枚からなる木版画で、全体の大きさは一三五〇×二八二〇ミリにも及ぶ。レウィックの景観画がほぼ目に見える通りに描いたのに対し、デ・バルバリは視点をずっと高い架空の位置にとり、鳥瞰図の形式で都市の様子を詳細に描いている。飛行機もない時代で、しかも周囲に高い山や丘などの眺望点もない都市だけに、実際にこのような視点で都市を眺める体験はできようはずもなかった。デ・バルバリは数多くの高い鐘楼に昇り、丹念にスケッチを続けていった成果を、

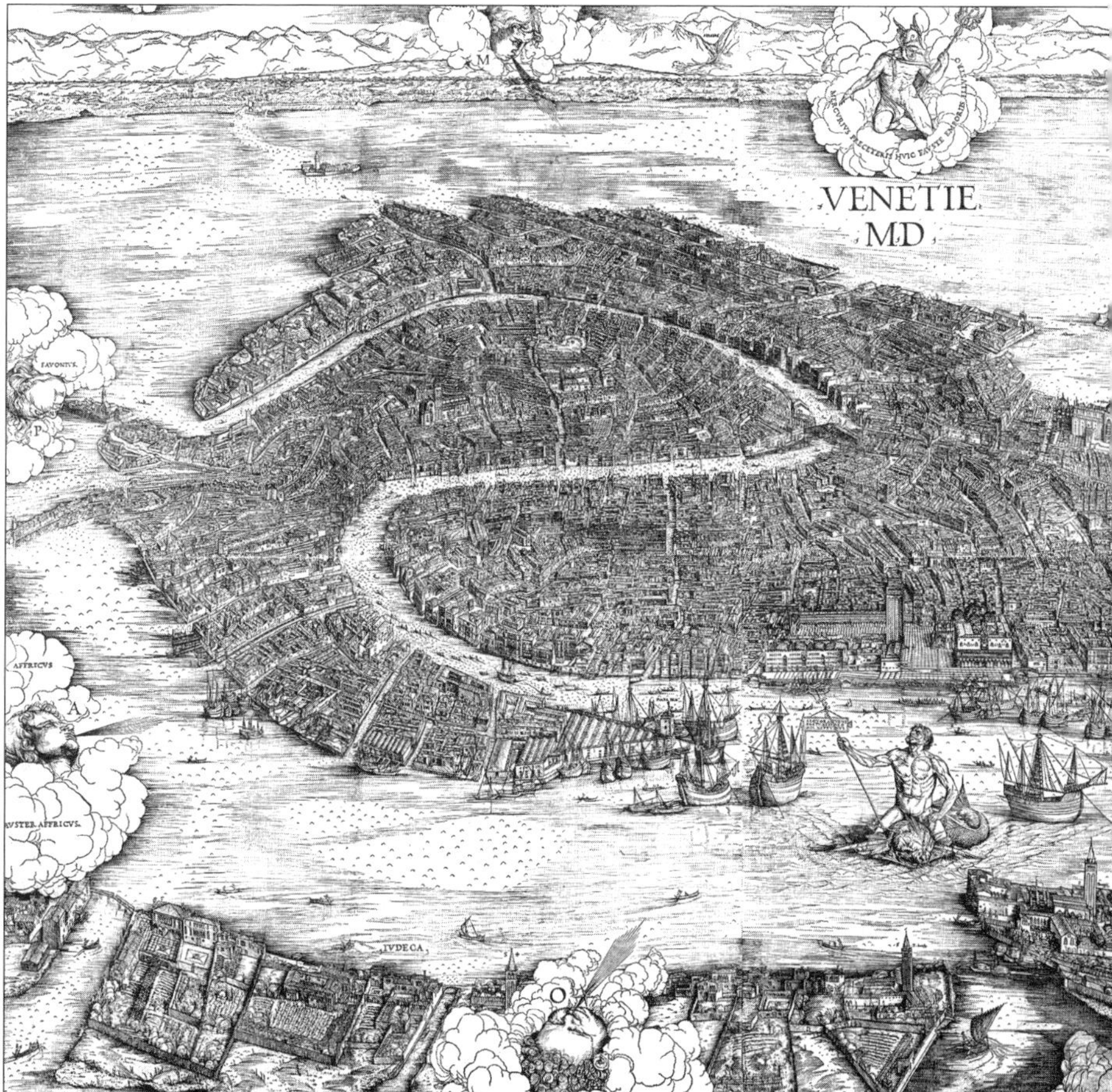


図5　ヤコポ・デ・バルバリの鳥瞰図（木版画，1500年）

卓抜した想像力によってこの壮大な鳥瞰図にまとめ上げたものと思われる。

背後に大陸の山並みを配し、画面一杯にラグーナの水面に囲われたヴェネツィアの都市の全体を、しっかりとした構図で正確なプロポーションによって描いている。都市全体の形態の把握とその表現における客観的事実を追求する科学的な姿勢は、ルネサンスの合理的精神をよく表わしている。こうしてはじめてヴェネツィアの都市の全体像が、図の上で正確に表現されることになった。

この地図には、当時の道や広場のシステム、建物の配置、窓の構成までが驚くほど詳細に描き込まれている。この地図をじっと見ていると、実際に都市空間の中を徘徊しているような錯覚に陥りさえする。

画面のほぼ中央に、ヴェネツィア共和国の象徴であるサン・マルコ広場の周辺がとりわけ克明に描かれている。鳥瞰図の形式による都市形態の全体の明確な表現が追求されたのと同時に、こうして都市の中心が強く意識して描き込まれている点が注目されるのである。レウィックの景観画では斜めから見られていたサン・マルコのピアツェッタが、ここでは正面から見据えられ、透視画法にのっとって象徴的に描き込まれている。一つの中心を設定し、そのまわりに展開する都市全体を透視画法的な発想で統一的にとらえるという、いかにもルネサンス的な精神が発揮されているのである。このような都市の象徴的表現にとっては、視点や構図を自由に選べる鳥瞰図の方が、平面的な地形図よりずっと都合がよかったともいえよう。

また、視点を高く取っているため、サン・マルコ広場を上から覗き込むように描写することも可能であった。広場のまわりに展開するいかにもヴェネツィアらしい迷路状の都市構造の様子もよくわかる。また各島やその中にある広場（カンポ）の形も、かなり正確に見てとれる。鳥瞰図はこうして、都市の景観と平面的な形態の両方をリアルに伝える手段として有効な役割を果たしているのである。

## 4 都市図に表われた世界観や文化状況

デ・バルバリの鳥瞰図には、このような科学的、客観的な都市図としての性格が見られる一方、古代ギリシア・ローマの神話や世界観から引きつがれた象徴的な要素も描かれているのが注目される。画面中央上部に、商業や貿易の神であるメルクリウス（ギリシアのヘルメス）、下方に、海や港の神であるネプトゥヌス（ギリシアのポセイドン）がそれぞれ描かれ、ヴェネツィアの都市を守護している。また、これも古代世界の考え方で、ウィトルウィウスも言及している[5]都市に吹く八つの方角からの風が、象徴的な表現で描かれている。これは都市の方角をさし示す、地図の上での座標軸でもある。こうして都市図は、単に都市の形態を客観的に伝える道具だったのではなく、人々の世界観、都市のイメージを表現する場でもあった。

　ルネサンス以後、都市図がいつも正確な都市のプロポーションにもとづいて描かれたというわけではない。むしろ、中心へ向かって統合される都市の理念をより象徴的に表現するために、意図的に形態のデフォルメが行われることも多かった。図6は、都市そのものだけでなく、まわりに広がるラグーナ（浅い

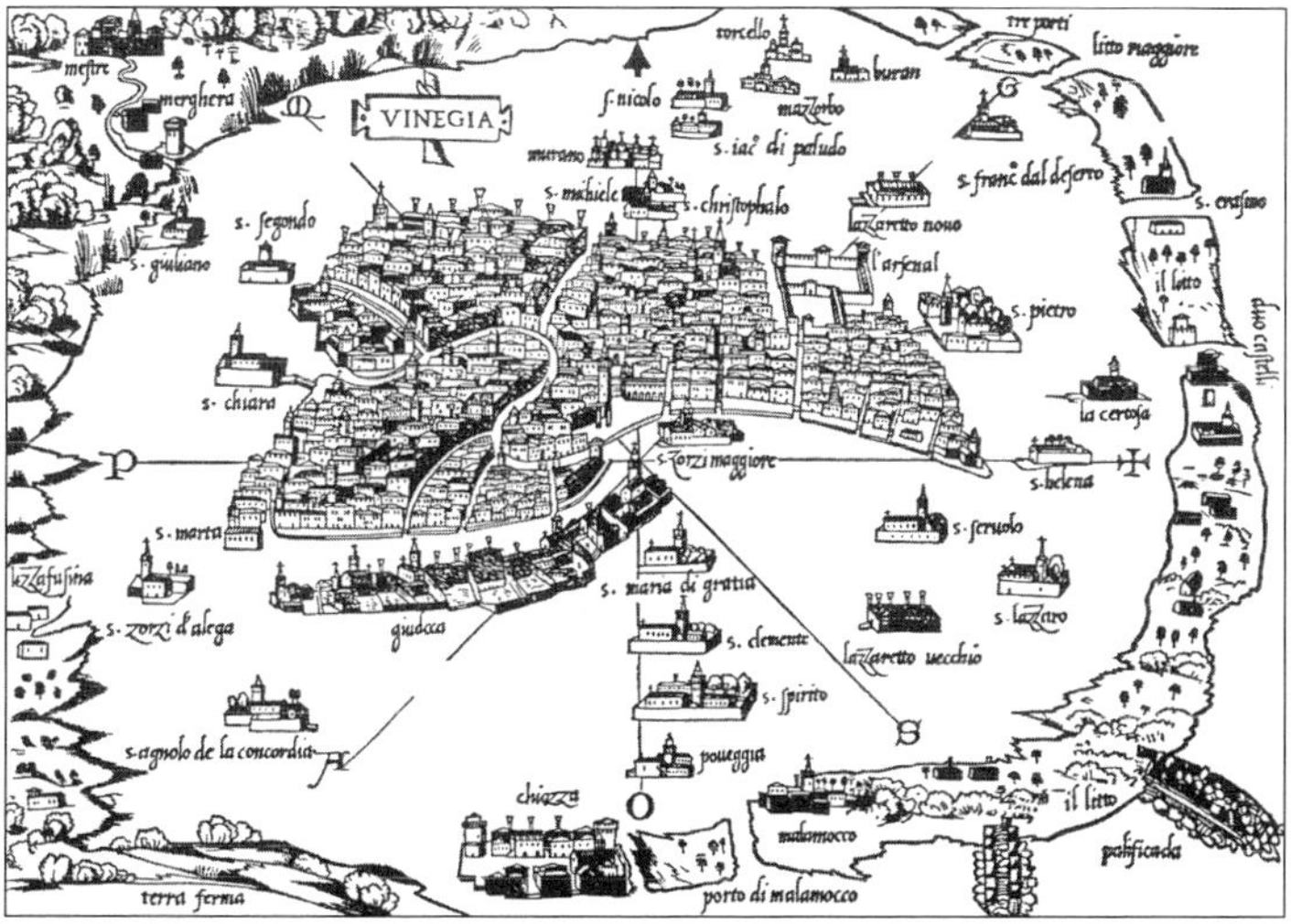

図6　都市とラグーナの鳥瞰図（B. ボルドーネの木版画，1528年）

内海）全体を一つの構図のなかに収めて描かれた最初の地図である（一五二八年）。鳥瞰図の形式を用いながらも、都市と周辺のテリトリーとの関係がよくわかる地図の体裁をもとっている。まわりの大陸やアドリア海側の長い島の形が大きく歪められているばかりか、ラグーナに対してヴェネツィアの都市が異常に大きく扱われている。

この手法は後にも好んで用いられ、一七世紀の中頃まで繰り返し登場した。都市そのものをデ・バルバリの鳥瞰図のように正確に描きながら、同時にデフォルメされたラグーナの世界を周囲に表現するマッテオ・パガンの地図（一五五〇年頃、図7）のようなものもつくられた。

ところで、都市図に描かれる内容は都市の社会的、文化的状況を鋭敏に反映する。一六世紀のヴェネツィアにおける都市の祝祭的性格の高まりとともに、地図のなかに描かれる内容にも、新しい要素が登場した。やはりマッテオ・パガンによる鳥瞰図においてはじめて、総督のお召し船（ブチントロ）とそれに随行する多くの小舟が水上をパレードする祝祭の

図7　マッテオ・パガンの鳥瞰図（木版画，1550 年頃）

場面が描き込まれた。また、一六世紀の末には、カーニバルなどの期間中に登場した水上を移動する仮設劇場、テアトロ・デル・モンド（世界劇場）も地図のなかに姿を見せ（次頁図9参照）、祝祭都市ヴェネツィアの本領を発揮している(6)。

同時に、地図の実用性も追求され、数多くの地名や建物名を記入する工夫もなされるようになった。といっても、地図そのものの中には書き込みに限界があるので、番号を打ち、それに対応する地名を欄外にずらっと並べる形式が生み出された。一六世紀後半で最も重要なパオロ・フォルラーニの鳥瞰図（一五六六年、図8）は、比較的小さいものであるにもかかわらず（四三七×七四四ミリ）、正確さを誇ると同時に、はじめて番号で地名や建物名を説明する方式を採用し、小さくて便利な地図として、旅行者や芸術愛好家には大変都合がよいものだった。従来の木版にかわって登場したはじめての本格的な銅版画でもあった。

やがて地名や建物名の解説ばかりか、共和国の威厳、壮麗さを表現するための図像も欄外に描かれるようになる。都市の政治的、社会的ヒエラルキーの頂点に立つ総督の儀礼的な行列（プロセッション）の場面や、祝祭の場面、さらにはモニュメンタルな都市空間が取り上げられたのである。象

図8　パオロ・フォルラーニの鳥瞰図（銅版画，1566年）

徴空間、あるいはモニュメントとして第一に描かれたのは、建築家サンソヴィーノの活躍で見事な造形美を獲得したピアツェッタ（小広場）と、石造の堂々たる橋に架け替えられたばかりのリアルト橋である（図9）。特に、ピアツェッタの空間を地上に近い通常の視点から透視画法にのっとって描いたものが多く登場した。そこには一五世紀後半に描かれた理想都市の広場の絵（図10）に発する、ルネサンス的都市空間の表現法の系譜が見られ

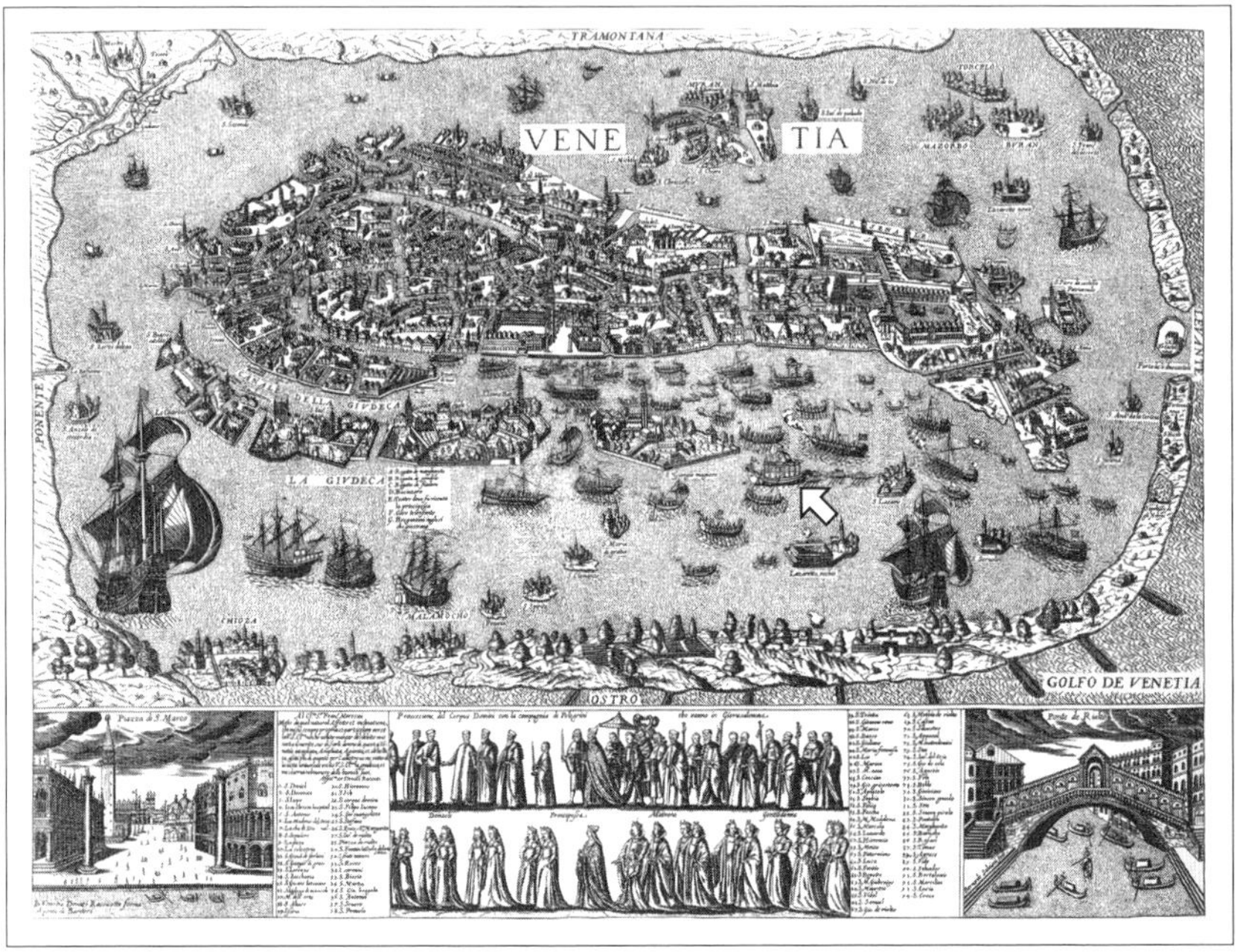


図9　都市とラグーナの鳥瞰図．矢印が世界劇場（B. サルヴィオーニの銅版画，16世紀末）

図10　理想都市の広場（作者不詳，15世紀後半）

ると同時に、セルリオが提示した透視画法に基づく舞台背景としての都市空間の表現（図11）とも同じ考え方が見出せる。[7] そもそも、サンソヴィーノによって透視画法的な効果を計算してピアツェッタが改造された時に、すでにこの広場が演劇空間とアナロジカルにとらえられていたと想像されるのである。[3]

このような経験の後に、一六二〇年頃、視点を地上に近い位置に下ろし、自然な角度から都市全体をほぼ水平に眺める景観画（veduta prospettica）が、先に見た一五世紀末の木版画以来ひさしぶりに、再び登場した。図12（次頁）はその先駆けとなったもので、銅版画で実に詳細に描かれている（三八六×二〇八七ミリ）。ここでもやはり、サン・マルコの象徴性はとりわけ強調され、画面全体がピアツェッタの奥の時計塔を消失点とする透視画法の構図によって描かれているのである。ここでは背後の山並みは消え、完全な都市風景が描かれる。水平に眺めるために、教会の塔の垂直性が強調されることになり、都市のスカイラインが強く意識される。この手法による景観画は都市図の一つの典型となり、一八世紀にかけて、繰り返し描かれる。

一方、都市をある精度のもとに平面的に描いた地図（地形図、pianta topografica）もやはり、一七世紀前半に登場する。

## 5 理想都市の図的表現

ところで、ルネサンス期に、平面的に都市の形態をとらえ、表現する考え方がなかったというわけではない。むしろ、一五世紀の後半に登場した、理想都市のアイデアを表現したものの多くは、都市

図11　セバスティアーノ・セルリオによる悲劇のための舞台背景（1537–57年）

の平面形態を示すものだった。一四五二年のチェーザレ・チェザリアーノによるウィトルウィウスの建築論のはじめてのイタリア語版の中に、ウィトルウィウスの都市に関する記述を解釈して平面図として表わした有名な挿図が見出せる（図13）。また、建築家フィラレーテがミラノのスフォルツァ家のために考案した理想都市、スフォルツィンダの平面図もよく知られている（一四六四年、図14）。ここでは円に内接する八角形の城壁の中に都市がつくられ、中心に広場と政治、宗教、行政などの公共的モニュメントが配列されているのがわかる。図式的な都市の平面図であるが、理想都市のコンセプトは充分表現されている。城塞都市の専門家、フランチェスコ・ディ・ジョルジョ・マルティーニも、幾つもの平面パターンで理想都市のアイデアを提示した[9]（一四五一〜六四年、図15）。

理想都市の構想に関しては、こうした都市の平面形態で図式的にその理

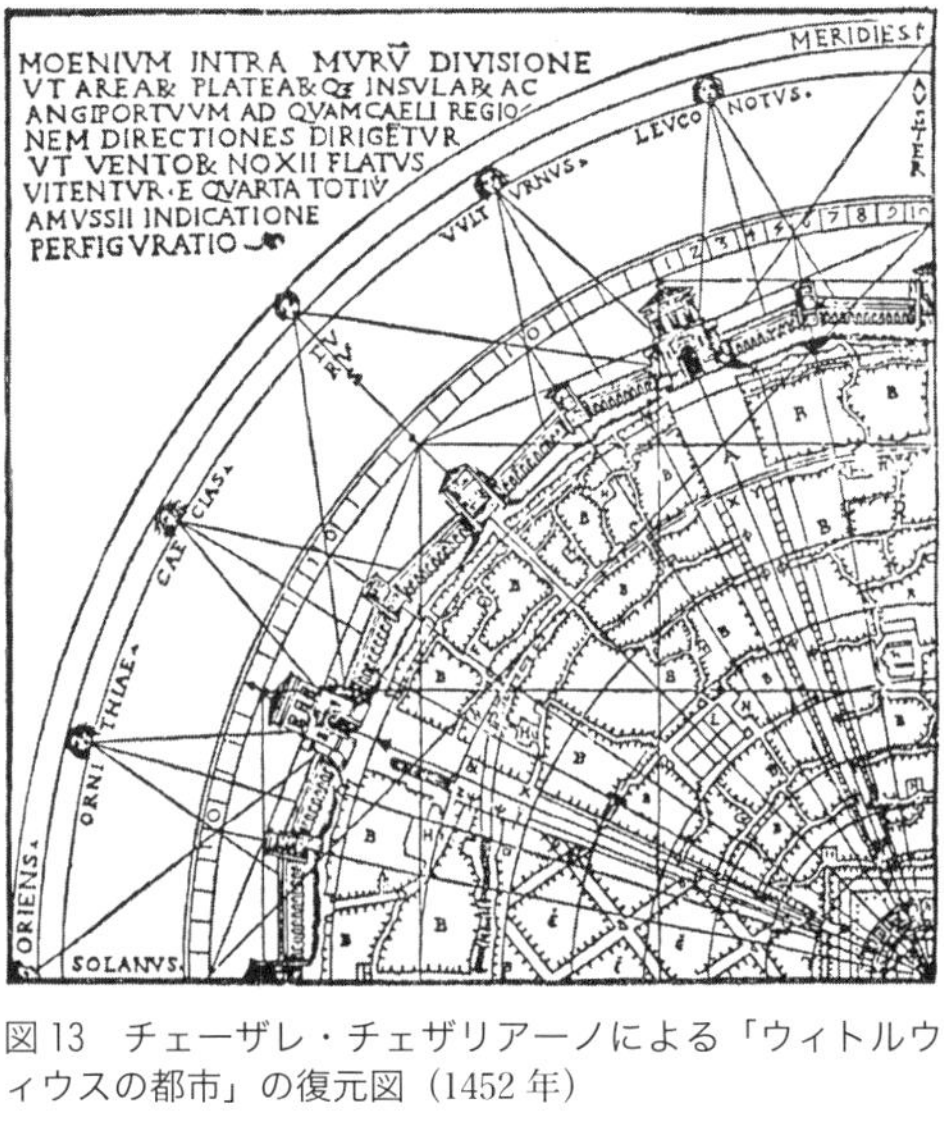

図13　チェーザレ・チェザリアーノによる「ウィトルウィウスの都市」の復元図（1452年）

念を提示する方法と平行して、やはり一五世紀の後半に、すでに述べたような人間の活動の中心としての広場の都市空間をシンメトリーの構図で透視画法にのっとって表現する考え方が示された（図10参照）。このように平面と実際の空間の両方から、ルネサンス的都市像は築かれていったと考えられる。

だが一方、長い歴史を刻みさまざまな記憶が集積された現実の都市を表現するには、ルネサンス期を通じて、図式的なも

上：図12　ヴェネツィアの景観画（銅版画，1620年頃）

下右：図14　フィラレーテによる理想都市スフォルツィンダ（1464年）

下左：図15　ジョルジョ・マルティーニの理想都市プラン（1451–64年）

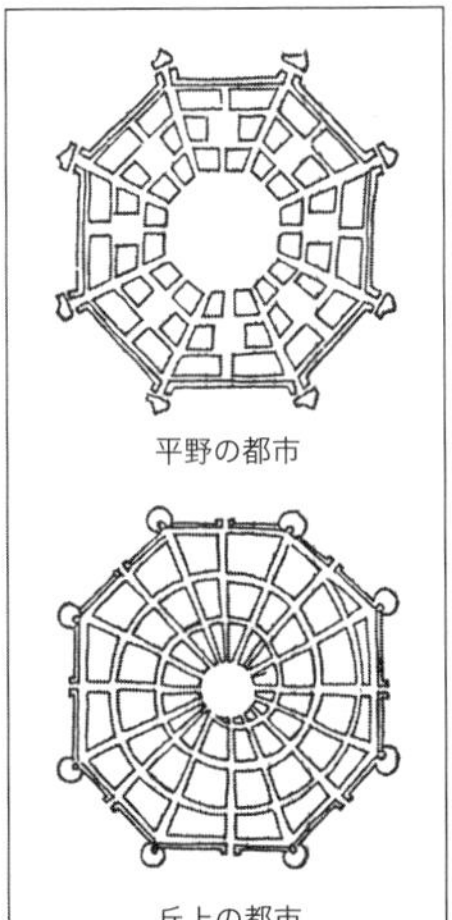


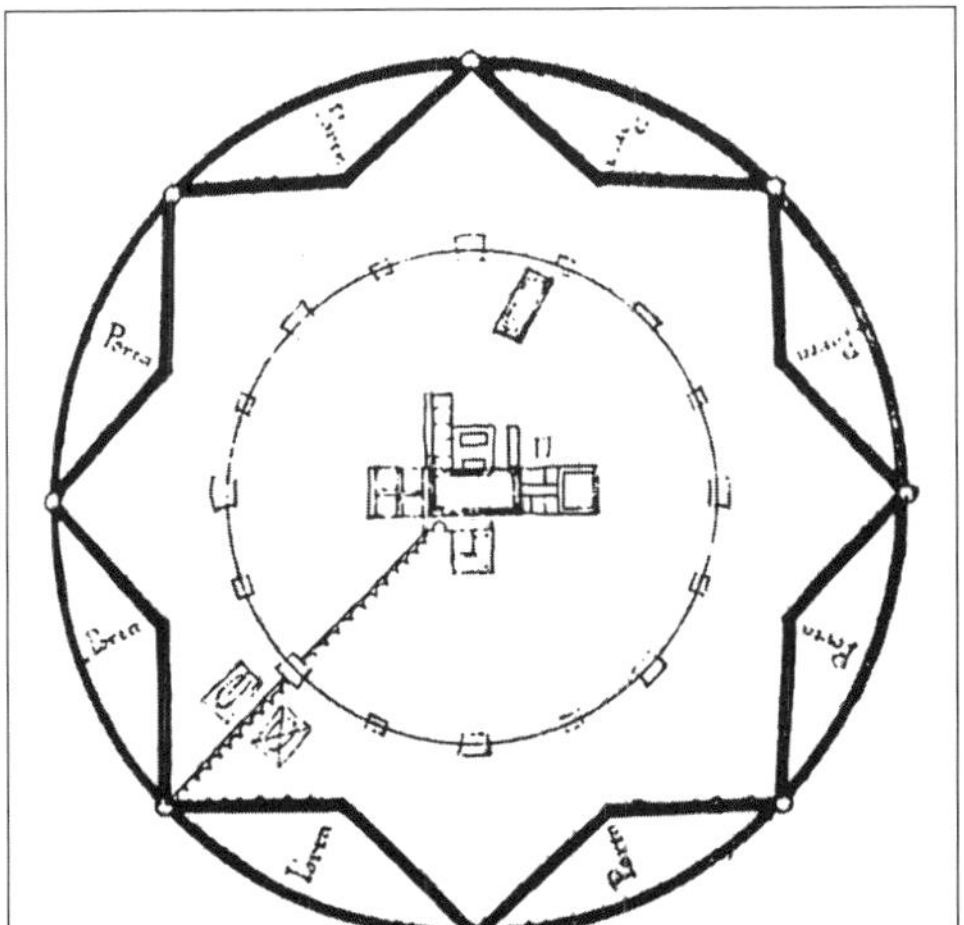

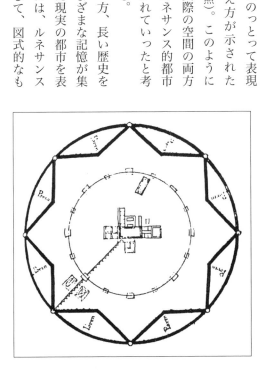

のに終わってしまうこうした平面図の形式はまったく見られず、都市風景の豊かさ、壮麗さをより端的でリアルに表現できる鳥瞰図が、もっぱら用いられたということが注目される。

## 6　地形図の登場とその展開

そして、現実の都市を平面的な地図（地形図、pianta topografica）として表わす考え方が登場するには、一七世紀前半を待たねばならなかったのである。その最初の例（一六二六年頃、図16）においては、平面的な地図の上に、代表的な建物の外観が鳥瞰図的手法で描き込まれており、都市図の二つの表現形式を折衷させたものとなっている。

はじめての科学的で正確なヴェネツィアの地形図として重要なのは、一七二九年に出版されたロドヴィコ・ウーギによる地図である（図17）。八枚からなる銅版画で、全体では一四七五×二六三五ミリに及ぶ。地名はここでは番号を打って欄外に説明するのではなく、地図のなかに直接書き込まれ、見やす

図16　ヴェネツィアの地形図（A. Badoer の銅版画，1626年頃）

くなっている。それは地図のサイズが大きくなり、またその技術も向上したことで可能となったのである。この地図のもう一つの特徴は、都市の中のモニュメント、あるいは象徴的な空間、すなわち都市の名所についての小さな景観画を、左右の欄外に数多く並べている点にある。左側がサン・マルコ広場周辺のものであるのに対し、右側には、それ以外の公共建築や施設、宗教建築が並んでいる。鳥瞰図にかわって、都市全体の形態は平面的な地形図で正確に示し、同時に、個々の象徴的なスポットの景観は地上の視点から描かれた名所の絵で表現するという、合理的な組み合せが考案されたのである。

わが国では、たとえば江戸において、都市内の名所を双六のコマにあてはめて並べた「名所双六」という遊びが考案され、一九世紀に流行したが、そこでは都市全体の形態はまったく示されず、個々の場所を螺旋上に繋ぎながら都市をイメージさせるような構成になっている（次頁図18）。それに対し、ウーギの地図やこれに範をとって同じコンセプトでつくられたヴェネツィアの地図の場合、都市全体と

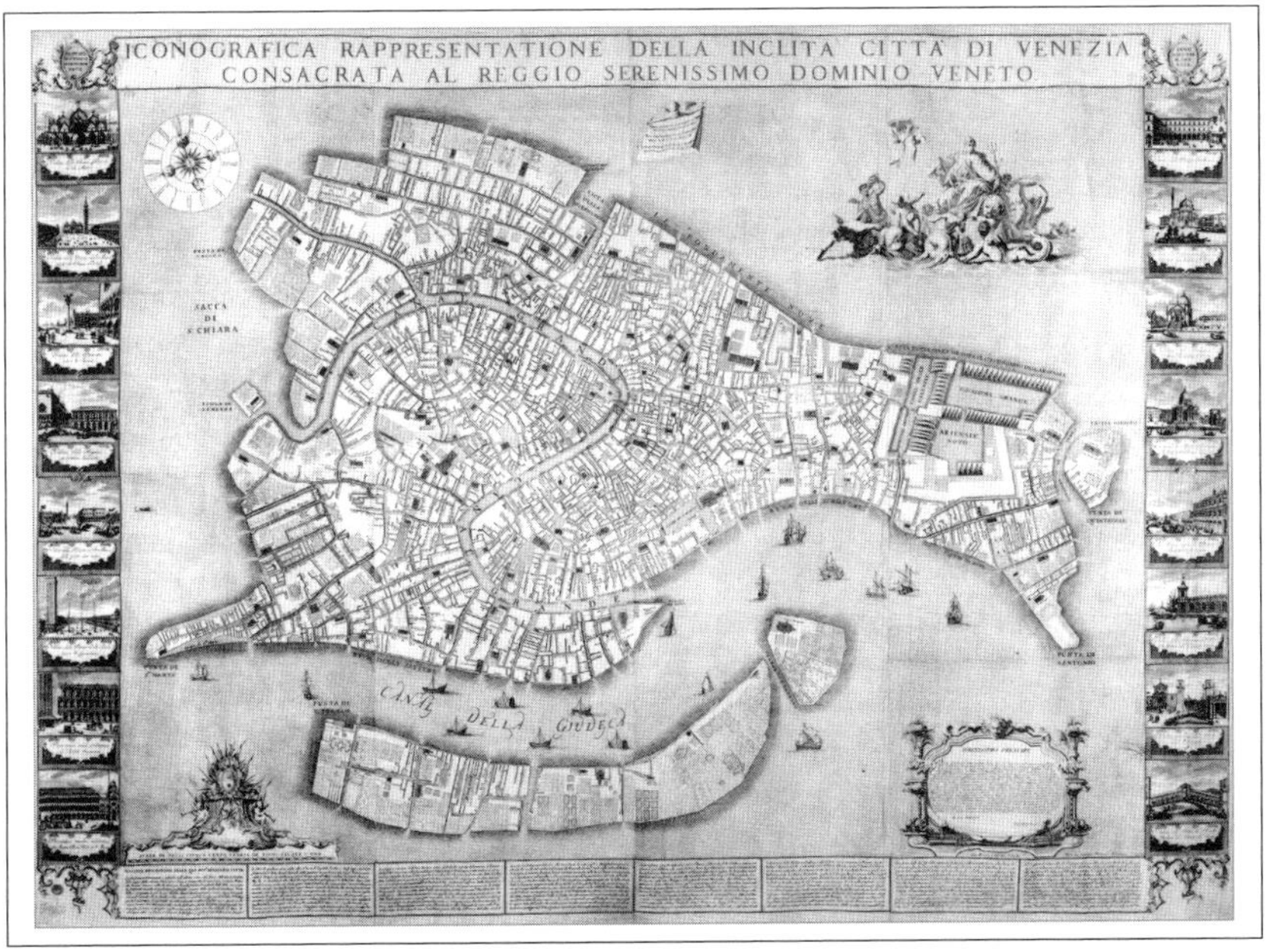


図17　ロドヴィコ・ウーギの地形図（銅版画，1729年頃）

個々の場所、すなわち部分との関係が明確に示され、いかにも西欧らしい論理的な都市の見方が感じ取れるのである。

一九世紀には近代的センスをとり入れた地形図の形式が多く用いられたが、伝統的な手法に基づく鳥瞰図も相変らず描き続けられた。

平面的なヴェネツィアの都市図の最高傑作は、ベルナルド・コンバッティとガエターノ・コンバッティによる一八四七年の地図である（図19）。二〇枚からなる銅版画で全体の大きさは一二七五×一四六〇ミリである。詳細に描き込まれたこの地図の最大の特徴は、広場や道などの公共空間と建物部分と私的な庭や空地の部分とが、明確に区別して示されているところにある。しかも教会や公共建築、また代表的な邸宅については、平面図までが正確に描かれているのだから驚かされる。いかにもイタリアらしい、重要な建物を象徴的なモニュメントとしてとらえる発想や、建築を都市的コンテクストのなかにおいてとらえる見方をここに読み取ることができる。あるいはまた、日本の場合と異なり、土地よりもむしろ建物を重要な要素としてと

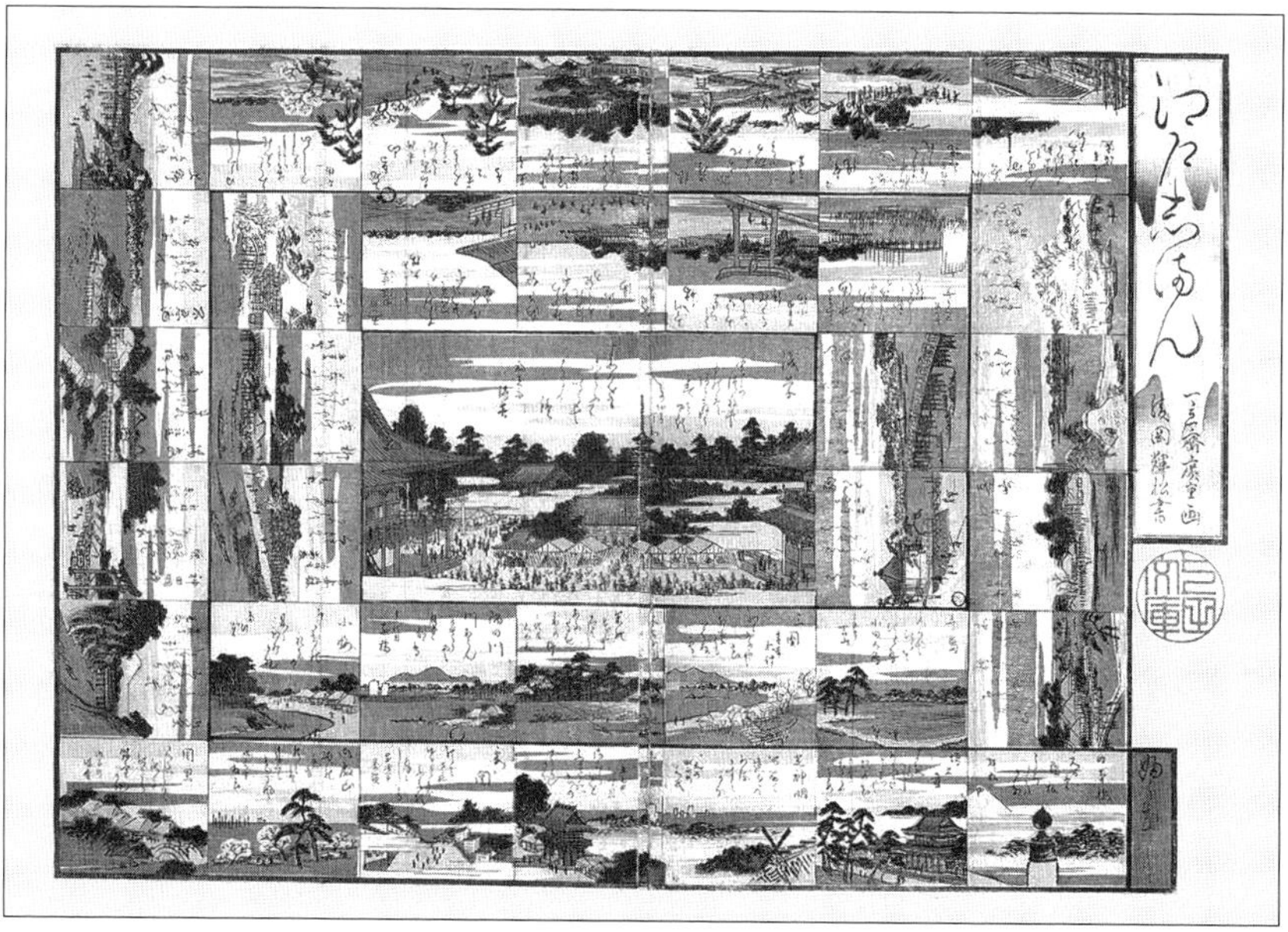

図 18　「江戸じまん」（東京都立中央図書館特別文庫室蔵）

らえる考え方が現われていると見ることもできよう。

## 7　日本の都市図との比較の視点から

以上述べてきたように、イタリアの都市図においては、中世からルネサンス初期に、都市を見えるままの視点から描く景観画が見られたが、最も西欧的都市像を端的に物語る特徴的なものとしては、何といっても、架空の高い視点から透視画法によってダイナミックに都市を描く、ルネサンスに発明された鳥瞰図を挙げなければならない。それは都市全体の平面的な形態をおおまかに示す上に、地上の都市の風景、景観をリアルに、また象徴的に描くことができるから、モニュメントがそびえ堂々たるスカイラインをもつ西欧都市の描写方法としては、まことにふさわしかった。また、一点から都市全体を統一的にとらえるという、西欧のルネサンス的世界観、空間認識法にぴたりと合うものだった。それに対し、地形図として平面的に都市を描く考え方は、むしろ後の時代に発達した。一五〇〇年のデ・バルバリの鳥瞰図に匹敵するような精度の高い地形図となると、一七二九年のウーギの地図まで待たねばならなかったのである。

一方、日本の都市図の変遷を見ると、都市の見方、とら

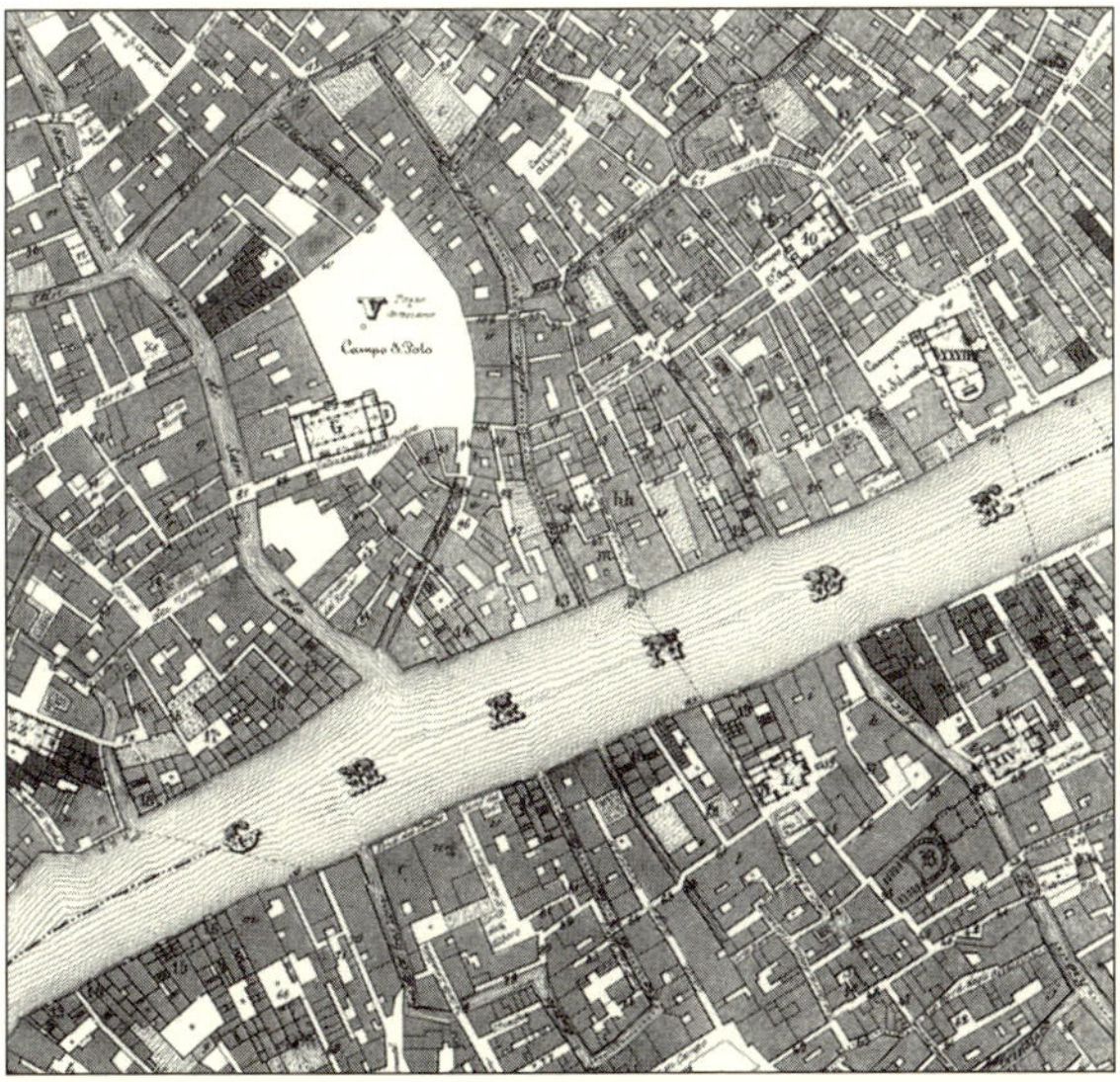

図 19　ベルナルド・コンバッティとガエターノ・コンバッティによるヴェネツィアの地形図（銅版画，1847 年，部分）

え方がだいぶ異なっていたことがわかる。江戸の都市図を例にとって、比べてみよう。

一九世紀はじめ、鍬形蕙斎の「江戸一目図屏風」によって、江戸を描いた鳥瞰図がはじめて登場し、以後幕末にかけてその構図を踏襲する何枚かの鳥瞰図が描かれたが、それ以前には、都市全体を一つの視点から統一的に把握するようなヨーロッパ風の都市の景観画は存在しなかった。

とはいえ、一六世紀の京都を描いた「洛中洛外図屏風」と同じ系譜にあたる「江戸図屏風」が一七世紀前半に描かれた。これらは、一点から都市全体を眺めるのではなく、視点を平行移動しながら俯観した都市のパノラマを、一斜投影の方法で連続的に描写したものである。ルネサンス的な透視画法による空間認識に縛られない自由な描き方ともいえる。しかし、それも一七世紀後半には失われる。

結局、江戸の都市全体を描いた都市図としては、一七世紀の前半から幕末に至るまで一貫してつくられた平面的な地形図が最も重要なものであった。鳥瞰図や景観画よりも、トポグラフィカルに都市をとらえ表現する「江戸大絵図」や「切絵図」の方が発達したのである。それは、建物や人工的につくられる都市景観よりも地形、森や水という自然の要素、土地（敷地）を重んずるわが国独特の都市のとらえ方とおそらく関係していると思われる。土地の起伏を読み、有機的なシステムで都市環境をつくり上げた江戸のような都市の特徴を示すには、鳥瞰図より地形図の方が似つかわしかったともいえよう。

都市文化の成熟にともない、名所が発達し、「名所図会」のような景観画も一九世紀前半に刊行されるが、それも都市のスポットを俯瞰して描くものである。西欧世界と比べると、実際の都市に際立つ象徴的な中心が存在せず、都市の求心的まとまりが弱いこともあって、ヴェネツィアであれほど多く描かれたような鳥瞰図は、江戸では幕末から明治にかけて見られただけで、あまり発達しなかったのである。都市全体はトポグラフィカルに地図で表現する一方、部分部分の魅力的な景観を浮世絵や名所図会でスポット的に描く、あるいはそういった風景画の小さなコマを数珠つなぎに並べた名所双六で都市のイメージを表わす、というのが江戸の人々が好んだ都市図の在り方だったように思える。

このように、都市図の描き方には人々の都市の見方、とらえ方、あるいは世界観そのものがよく反映されており、従って、文化のベースが異なる国の間では、都市図の歴史にも大きな違いが見られるのである。

注

(1) G. Cassini, *Piante e vedute prospettiche di Venezia*, Venezia 1982 に収録されている都市図を基本史料として用いる。
(2) 一八世紀に歴史家テマンツァによって発見され、忠実に描き直して出版された。
(3) L. Bortolotti, *Siena*, Bari 1983, pp.16-18.
(4) G. Fanelli, *Firenze: architettura e città*, Firenze 1973, pp.60-67.
(5) ウィトルウィウス、森田慶一訳『ウィトルーウィウス建築書』東海大学出版会、一九六九年、第一書、第六章。
(6) 本書第7章（原題「ヴェネツィア――都市の祝祭空間」、季刊『カラム』一〇二号、一九八六年）。
(7) L. Zorzi, *Il teatro e la città*, Torino 1977, pp.76-93.
(8) 拙著『ヴェネツィア――都市のコンテクストを続む』鹿島出版会、一九八六年、一九九―二〇九頁。
(9) G.C. Argan, *The Renaissance City*, New York 1969, p.16.

# 第9章　水都史から見た東京との比較

## 1　水都史とは何か

「水都史」をテーマとして学際的な議論を行う上で、まずは、この「水都史」とは何か、ということの説明から始めたい。

世界の都市の多くは、海や川の水辺に立地し、舟運による流通、経済の活動を背景に富を築き、独自の風景や華やかな文化をはぐくんだ。だが、近代という時代は、どの国、都市、地域においても、陸の発想による国土と都市の開発をおし進め、川や掘割を埋め暗渠にし、また美しい海岸線を埋め立てて工業・港湾ゾーンとして開発してきた。

二一世紀の今日、歴史の中で個性豊かな都市をはぐくんだ世界各地の水辺空間を再評価し、それぞれの地域特性に即した望ましい都市の姿の理念型をいかに多様に提示できるか。とくに、そうした水都の価値を歴史と環境の観点から深く掘り起し、効率と機能性を追求しエネルギーを大量消費してきた陸の論理を乗り越え、海から、そして川から都市を捉え直して、自然のもつ豊かさを環境形成の根幹に取り戻す発想の転換、そのための基盤となる研究が強く求められている。

このように本来、都市をはぐくむのに重要だったにもかかわらず、陸の発想に立つ近代に長らく忘れられてきた「水の都市」を再評価し、それを再生する方法を研究する研究領域として「水都学」というものを構想した。そもそもそれは、平成二三〜二七年度　科学研究費補助金・基盤研究（S）「水都に関する歴史と環境の視点からの比較研究」の中から誕生したものであり、研究成果の発表の場として、『水都学』（法政大学出版局）の五巻からなるシリーズを刊行してきた(1)。その書名をつける際に、「水都学」のネーミングが生まれ、以来、研究の方向性を示す言葉として使ってきた。その蓄積をふまえ、二〇一五年一二月に開かれた都市史学会大会では、歴史によりシフトする形でシンポジウムのテーマを「水都史」研究と銘打つことになった。

水都史の研究方法はいかにあるべきか。それを考えるのに、ここでは世界の水都の代表であり日本でも関心の高いヴェネツィアと、やはり水都として形成され、ヴェネツィアとの類似性をさまざまな角度から指摘できる東京とを比較することを試みたい。

## 2 水都の立地、河川整備、埋立て

水都研究には、まずはその立地、自然環境の条件を考える必要がある。近代以前の時代には、デリケートな地形、自然条件をもつ内海や湾への関心が高く、その状態を詳細に描く地図が作成された。現代の地図以上にそこから、水に囲われ、あるいは湾に接して成立した水都の独特の立地状況が読み取れる。

遠浅で船の航行できる水路が限定された水域という点で、ラグーナと東京湾はよく似ている。ヴェネツィアのラグーナは、大陸から流れ込む幾筋もの河川が土砂を河口に堆積させて浅瀬が広がり、一方、アドリア海から押し寄せる波との拮抗で、リドをはじめとする細長い帯状の南北の島が誕生した。その内海がラグーナであり、浅い水域が広がって、その内部を網目のように運河が巡り、そこだけは航行が可能である。このような独特の環境は、ヴェネツィア共和国の水環境への管理、制御の意識が高まった一六世紀以後、しばしば地図に描かれてきた[2]（図1）。しかし、このデリケートなラグーナの地形は安定せず、繰り返し変化を見せてきたのである。一方、東京湾は内海でこそないが、同じように浅瀬が広がり、澪筋《みおすじ》と呼ばれる深い水路の部分だけを船が航行できた。幕末時点でのこの湾の水深を示す測量図が、幕府側が作成したもの（図2）とヨーロッパの技術で作成されたもの

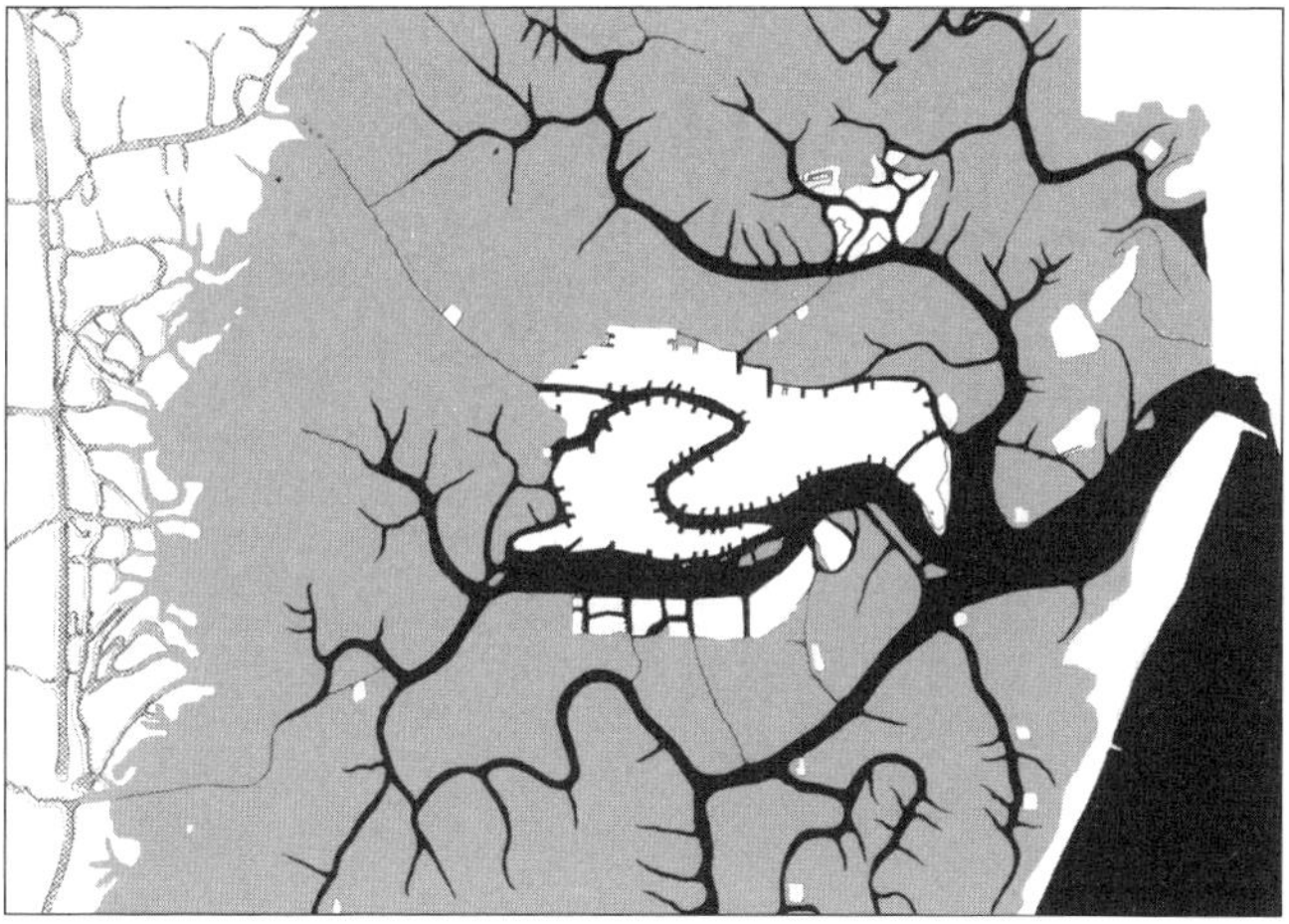

図1　クリストフォロ・サッバディーノの地図（1528年）にもとづく水路分布（G. Bellavitis による）

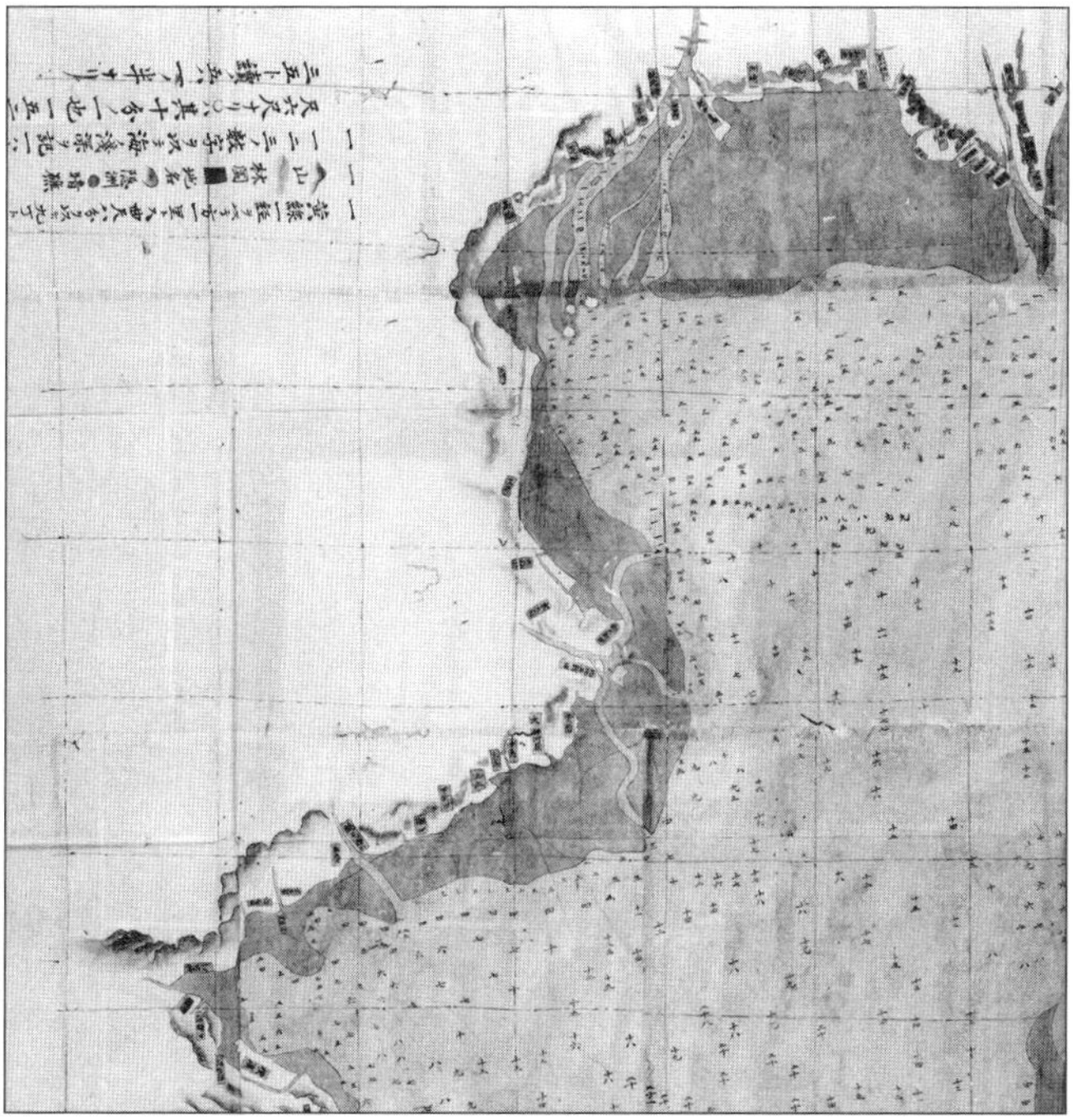

図2　江戸湾の水深測量図（「江戸近海測量図」部分．幕末期．東京都立中央図書館特別文庫室蔵）

とが残され、いずれも、海の状態を詳しく記録している。[3]

遠浅の海は、ヴェネツィア、東京のいずれにおいても、豊かな漁場を生んだ。明治四一年の「東京湾漁場図」(図3)には、干潟及び各海域での漁獲、漁法が記されている。多くの藻場が見られ、えび桁網、えび打瀬網などの名称が書かれている。[4]

次に、広域を視野に入れた河川の付け替え、改修事業がいかに行われたか、が両水都の比較研究の対象となる。テリトーリオ(地域、領域)の管理と開発の歴史を探ることになる。

ヴェネツィアの本土(テッラフェルマ)を流れる河川群の付け替えは、小規模なものは一四世紀に始まり、一六世紀に本格的に展開し、一七世紀まで続いた。こうして重要な河川の流路は、すべてラグーナの外側でアドリア海に注ぐ形になった。河口に土砂が堆積すると水の流れに支障をきたし、疫病の発生に繋がるため、共和国は河川流路の付け替えにこだわり続けたのである。その河川整備の土木事業は本土における舟運ルートの確立に大きく寄与した。[5]

図3 「東京湾漁場図」(部分.『写真が語る東京湾——消えた干潟とその漁業』より.国文学研究資料館蔵)

一方、江戸では、家康の時代から、関東一円での河川網の再編成の工事が行われ、幾つもの段階を経て利根川東遷の事業が実現した。もともと江戸湾に流れ込んでいた利根川が銚子の方、すなわち東に流路を付け替えられたのである。この事業の目的を洪水防止策の治水に重きを置く説もあるが、内陸河川による江戸への舟運ルートの開発が最大のねらいだったとする見解が主流となっている[6]（図4）。ヴェネツィア、江戸のいずれも、河川の付け替え（瀬替え）の事業によって広域を結ぶ安定した水上交通網がつくり出された点で共通していた。ただし、ヴェネツィアの本土では、こうして生まれた新たな運河、河川に水位調節の閘門が多く設置されたことに違いがある。

低地の水辺に発達した水都にとって、その都市建設、発展拡大のためには、浅瀬の海を干拓、埋立てし、土地を造成することが欠かせなかった。ヴェネツィア、江戸東京の双方にとって、都市の歴史は、干拓と埋立ての歴史であったといえる[7]。ただし、この両者の間で、その方法には大きな違いがあった。

ヴェネツィアの場合、もともとわずかに水上に顔を出す小さな島が数多く集まる状態からスタートした。その七〇ほどの島のそれぞれに有力者を中心に移り住んだ人々が教区教会をつくり、カンポと呼ばれる広場をもうけてコミュニティを形成した。各島では、まわりの湿地を造成して徐々に土地を広げ、リオと呼ぶ小運河を間に挟んで島相互が連なる寄せ木細工のような都市構造が生まれたのである。政治の中心サン・マルコ広場と経済の中心リアルト市場は九世紀頃から形成されたが、それを除けば、七〇ほどの教区が共存する複核都市の性格をヴェネツィ

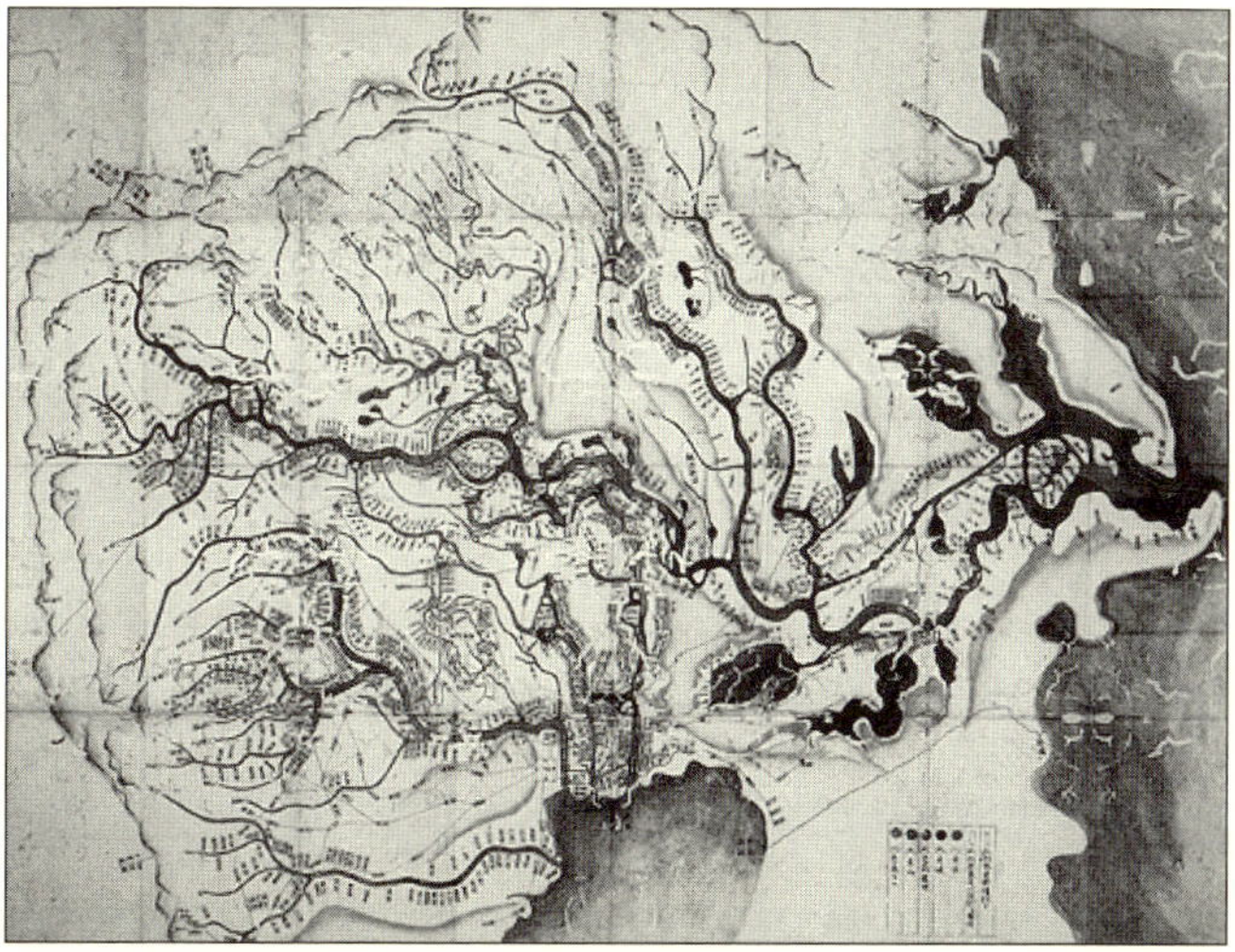
図4　関東五カ国水筋之図」（18世紀．船橋市西図書館蔵）

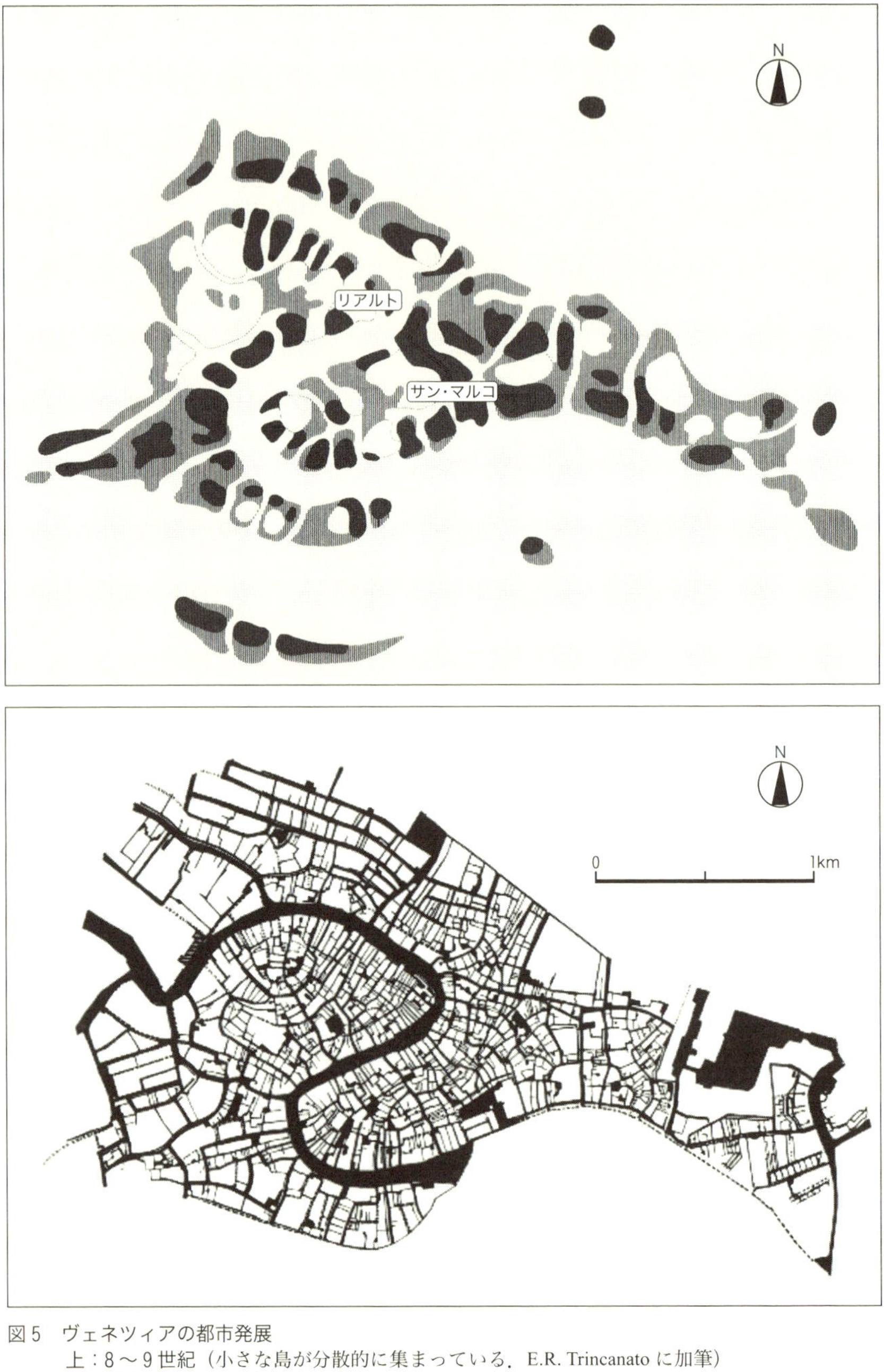


図5　ヴェネツィアの都市発展
上：8～9世紀（小さな島が分散的に集まっている．E.R. Trincanato に加筆）
下：現在（A. Salvatori）

アはもった。自然発生的な形成過程を経たので、全体を統合する原理は弱く、複雑でまるで迷宮のような都市空間が生まれたのである[8](図5)。

一方、江戸については、鈴木理生が示したように、今の丸ノ内まで日比谷入江が入り込み、江戸前島が半島状に突き出た状態のところに、太田道灌が日比谷入江に流れ込んでいた平川を付け替えて日本橋川を人工的に整備していた。その上に、家康が道三堀の掘削を行って日本橋川と繋ぎ、物資搬入の舟運ルートを生む一方、日比谷入江を埋め立て、大名屋敷の並ぶ市街地が形成された[9]。その後も一貫して海の側へ埋立地を広げていったが、その際に、必ず排水と舟運用に掘割を残し、島状の土地が連なる形を生んだため、結果、ヴェネツィアとも似た水網都市が成立した。掘割を掘ることで、その土砂が埋め立てにも使われた点も、ヴェネツィアと江戸東京とで共通していた。

一六世紀中頃のクリストフォロ・サッバディーノの計画図を見ると、街の北側に新たな運河を掘り、その土砂で土地を造成し、フォンダメンタ(岸辺の道)の建設を計画していたことがわかる。一方、大正八年の海図「隅田川口付近」(図6)を見ると、隅田川河口から東京湾に伸びる航行用の澪筋を残し、その浚渫土砂を用いて、月島、

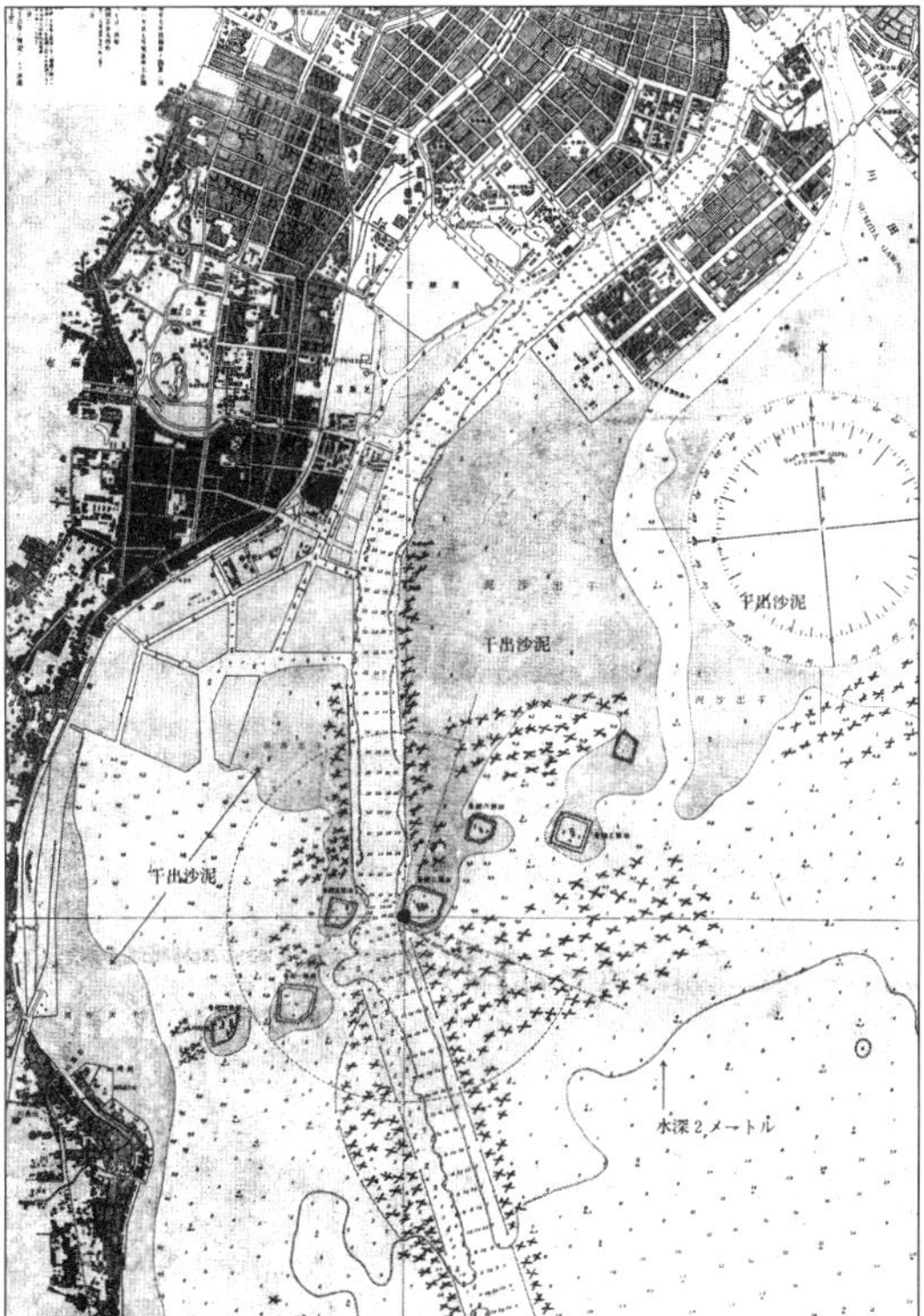


図6　大正8年の海図「隅田川口付近」(部分.『写真が語る東京湾――消えた干潟とその漁業』より.海上保安庁蔵)

芝浦、品川にかけての埋立地が形成されていった様子がよく理解できる。

考古学の成果は、水都史の研究にとっても有力な情報を提供する。ヴェネツィアでは、その起源に関する熱い論争が一九八〇年代になって生まれた。従来、中世初期に異民族の侵入から逃れ、ラグーナの島に大陸のローマ起源の都市から人々が移住してヴェネツィアが誕生した、といわれてきたが、その定説を覆す解釈が生まれたのである。E・カナルが戦後、個人的に丹念に進めていた考古学的調査によってラグーナの各地から遺跡が発見され、古代のラグーナの水面はずっと低く、各地に人々の居住地が存在していたことが徐々に明らかになった(10)（図7）。中世史研究の著名な学者、W・ドリーゴもそうした発想に立って、歴史地理的な復元作業を行い、ラグーナ内に古代の農業区画割りがなされていたという仮説を提示した(11)。

一方、江戸の水都についても、考古学の成果により、そのディテールが描かれつつある。かつて白木屋が存在した日本橋二丁目遺跡の発掘では、江戸初期の入堀《いりぼり》が後に埋められ、市街地に取り込まれたことを物語る断面地層が確認された(12)。この入堀は、原本は一六三二年とされる「武州豊嶋郡江戸庄図」には存在が確認でき、臼杵市

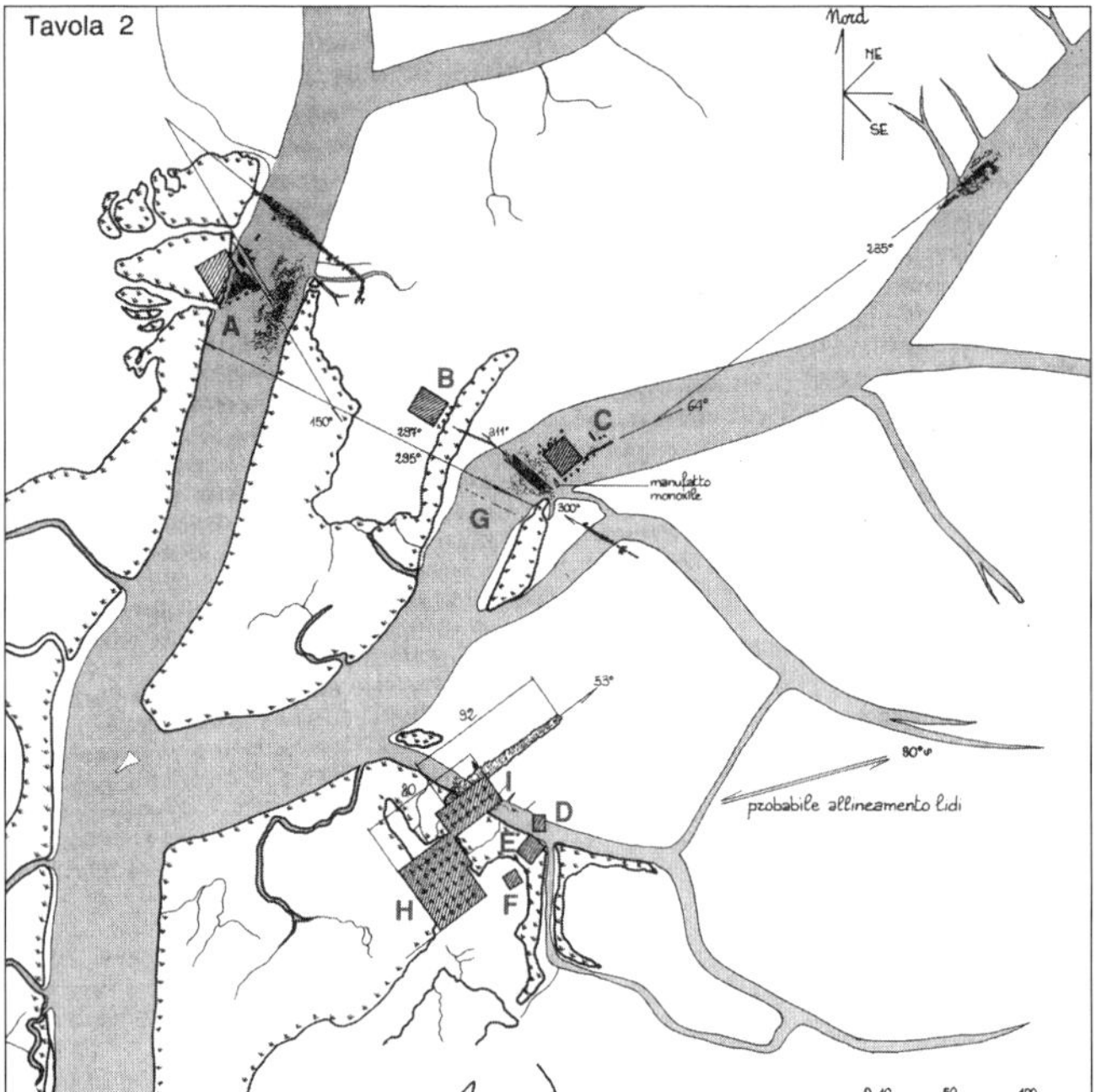


図7　発掘された古代港エリアの8つの建物基礎（E. Canal による）

教育委員会所蔵の「寛永江戸全図」（一六四三年）にはすでにその姿がない水の空間である。

## 3 水害からの防御と水の活用

水都にとって、最も重要な課題は、いうまでもなく水害・洪水からの防御であった。近年しばしば話題になるヴェネツィアの高潮による冠水（アックア・アルタ）は、今に始まったことではない。中世にもすでに冠水で何千人もが亡くなったことが記録されている。リド島などのアドリア海に面する細長い堤防のような島に、石を積んだムラッツィという堤防が建設され、古くて地面が最も低いサン・マルコ広場周辺などにかさ上げの跡が見られるが、決定的な防御策はなく、減災につとめながら、冠水とつきあって生きていくしかなかった。こうして水の恩恵を享受したのである。(13)

江戸では、鈴木理生の指摘にあるように、大雨の際には都心を直撃する危険性をもつ北から流れ込んでいた中小河川の流路を束ね、東へ付け替えて隅田川へ流す大工事を行って、水害から守ったと考えられている。(14)また、隅田川の浅草のやや上流域で、山谷堀の日本堤と隅田川沿いの墨堤を逆八の字形に配する治水策をとることで、一定量以上の洪水が市街地部分を襲うのを防ぐことができた。(15)

近代に入り、むしろ水害が頻発したため、その対策として、荒川放水路の建設工事が一九一一年から三〇年にかけて行われ、大きな効果をあげた。

洪水から守りながら、あるいはそれを受入れ、つきあいながら、ヴェネツィアも江戸東京も、水に親しむ都市をはぐくんだ。その点でも両者は似ている。どの都市にも共通する飲料水、農業、漁業、舟運と商業活動、生産などに加え、江戸では宗教・儀礼・祭礼、演劇、行楽、観光などにも水が重要な役割を果したのが注目される。(16)

広重の江戸名所百景のうち、かなりの数が水辺を描いていることを見ても、都市の美しい風景にとっても水辺が大切だったことがよくわかる。それはヴェネツィアにも共通していた。中世末のカナルパッチョにはじまり、一八世紀のカナレット等、いつの時代の画家も水辺の美しさを繰り返し描いた。

## 4 舟運と港の機能

水都にとって、最も重要な機能は、船による輸送、すなわち舟運である。鉄道やトラックが登場する以前の時代には、大量に安全に物資を運ぶ手段は、世界のどの地域においても唯一、舟運だった。だが、その機能の在り方は世界各地の水都における自然条件とも関係した都市構造の違い、そして前近代から近代への時代の変化に応じて、かなりの差異が見られたのである。

近世の江戸では、大型廻船は中世からの湊であった品川沖、そして江戸湊の佃沖に碇泊し、そこで小舟（瀬取船）に荷を積み替え、内部の掘割へ搬送した。また、利根川東遷で生まれた内陸舟運ルートからも多くの物資が舟で運ばれた[17]。鈴木理生が図に示したように、日本橋を中心に、日本橋川、新川、東堀留川、西堀留川、楓川、三十間堀等に沿って、蔵の並ぶ河岸が広がっていた（図8）。この仕組みは、一九世紀に米国などで発達した数多くのピア（桟橋）、埠頭（ワーフ）を湾に並べて突き出す方式が「外港システム」と呼べるのに対し、「内港シ

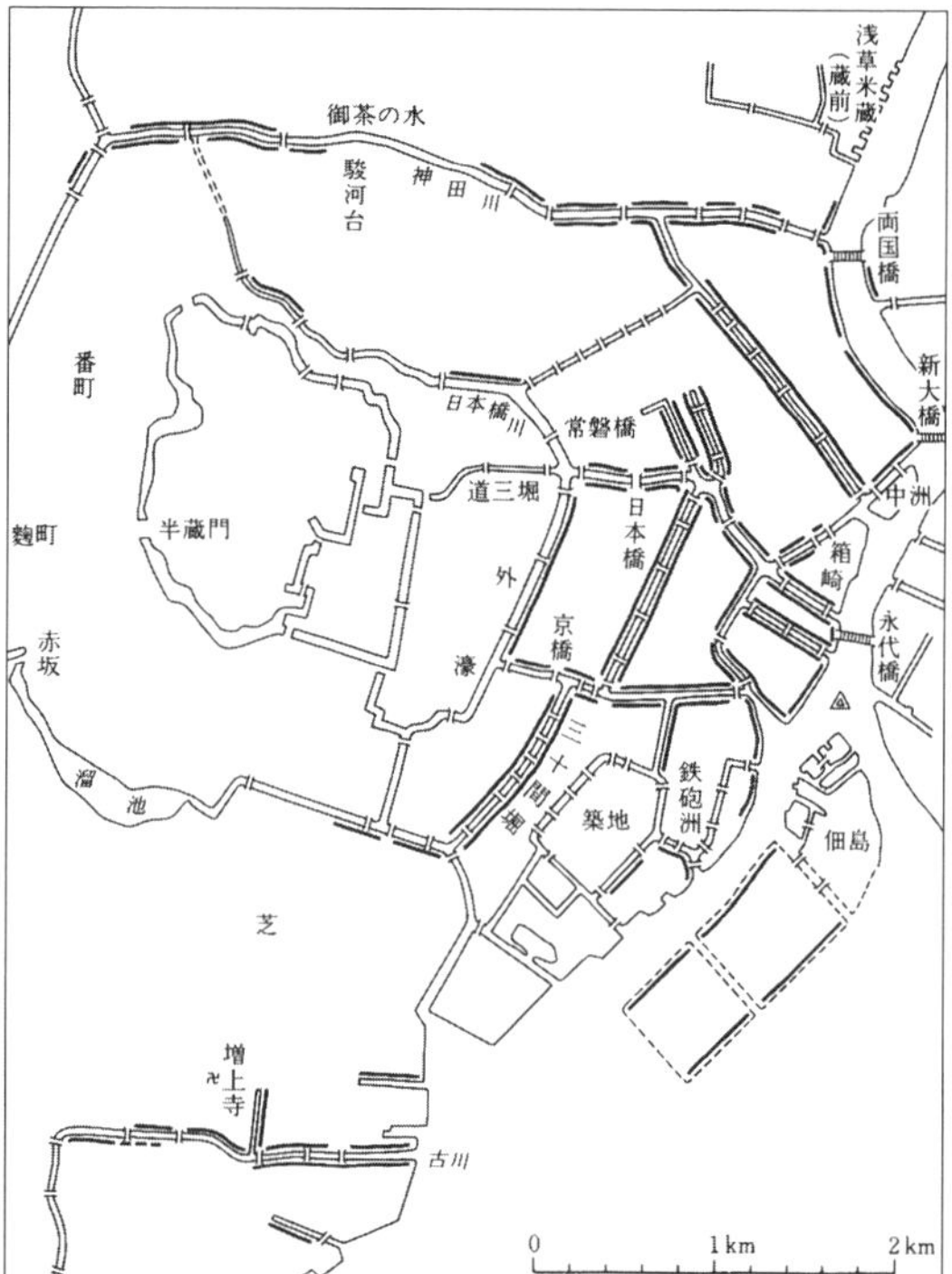


図8　江戸後期の掘割と河岸（鈴木理生『江戸の川・東京の川』に基づく）

ステム」と定義でき、ヴェネツィア、ハンブルク、アムステルダム等、古いヨーロッパの港町にも共通するものだった。[18]

江戸では、都心の下町全体が港の機能をもったといっても過言ではなく、都市全体に港の活気が溢れた。江戸を受け継ぐ明治中頃の東京の蔵の並んだ河岸の在り方は、明治一七年の参謀本部測量局の地図にも明確に見てとれる（図9）。

ヴェネツィアの運河沿いと江戸の掘割沿いの景観、そして建物の外観を比較すると大きな違いがある。ヴェネツィアの大運河に沿っては、貴族の堂々たる邸宅（パラッツォ）が並び、船着き場、倉庫、オフィス、住まいの機能をすべてもった。三、四階建てで連続アーチの開放的構成をとり、運河に向けて象徴的な顔をもつ。[19] それが連なる水辺の景観は見事な美を生む。素っ気ない蔵が並ぶ物流空間としての日本橋川とは正反対の表情となる。

日本固有ともいえそうな河岸の空間構造とその利用形態は、重要な研究対象である。江戸の早い時期には河岸は野積み状態だったが、やがて商品を火事から守るため、土蔵が建設された。こうして掘割・土蔵・道・町家が平面的に奥へ並ぶ河岸

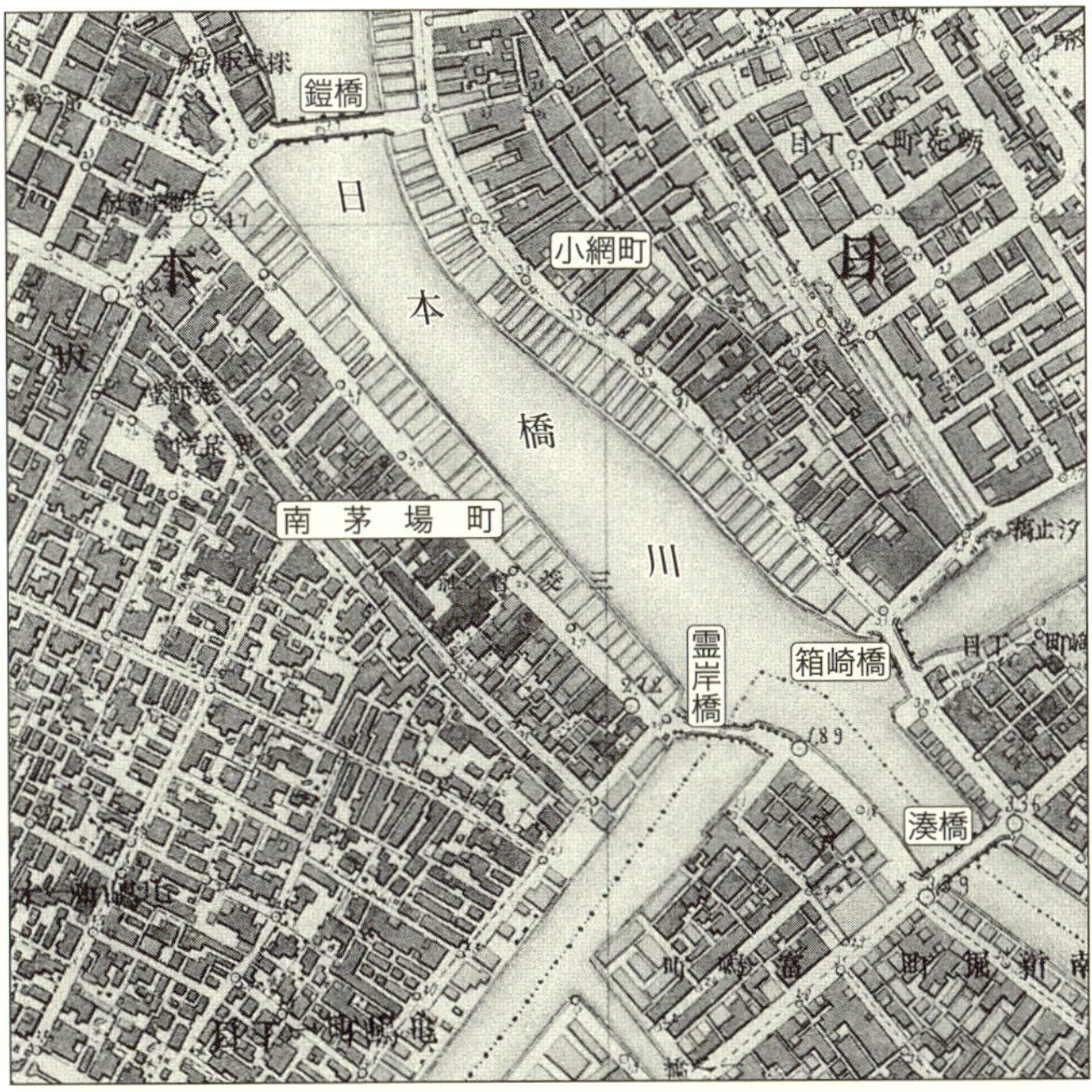


図9　日本橋川沿いの河岸の土蔵群（「参謀本部測量局5000分の1東京図」1884年）

地の構成が確立し、水際の蔵群と内部の町家が並ぶ共同体との間に一体化した空間利用が江戸から明治のある段階まで、長らく持続した。だが、近代化の過程で都心からそれが徐々に崩れ、戦後には、舟運もすたれ、河岸機能が完全に失われた[20]。

一方、ヴェネツィアは、海洋都市として発展しただけに、水上交通への依存が極めて大きかった。東方貿易の発達と結びつき、ビザンツ、イスラーム世界との交易が活発で、重要な物資がアドリア海を経て、海峡を通ってラグーナに船が入った。ヴェネツィアは異文化交流の先端を経験し、ダイナミックな交易を展開したから、衛生管理にも早くから力を注ぎ、検疫体制を世界で最初に築いたといわれる。ラグーナに入った荷を積んだ船は、まず、ラザレット・ヌオーヴォの島に停泊し、荷も人も四〇日間、留め置かれ、発病しなければ、商品も人も入国できるという仕組みになっていた。発病した船乗りはラザレット・ヴェッキオの病院に隔離されたのである[21]。

大運河の入口近くに海の税関があり、そこで税金が徴収された。サン・マルコ水域周辺に塩、穀物の公共の倉庫が設けられ、また大運河沿いの貴族の邸宅が商館の役割をもち、その一階部分に商品を収納する倉庫機能があって、中継貿易を支えた。

一方、広域の乗客輸送を見ると、イタリアのフェッラーラ、ボローニャ、ヴィチェンツァ行きの発着所は、大運河のリアルト市場のまわりにあり、ヴェローナ、ドーロ、ストラ行きのそれは、南側のジュデッカ運河沿いに位置した。一方、遠方のアドリア海の諸地域からの乗客用に船は、サン・マルコの岸辺に発着所をもった[22]。このような前近代の港の機能の在り方を考察した上で、後に、近代の港湾空間の革新でいかに変化するのかを見ることもまた大きな課題になる。

水都としての江戸の性格は明治になっても長らく続いた。明治四〇年代の河岸地の分布が、幕末の状態とほとんど変化がなかったことが知られる[23]。また、一九二一年の東京市内外河川通行調査図を見ると、小名木川、北十間川、築地川、神田川等を中心に舟運がまだ活発だった状況が読み取れる。

## 5　市場と広場

さらにテーマを絞り込み、都市に欠かせない重要な機能を比較して見ていこう。どちらの水都も、その中心に都市最大の市場空間が設けられた。ヴェネツィアでは、大運河の中央部分にリアルト市場が一一世紀末には形成され、一二世紀には住民も追い出し、商業に特化した活気ある市場空間ができ上がった。

東西貿易の中心的役割を担い世界各地から商人が集まる国際センターであると同時に、市民の生活を支える魚、野菜、肉などの生鮮食料品の市場の機能をもち、さらに裏手には、ファッション業界などの職人生産の拠点も存在した(24)。その背後の裏の世界については後に述べる。

一五一三年の大火後に再建されたが、既得権が強く、基本的にほぼ前と同じような配置構成で建築様式を刷新する形で復興した。交易を担う商人貴族の館はリアルト市場に近い大運河沿いに並び、また、ドイツ人商館、ペルシア人商館など、外国との交易の拠点となるフォンダコも、同様に船でアクセスできる大運河沿いに立地した。

一方の江戸の大運河にあたる日本橋川のなかほど、日本橋にも、魚市場を中心に商業機能が集積した。魚市場に関しては、中央区民有形文化財古文書「魚市場納屋板舟絵図面」が残されていて、市場空間の構成システム、営業状況の全体像がわかる。平田船で個々に張り出した木造の桟橋から搬入され、表通りの板舟の上にのせて売られる様子が知られる(25)。背後にも路地が巡り、ヴェネツィアと異なり人々が居住するエリアが広がっていたが、徐々にそこでも魚の売買が行われた(26)。それに対し、大通りに面して大店が並び、「熈代勝覧《きだいしょうらん》」に描かれたような繁華な商業空間が形成された。

比較の興味あるテーマは、都市における広場、公共空間の在り方である。ヴェネツィアは、西欧都市でも最も広場が発達したところであった。中世から馬の通行も禁じたから、歩行者専用空間としての水都には広場が発達し、近代になってもそれが活発に使われてきた。

七〇ほどの教区にはカンポという地区広場があるのに対し、都市全体の統合の中心として、サン・マルコ広場が形成された。都市＝国家の統合装置であり、儀礼、祭礼の催されるスペクタクル、エンターテイメントの舞台であった。計画的に造形され、直線的、幾何学的な構成をとり、柱廊で囲われた統一感のある美しい公共空間を生んだ。その性格は歴史的に大きく変化した。ヴェネツィアは、一五世紀末に、それまでの東方貿易に依存し、東方世界にばかり目を向けていた姿勢を転換し、大陸に目を向けるようになった。その過程で、交易都市から文化都市へと性格を意図的に変えていった。当時、主流となっていたルネサンスの建築、都市デザインを貪欲に取り入れ、西欧古典を代表する都市になることを目指した。その発想の転換がサン・マルコ広場に象徴的に表れ、総督アンドレア・グリッティの時代に都市の革新がなされ、サン・マルコ小広場は透視画法的な手法にもとづく理想都市の広場、劇場としての広場へ見事に変身したのである(27)。

ルネサンスの時代、古代に活発だった演劇が復活し、広場で仮設の小屋、舞台を設け、あるいは路上でさまざまなパフォーマンスが行われた。仮設の小屋がぎっしりならぶ光景は江戸の広小路とも共通していた。一八世紀の画家、ガブリエル・ベッラは、そういった活気ある祝祭空間としてのサン・マルコ広場の情景を数多く描いた(図10)。

一方、江戸においては、むしろ都市の周辺部に重要な広場が生まれた。明暦の大火後、火除け地として都市政策的に設けられた広小路が、次第に仮設の茶屋や芝居小屋で埋まり、活気ある盛り場の様相を呈した。吉田伸之

図10　サン・マルコ広場の祝祭空間（Gabriel Bella, 18世紀）

は史料に基づき、広小路の空間構成、管理・請負システムの分析を行って、東西橋番、水防、役船、町の集団が重層・複合して維持管理を担う一方、助成地の経営権、一部河岸の独占的使用権を幕府から認められ、それを小商人、茶屋、芸能興行者らに賃貸し地代をとったことを明らかにした(28)。民衆が開放感を味わう場所である点では共通性も見られるが、その中心か周辺かという位置の違い、国家の意思を反映した運営か地域の自治による運営か、モニュメンタルな建築で囲われるか仮設かという造形原理など、多くの点で広場の在り方に違いが見られる。江戸橋広小路についても、その復元的研究が早い段階で行われ、その形態と活動内容について明らかにされた(29)。

## 6　都市の繁栄を支えた周辺地域——木材と食料の供給

水都の研究にとって、その都市内部に目を向けるだけでは不十分なのはいうまでもない。その建設と繁栄を支え続けてきた周辺の地域（テリトーリオ）との密接な関係に光を当てることが必要である。

こうした視点から舟運ネットワークの重要性についてはすでに述べた。ここではさらに、水都の建設に不可欠だった木材供給を取り上げ、テリトーリオにまで目を向けて比較していこう。埋立地での軟弱な地盤の上での建設活動にとって、長い木杭を数多く硬い地盤まで打ち込んでその上に基層をつくり、壁を立ち上げるという水都独特の建設技術が発達した(30)。ヴェネツィアでは、木材は建築や橋の基礎のみか、建築の梁、床、小屋組などの部材そのもの、造船に、ガラス工業の燃料などにも大量に使用された。それらの大量の木材は、本土のピアーヴェ川、ブレンタ川の上流域に確保された共和国管理の、あるいは契約を結んだ民間の山林から伐り出され、斜面を降ろして川まで運ばれ、流され、中流域の製材所で長さを整えて筏に組まれた。途中、数か所の中継地点でバトンタッチされながら下流域まで運ばれ、ラグーナを経てヴェネツィア北側のフォンダメンテ・ヌオーヴェ、南側のザッテレという木材集積地に到達した。筏の上には石材、金属、食料などさまざまな物が載せられ、船の代わりもした。[31]この点はわが国の筏にはあまり見られない。

こうした筏による木材輸送システムは、江戸東京でも荒川水系、多摩水系においてよく似た形で存在した。イタリアとも共通する修羅出《すらだ》し、そりを用いて、川に導かれ、途中、鉄砲堰で勢いをつけて流された後、筏に組まれ、江戸では、交代なしで下流域まで河川で運ばれた。[32]そして、木場の貯木場へと向かった。昭和初期の木場の空間構造、機能分布を火災保険特殊地図（昭和七～一一年）を用いて復元すると、製材所、木工所、木材置き場、銘木屋、木材屋、木材倉庫がひしめき、繁栄していた状況が浮かび上がる。[33]ヴェネツィアと異なるのは、その多彩な用途の木材関連の施設と一緒に、深川の木場にはそれに従事する人々の生活空間が広がり、独特のコミュニティと文化風土を生んでいた点である。木場は名所であり、またその旦那衆が深川の花街を支えた。

この木材の供給システムの比較考察は、都市の建設、営みを支える周辺の地域への関心に繋がり、一九八〇年代からイタリアで注目されるようになったテリトーリオ（領域、地域）の研究へと向かわせる。[34]

都市を支える後背地としてもう一つ重要なのは、まわりの海である。ヴェネツィアにとってはラグーナ、江戸東京にとっては、東に広がる湾の海である。

ここで二つの興味深い展覧会に触れてみよう。一九八九年という早い段階で、大田区郷土博物館が特別展「写真が語る東京湾――消えた干潟とその漁業」を企画した。かつて豊かな漁場だった東京湾の干潟での多様な漁業の在り方、手法、漁具などを展示する興味深い内容だった。

一方、二〇一五年、ミラノにおける食をテーマにした万博に呼応する形で、ヴェネツィアの総督宮殿で、都市史の第一人者、D・カラビの企画により「ヴェネツィアの食と水」と題する大規模な展覧会が行われた。[35]島の上に形成されたヴェネツィアは、食料も資源もないところから都市を発展させた。まわりに広がるラグーナの水環境、そして島々が食料供給にとって重要な場所だったことは容易に想像できる。しかし、ラグーナをこうした視点に立って見る研究はこれまで少なかった。この展覧会は、時代とともに変化しやすいラグーナの自然環境の在り方と共和国政府の水環境の制御、管理を概観した後、漁業、塩生産、農業（野菜、ワイン等）の分野ごとに史料から掘り起こし、ラグーナの各地でいかなる食料生産が行われ、どのような流通経路をたどって都市に運ばれ、食卓を飾ったかを描き出す。船着き場、市場も登場する。宮廷での華やかな晩餐会と食の関係の考察もある。修道院が食料供給の拠点となっていたことも注目される。江戸東京との対比で興味深いのは、漁師町、養魚場等の比較である。ヴェネツィアでは、古くから囲いこまれた養魚場を人工的につくる伝統が存在した。中世から一七世紀までは、現在のラグーナのアドリア海に近い中央あたりに養魚場が設けられていたが、一六世紀の論争の後、ラグーナの水面を広い範囲に維持する方策が選ばれ、しかも一八世紀には、本土の沿海部の運河整備なども進み、養魚場は、本土に近い奥まったエリアに移動し、一九世紀には、きっちり囲われシステム化された効率のよい人工的に創り上げられた養魚場を生み出した。それが今に繋がっている。[36] 漁師町としては、ヴェネツィアのラグーナには、北のブラーノ、南のキオッジアがあり、いずれも路地に面して庶民住居群が建ち並ぶ構成を見せる。

江戸では、この湾に面して、家康の入国以前から芝浦、品川、羽田などの漁村が営まれていた。江戸時代に入ってからは、摂津国から呼び寄せられた漁師の町である佃島が勢力をもち、これにつぐ五浦といわれる芝浦、金杉浦、品川浦、大井浦、羽田浦が沖合までを漁場とし自由操業を許され、漁師としての身分をもち、他の大森をはじめとする磯付き村と区別されていた。[37] 今なお、現代東京におけるベイエリアの基層に、元漁師町の町並みとコミュニティが存続して、独特の文化風土を形成している。浅草も、漁師の網にかかった観音像を祀って浅草寺が創建されたという縁起が示すように、元は漁師町に起源をもつ。

佃島、品川をはじめ多くの漁師町に路地が発達した点は、ブラーノ、キオッジアとの類似性が感じられる。しかし、東京湾沿いに数多く発達したこうした漁師町においては、独特の精神性、社会性がはぐくまれ、今なおコミュニティの結束が固く祭礼への強い思いが受け継がれるなど、日本的な在り方を見てとれる。

ヴェネツィアの水と食で特筆すべきなのは、狩猟である。カモを弓矢で捕る場面が一八世紀にしばしば画家によって描かれた。貴族、上流階級にとっては、特権的な遊び、余暇だったのである。養魚場の内部も、魚の養殖に加え、カモを捕る狩猟の楽しみの場だった。その館は、狩猟を目当てに訪ねる人々をもてなすヴィッラ（別荘）のような役割を担うようになった。

それは、江戸東京における鷹狩りの場の在り方とも重なる。徳川将軍家は、江戸周辺の六つの場所を鷹場と定めていたが、なかでも葛西は、河川や池沼、蘆荻《ろてき》の繁茂する水鳥などの好適地だったため、鷹場としては最も大きなものだった[38]。浜離宮が将軍の鷹狩りの場として使われたこともよく知られる。この点も水都に共通した特徴といえよう。

## 7　聖なる場としての水辺

水の空間は多種多様な実用的な機能、役割をもち、都市を支えてきたことを見た。しかし、水の空間は、同時により精神的、象徴的な意味をもつものであり、水辺は、古い時代であるほど、聖なる場所としての意味を強くもった。西欧でも古代ギリシア・ローマ時代には、聖なる水辺が各地に見られ、信仰の対象であり祈禱、儀礼の舞台となっていたが、そうした俗教的な考えを否定するキリスト教の普及とともに失われた[39]。

東京には、都市の中を流れる重要な川として、日本橋川と隅田川がある。その二つの川は役割、機能を分担してきたと思われる。人工的に掘られてできた日本橋川は、巨大都市を支える物流の空間軸で、これに沿って河岸が発達し、土蔵が並ぶ景観が生まれた。一方、都市の本来外を流れる川だった隅田川は、明暦大火後に東の対岸にも市街地が広がったことで、徐々に江戸の都市域に入ったが、常に外縁部に位置していた。だが、都市のはずれにある隅田川が母なる川として人々に愛され続けてきたのは、江戸の誕生以前に遡る原点、信仰に結びつく歴史をもつからに他ならない。龍が出現し守護したという待乳山の伝承（五九五年）、浅草寺縁起（六二八年）、平安中期に遡る梅若伝説といった古代、中世の伝承や物語が神話化され、人々の心をとらえ続けてきたのである。江戸時代、浅草寺の周辺の隅田川においては殺生が禁じられ、そのことを伝える幕府の高札が立てられていた。観音が流れついたこの川は、聖なる場としての意味をもったのである。[40]

隅田川の聖なる川の意味を思い起こさせるのが、謡曲「隅田川」の主題ともなっている梅若丸の命日供養で、毎年三月一五日に行われた江戸の代表的な民俗行事である。『江戸名所記』や『江戸雀』の記述によると、橋場より隅田川の東岸に舟で渡って、大念仏会を催し、歌をよみ詩をつくって供養をし、また西岸に戻るというものである。水が重要な役割を果たし、隅田川を舟で渡る行為が禊《みそ》ぎの役割をしていると考えられる。[41]

ヴェネツィアにも、これに似た祭礼が存在する。ペストが鎮まったのを感謝して一五九二年に献堂されたイル・レデントーレ教会（パラーディオ設計）の祭礼の日（七月末）には、ジュデッカ運河の水上に仮設の参道が掛け渡され、人々は川を渡って厳粛な気持ちで教会へアプローチする。一八世紀のガブリエル・ベッラが描いた祭礼のシーンの絵を見ると、橋の手前の岸辺に仮設の店が並び、祝祭気分を盛り上げているのがわかる。

水と結びついた祭礼が多いのは、東京の大きな特徴である。その背後には、海と共に生きる漁師町の存在があると思われる。品川に設けられた東海道の宿場町は、中世から存在した港町、寺町、そして漁師町の蓄積をベースにしていた。[42]とりわけ漁師町の精神を示す海中渡御が、かつては品川宿の海側の砂浜で行われていたが、埋立てが進んだ近代には遠浅の砂浜を求めて所を変え、羽田沖合、そしてお台場海浜公園に舞台を移し、今なお実施されている。

江戸東京の海中渡御、水上渡御と比較して興味深いのは、ヴェネツィアの「海との結婚」と呼ばれる国家行事である。キリスト昇天祭（復活際から四〇日後の木曜日）の日に、サン・マルコの岸辺からお召し船に乗った総督が、水上パレードをしてリドの海まで行き、金の指輪を海に投げ、「海よ。永遠の海洋支配を祈念してヴェネツィアは汝と結婚せり」と唱えた。神聖な水に祈りを捧げ、海の上での永遠の支配と都市の繁栄を祈願したのである[43]。こうした水上パレードは、古代世界の伝統を受け継ぐ南イタリアの各地に見られるものであり、キリスト教以前の異教的な性格を感じ取れる[44]。

## 8 劇場の立地

経済の繁栄の上に、華麗な都市文化を成立させている点でも、江戸とヴェネツィアは共通していた。その重要な要素として演劇がある。芝居小屋、劇場の立地の仕方にも、二つの都市にある種の類似性を見てとれる。

イタリアでは、ルネサンス期に入り、古代の演劇がよみがえり上演されるようになったが、公権力が厳しい姿勢を示したり、役者の数が増えすぎて追い出される事態も生じた。しかし、一五八一年にはリアルト市場の裏手のサン・カッシアーノ地区に、喜劇を上演する二つの劇場が機能していたことが知られている[45]。

「テアトロ・ヴェッキオ」の名をもつコルテ（中庭）と「カッレ・デッラ・コメディア」の小径に、今もその記憶が留められている。その少し中心寄りのリアルト市場西裏にあるサン・マッテオ地区は、ヴェニエル家とモロジーニ家が所有する住宅に、それぞれ公営の売春宿が設けられた。公的な管理のもとに置かれた娼婦の家は「カステレット」（ベッドの城）と呼ばれた。ヴェネツィアの最初の二つの劇場も、こうした悪所のエリアであるリアルト市場の西裏手の奥に位置していたのである[46]。

だが、劇場は後に都市文化の最も華やかな担い手に発展し、都市の表舞台に立地するようになった。コロネッリの地図（一六九七年）は、当時の七つの大劇場の分布をよく示している。ヴェネツィアでは、自家用のゴンドラでアクセスする貴族にとっても、道具の搬入からしても、劇場は水に面して立地する必要があった。今も存在するラ・フェニーチェ劇場は、広場からの玄関と水の側の玄関を併せ持つヴェネツィアならではの劇場の在り方をよく伝える（図11）。

江戸では政策的に公認の劇場が限定されて設けられ、日本橋の市場に近い堺町、葺屋町に芝居町が形成された。明暦大火以前には、そのすぐ近くに旧吉原が存在し、ヴェネツィアのリアルト市場の西裏手にあった遊廓ゾーンとやや似た状況を示した。江戸のもう一つの芝居町が木挽町五、六丁目の掘割沿いに形成された。庶民は橋を越えて芝居町に入り、富裕層は船でまずは芝居茶屋にアプローチしていた様子が、「江戸名所図会」から見て取れる。こうした芝居小屋は、天保一二年に猿若町へ移転したが、舟で芝居見物に行く伝統は受け継がれたようで、その楽しさについて、明治維新前、蘭医桂川家に生まれ、築地や鉄砲洲の水辺の屋敷に育った今泉みねが回想録に情緒豊かに書き残している(47)。このように水都ヴェネツィア、江戸の両者において、劇場の立地と水、そして芝居見物と舟とは密接に結びついていたことがわかる。

ここで、水と結びついた産業について少し触れておきたい。多くを人力に頼った日本に比べ、自然を征服し機械文明を発達させたヨーロッパでは、早くから水エネルギーを活かす水車がさまざまな産業に利用された。特に、パン食文化のヨーロッパにおいては、製粉が不可欠で、水車がおおいに発達した。人口が増えれ

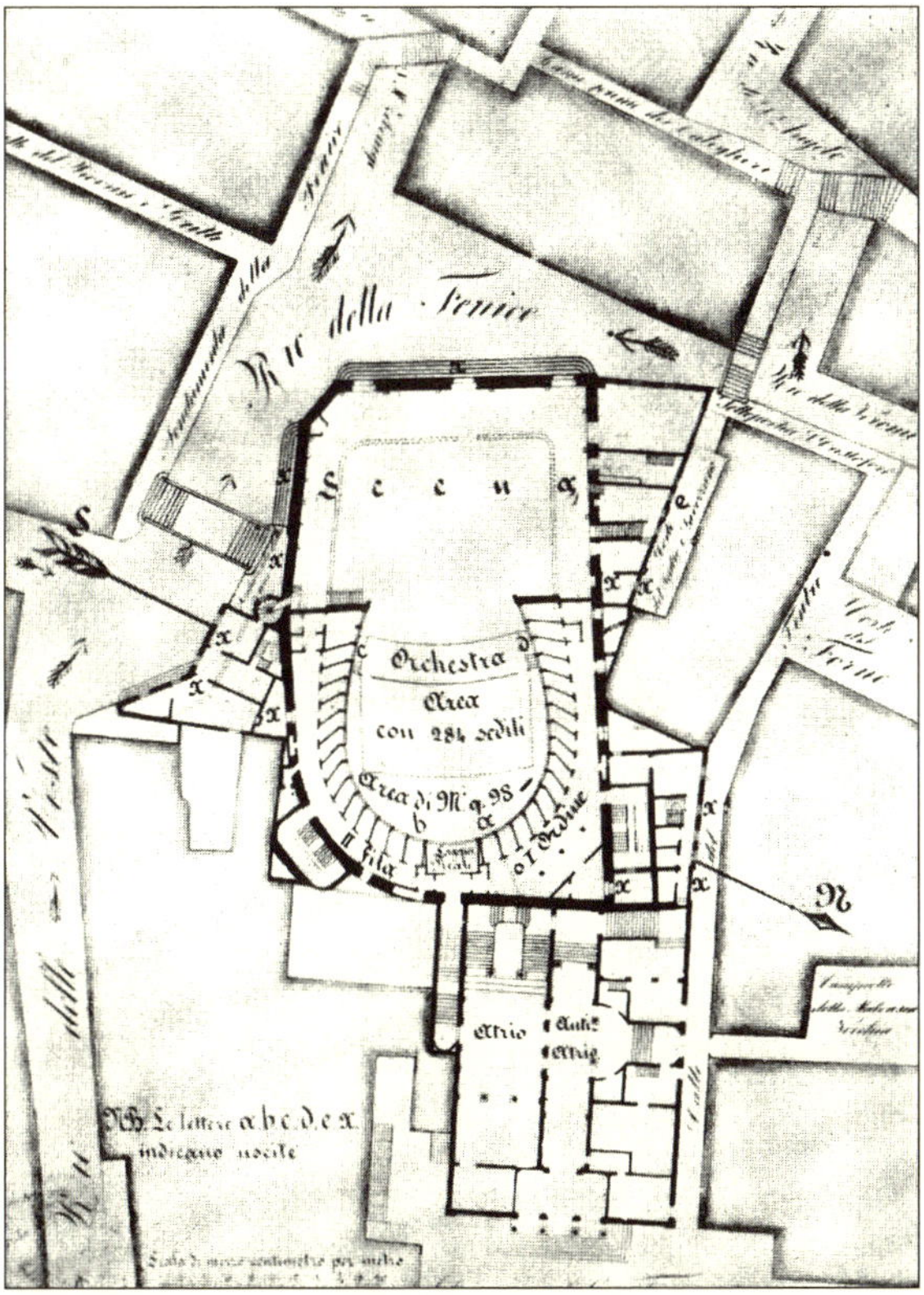


図11　ラ・フェニーチェ劇場平面図（E. Uberti, *I teatri di Venezia,* 1868 より）

ば水車の増加が求められた。製紙、製材、製鉄精錬、火薬製造、セラミック製造など、水車はあらゆる産業に活用された。初期にはラグーナに潮の干満を活かした水車が設置されたが効率が悪く、後にはこうした水車を用いた産業は、もっぱら本土（テッラフェルマ）に依存されることになった。ブレンタ川、シーレ川に沿った町、トレヴィーゾなどの都市に、水車の産業が数多く分布し、ヴェネツィア共和国の経済活動を支えたのである。(48)

日本では、近世には水車はヨーロッパに比べると用途が限られたが、近代初期におおいに発達し、各地において近代初期の工業を支えた。(49)

## 9　港湾機能の外側への移動

水都研究で重要なのは、近代にもまた新たな様相を見せて、水都が継続発展した事実を明らかにするという視点である。

ヴェネツィアは前近代から今まで一貫して同じような水都の景観を見せてきた、と思いがちである。実際には、大きな変化を体験したのであり、今見ている姿にはむしろ近代に生まれたことも少なくない。

ヴェネツィアでは、共和国時代には港の機能はすでに見たように、サン・マルコ広場周辺、大運河沿いを中心に、この水都全体に分散的に配置されるシステムをとっていた。それに対し、イタリア統一後の一八六〇年代末から、この歴史的都市の南西の周辺部において大規模な埋立てを伴う近代的な集中式港湾空間が建設されたことにより、サン・マルコ地区は港の機能を大きく喪失した。(50)逆に、その機能から開放された大運河沿いに並ぶ貴族の邸宅にホテルが入り込んでいたが、さらに、その前面の水際に、一九三〇年代には水上テラスが登場し、華やかな水都のイメージを高めた。(51)

一方、東京では、隅田川沿いに江戸中期から料理茶屋（料亭）が並ぶようになり、その伝統は柳橋で一九六〇年代まで華やかに続いた。二十数軒の料亭が並び、コンクリートの高い防潮堤ができるまでは、多くの料亭はその前面の水際に専用の木製桟橋を付き出し、粋な客は船宿から呼びつけた小舟で隅田川を上り、納涼を楽しむことができた[52]（図12）。両国花火を支えたスポンサーもこうした料亭であった。ヴェネツィアでは、近代に水上テラスを獲得し、東京では戦後の高度成長とともにそれを失ったのである。

東京では、近代都市への拡大発展とともに、港湾・物流機能の外側への転出・移動が幾つかの段階で進行し、近代のロジスティック・システムができ上がった。

江戸時代の日本橋川をはじめ都心内部の掘割沿いに分布していた物流機能が、大川へ、また川向うの深川・佐賀町へ、さらには南の芝浦、品川へと転出し、大規模化した。

一方、明治以降、東京の築港計画は横浜の反対もあり挫折し、東京には長らく近代港ができなかったが、震災後に港、舟運の重要性への認識が高まり、一九三二〜三四年に日の出埠頭、竹芝埠頭、芝浦埠頭がつくられ、東京の近代港湾空間の整備が実現した。これらの港湾空間は、必ず運河を残しながら埋め立て造成されたもので、内側に巡る運河沿いには近代の倉庫群が建ち並ぶ、欧米にもない景観を生んだ。

しかし、こうして大川端から江南内港エリアにかけて数多くつくられた戦前の倉庫群は、一九六〇年代末以後の品川、大井コンテナ埠頭の建設によって、その役割を失う段階に入るのである[53]。

近代の水都を語るのに見逃せないのは、水上交通の革新である。ヴェネツィアでは蒸気船（水上バス）の導入で、輸送機能、スピードが飛躍的に高まり、

図 12　水辺の柳橋料亭群（『柳橋新聞』昭和 33 年 10 月 15 日，提供：柳橋町会）

水都のダイナミックは発展を裏づけた。本島の東端の埋立地に生まれたジャルディーニで開催されるビエンナーレも、水上バスでのアクセスなしではあり得なかった。リド島での一九世紀後半からのリゾート開発も水上バスの利用を前提としていた[54]。一方、東京においても、戦後しばらくまで、ヴェネツィアに近い位に水上バスの路線が巡っていたのである。

## 10 水辺の喪失、そして再生へ

東京では、一九六四年のオリンピックを控え、水路上には高速道路が建設され、小河川に蓋をし、手っ取り早く下水道に転換する事業が進み、都市から多くの水の空間が失われた。東京湾でのゴミや建設残土を使った埋立ても加速され、海が遠のいた。その結果、市民の水離れが進んだ。

一方、ヴェネツィアでも、実は運河の喪失が一八〇六〜六七年の間、続いたのである。近代の進歩主義、衛生思想にもとづき、非衛生に見られがちだった運河が埋められ、広い道に置き換えられたが、逆に、水循環が損なわれ、エコシステムが崩れる結果を招いた。その反省に立ち、運河が埋められることはなくなった。

しかし、ラグーナ内での近代開発は進み、本土側に広がる浅瀬、湿地を造成しマルゲーラ工業地帯を建設したことで、水と大気の汚染が深刻化したのに加え、地下水汲み上げが地盤沈下を引き起こし、度重なる冠水（アックア・アルタ）の原因となったのである。近代が招いた人災といえる。こうした水都のエコシステムのバランスを崩した近代開発への反省に立って、一九八〇年代以後、ヴェネツィアの都市再生、ラグーナの水環境再生へと大きく踏み出す動きが強まっているのである。

折しも、東京でも、一九七〇年代後半から、水辺復権の動きが始まった。花火、早慶レガッタ、さらには屋形船が復活した。隅田川から始まった再生の動きは、大川端、芝浦方面にも展開して倉庫を文化・アート機能などに転用するロフト文化を生み、さらにはお台場海浜公園でのウィンドサーフィンにまで伝播し、いわゆるウォーターフロント・ブームが到来した。

その後、バブル経済の時代に、こうした若者の文化的な指向性をもった動きが、高層オフィス建設の波に呑まれ姿を消していったが、近年、二〇二〇年の東京オリンピックの競技場、選手村などがベイエリアに集中していることもあって、再び水都東京の再生への関心が著しい高まりを見せている。開発可能性からのみベイエリアを見るのではなく、ヴェネツィアで一九八〇年代以後、ラグーナに関して研究が進んだように、歴史と生態系の視点から、この浅瀬が広がる東京湾の海のエリアの基層に存在する大きなポテンシャルを引き出すような研究が求められている[55]。

水都としての特徴や個性を維持しながらサステイナブルな都市発展をいかに実現するか、がヴェネツィアと東京の共通課題であり、それを担うのが水都学、水都史だといえるのである。

注

(1) 陣内秀信・高村雅彦編『水都学Ⅰ』(特集 水都ヴェネツィアの再考察、二〇一三年三月)、『水都学Ⅱ』(特集 アジアの水辺、二〇一四年三月)、『水都学Ⅲ』(特集 東京首都圏 水のテリトーリオ、二〇一五年三月)、『水都学Ⅳ』(特集 水都学の方法を探って、二〇一五年六月)、『水都学Ⅴ』(特集 水都研究、二〇一六年三月、法政大学出版局)。

(2) ラグーナの歴史、自然、文化を総合的に論じた次の書に多くの古地図が掲載されている。G. Caniato, E. Turri, M. Zanetti (a cura di), *La laguna di Venezia*, Verona 1995.

(3) 図録『港をめぐる二都物語――江戸東京と横浜』横浜都市発展記念館・横浜開港資料館、二〇一四年参照。

(4) 図録『写真が語る東京湾――消えた干潟とその漁業』大田区立郷土博物館、一九八九年参照。

(5) 陣内秀信・樋渡彩「水の都ヴェネツィアの危機」(『二一世紀の環境とエネルギーを考える』四〇、時事通信社、二〇〇九年)、V. Favero, R. Parolini, M. Scattorin (a cura di), *Morfologia storica della laguna di Venezia*, Venezia 1988.

(6) 小出博『利根川と淀川――東日本・西日本の歴史的展開』(中央公論社、一九七五年)、大熊孝『利根川治水の変遷と水害』(東京大学出版会、一九八一年)、川名登『河岸に生きる人々――利根川舟運の社会史』(平凡社、一九八二年)、鈴木理生編著

『江戸・東京の川と水辺の事典』（柏書房、二〇〇三年）、難波匡甫『江戸東京を支えた舟運の路——内川廻しの記憶を探る』（法政大学出版局、二〇一〇年）など。この内陸舟運ルートは、「内川廻し」または「奥川廻し」と呼ばれる。

（7）G・ジャニギアン、P・パヴァニーニ「ヴェネツィアの建設過程と真水の確保」、前掲『水都学I』。

（8）拙著『ヴェネツィア——都市のコンテクストを読む』（鹿島出版会、一九八六年）、E.R. Trincanato, *Venice au fil du temps*, Psris 1971.

（9）鈴木理生『江戸の川　東京の川』日本放送出版協会、一九七九年、九三—一一七頁。

（10）E. Canal, *Archeologia della laguna di Venezia 1960-2010*, Verona 2013.

（11）W. Dorigo, *Venezia Origini*, Milano 1983.

（12）図録『水のまちの記憶——中央区の堀割をたどる』中央区立郷土天文館、二〇一〇年、四頁。

（13）拙稿「水と共生するヴェネツィアの苦悩と喜び」（『Realitas』三、日立製作所、二〇一三年）、P・ベヴィラックワ、北村暁夫訳『ヴェネツィアと水——環境と人間の歴史』（岩波書店、二〇〇八年、原著はP. Bevilacqua, *Venezia e le acque: Una metafora planetaria*, Roma 2001）、G. Zucchetta, *Storia dell'acqua alta a Venezia dal Medioevo all'Ottocento*, Venezia 2000.

（14）鈴木理生、前掲書、一〇七—一二五頁。

（15）宮村忠『改訂水害——治水と水防の知恵』関東学院大学出版会、二〇一〇年、六八頁。

（16）拙著『東京の空間人類学』筑摩書房、一九八五年、二章。

（17）鈴木理生（前掲書）、吉田伸之「流域都市・江戸」（『水辺と都市』別冊都市史研究、山川出版社、二〇〇五年）、前掲図録『港をめぐる二都物語——江戸東京と横浜』など。

（18）拙稿「世界の港町に関する発展・衰退・再生のメカニズム比較」、前掲『水都学IV』。

（19）前掲拙著『ヴェネツィア——都市のコンテクストを読む』八九—一六二頁。

（20）岡本哲志・久保田雅代「日本橋における河岸地の構造（I）」（『歴史手帖』一三‐一、名著出版、一九八五年）、「日本橋における河岸地の構造（II）」（一三‐四、一九八五年）、鹿内京子・石川幹子「明治以降の東京下町における亀島河岸の歴史的変遷に関する研究」（『都市計画論文集』四六‐一、日本都市計画学会、二〇一一年）。

（21）N. Vanzan Marchini (a cura di), *Le leggi di sanità della Repubblica di Venezia*, vol.4, Treviso 2003, pp.220-225.

（22）G. Zanelli, *Traghetti veneziani: La gondola al servizio della città*, Venezia 1997.

（23）前掲図録『水のまちの記憶——中央区の堀割をたどる』三〇—三一頁。

（24）拙稿「水都ヴェネツィアの空間構造——ハードとソフトの両面から」（『史潮』新二八、歴史学会、一九九〇年）、D. Calabi, P.

Moracjiello, *Rialto: le fabbriche e il ponte*, Torino 1987.

(25) 増山一成「絵図面からみた日本橋魚市場の様相」『地図中心』四一八、二〇〇七年。

(26) 川口大輔・伊藤裕久「大正期における日本橋魚市場の売場構成と市場商人の居住形態」『日本建築学会大会学術講演梗概集』二〇〇七年。

(27) 拙稿「ピアッツェッタの象徴的造型とその社会的背景——十六世紀ヴェネツィアにおける都市空間の統合戦略」(『建築史論叢』中央公論美術出版、一九八八年)、M. Tafuri, "Il problema storiografico" in "*Renovatio urbis*"—*Venezia nell'eta di Andrea Gritti* (1523-1538), Venezia 1984, p.18.

(28) 吉田伸之「両国橋と広小路」『江戸の広場』東京大学出版会、二〇〇五年。南町奉行が水野忠邦に宛てた上申書に添えられた図が使われた。

(29) 吉原健一郎「江戸橋広小路の形成と構造」(『歴史地理学会会報』一〇一、一九七八年)、前掲拙稿『東京の空間人類学』一二三—一二五頁。

(30) G. Gianighian, P. Pvanini, *Venezia come*, Venezia 2010.

(31) 樋渡彩・法政大学陣内秀信研究室編『ヴェネツィアのテリトーリオ——水の都を支える流域の文化』(鹿島出版会、二〇一六年)、R. Asche, G. Bettega, U. Pista, *Un fiume di legno fluitazione del legname dal Trentino a Venezia*, Scarmagno 2010 (展覧会図録)。

(32) 道明由衣「荒川水系——筏流しと舟運」、前掲『水都学Ⅲ』。

(33) 道明由衣「木材の流通を支えた空間の歴史的変遷」、法政大学二〇一五年度修士論文。

(34) 前掲『水都学Ⅲ』(特集　東京首都圏　水のテリトーリオ)。ヴェネツィア史研究の領域におけるテリトーリオへの関心の拡大プロセスに関しては、樋渡彩「水都ヴェネツィア研究史」、前掲『水都学Ⅰ』参照。

(35) D. Calabi, L. Galeazzo (a cura di), *Acqua e Cibo a Venezia*, Veneia 2015 (展覧会図録)。

(36) A. Fabriz, *Valle Figheri: Storia di una valle salsa da pesca della laguna veneta*, Venezia 1991.

(37) 東京都内湾漁業興亡史編集委員会編『東京都内湾漁業興亡史』東京都内湾漁業興亡史刊行会、一九七一年、一〇四—一一七頁。なお、江戸湾のより広い範囲に、御菜八ヶ浦と呼ばれる、将軍へ新鮮な海産物を献上する役割を担う漁師町が八つ存在した。芝、金杉に品川が加わり、さらに御林浦、羽田、生麦、新宿、神奈川の五浦がその特権を得た。

(38) 谷口榮『江戸東京の下町と考古学』雄山閣、二〇一六年、一一六頁。

(39) 拙稿「地中海世界の信仰と水」、前掲『水都学Ⅳ』。

(40) 竹内誠による次のシンポジウムでの「聖空間としての隅田川」と題する報告。平成二七年度東京都江戸東京博物館　都市歴史研究室シンポジウム「隅田川流域を考える——歴史と文化」（平成二八年三月五日）資料集参照。

（41）北川靖夫「水辺に成立した宗教空間」『歴史手帖』一三-一、名著出版、一九八五年。

（42）吉田伸之『都市江戸に生きる』（岩波新書、二〇一五年）一五五—一九五頁、および図録『東海道品川宿』（品川区立品川歴史館、二〇一五年）二頁。

（43）拙著『ヴェネツィア——水上の迷宮都市』講談社現代新書、一九九二年。

（44）拙稿「海との深い結び付きを示す南イタリアの港町」『Realitas』六、二〇一三年。

（45）青木香代子「一六世紀後半ヴェネツィアにおけるサン・カッシアーノ地区の劇場建設と上演について」（『日本建築学会計画系論文集』六一七、日本建築学会、二〇〇七年）、N. Mangini, *I teatri di Venezia*, Milano 1974, pp.15-23.

（46）前掲拙著『ヴェネツィア——水上の迷宮都市』一二九—一三四頁、R. Cessi, A. Alberti, *Rialto: l'isola-il ponte-il mercato*, Nicola, Bologna 1934, pp.276-287.

（47）今泉みね『名ごりの夢』平凡社・東洋文庫、一九六四年。

（48）M・ピッテリ「水のなかで水に事欠くヴェネツィア——一四〜一八世紀の飲料水・水力・河川管理」、前掲『水都学Ⅳ』。

（49）石神隆「水系とテリトーリオ　河川等の多様な利用——歴史的な「水系産業クラスター」」、前掲『水都学Ⅴ』。陣内研究室では現在、トヨタ財団の助成を受け、堀尾作人が中心となり、群馬県桐生市でかつて絹織物工業の撚糸行程で水車が活用されていた状況を復元的に研究している。

（50）樋渡彩「近代ヴェネツィアにおける都市発展と舟運が果たした役割」『地中海学研究』三五、地中海学会、二〇一二年。

（51）樋渡彩「ヴェネツィアの水辺に立地したホテルと水上テラスの建設に関する研究」『日本建築学会計画系論文集』七〇九、日本建築学会、二〇一五年。

（52）座談会「水辺の復活物語——柳橋の料亭と船宿から始まった」『東京人』三二五、二〇一三年。

（53）陣内秀信・法政大学東京のまち研究会『水辺都市——江戸東京のウォーターフロント探検』朝日新聞社、一九八九年。

（54）樋渡彩「水都ヴェネツィアと周辺地域の空間形成史に関する研究」法政大学二〇一五年度博士論文。その成果が、樋渡彩『ヴェネツィアとラグーナ——水の都とテリトーリオの近代化』（鹿島出版会）として、二〇一七年三月に刊行された。

（55）拙稿「東京ベイエリアの開発を基層から考える」『運輸と経済』七四-八、二〇一四年。

# 第10章　水を現代に生かす都市づくり

## 1　一周遅れのトップランナー

ラグーナの水上に形成され、今なお車が入らず、歩行と船だけが移動手段の街、ヴェネツィア。近代化から取り残されたように見えるこの水の都市が、実は一周遅れのトップランナーのような役割を果たしてきたから不思議である。

ヴェネツィアは、二つの意味で、世界の街づくりのモデルとなってきた。まず、歩行者空間化である。ヨーロッパの都市の古い中心地区が、その魅力を取り戻すため、一九八〇年頃から、公共交通としてＬＲＴ（次世代型路面電車）を導入しながら車を減らし、意欲的に歩行者空間化を進めるのに成功してきたが、車社会に慣れきった現代人に、街を歩くことの楽しさを教えてくれたのは、間違いなくヴェネツィアだった。しかも、ここではＬＲＴの代わりに、今も、水上バスが大活躍をしている。

もう一つは、水辺を生かした街づくりだ。世界の都市でやはり八〇年頃から、ウォーターフロント再生の事業が活発に展開してきたが、そのモデルとなったのも、やはりヴェネツィアだった。世界中の数多くの専門家、行政担当者がこの水の都市を視察に訪れ、生き生きと使われる水辺空間のあり方からインスピレーションを受けてきたのだ。ここでは、水辺を生かした街づくりについて、ヴェネツィアの経験から考えてみたい。

## 2 物流の歴史空間を生活と文化の現代空間へ

中世の時代、ヴェネツィアは「アドリア海の花嫁」とも呼ばれ、地中海に進出し、オリエントのビザンツ帝国とイスラーム世界との交易によって、巨大な富をなした。アルプスの北の国々との間をとりもつ中継貿易で稼いだのである。ラグーナの水の上につくられた浮島であり、中央を逆S字形に大運河がゆったり流れ、リオと呼ばれる細い運河が網目状に巡るヴェネツィアの街全体が、実は港の機能を受け持った（図1）。

アドリア海から来る船は、リドなどの細長い島の間にある狭い海峡からラグーナに入り、水上に浮かぶヴェネツィアの本島を目指した。共和国時代は、その象徴的存在であるサン・マルコ地区を中心とする水辺に広範にわたって、東方貿易と結びついた本格的な港湾機能が分布しており、港町の活気に溢れていた。岸辺は荷揚げの場所で、船がたくさん係留された。船乗り、荷役の人々で岸辺は賑わいに満ちていた。

ところが、近代になり、そもそも東方貿易を含む諸外国との交易量は減っていたし、同時に、大型船が入る近代の港の建設が街の南西部に実現したため、すべての港湾機能がそこへ集中的に移動した。かつて荷揚げに使われた岸辺も、直接、船をつけ荷揚げができた貴族の邸宅（パラッツォ）の正面玄関も、物流を担う港の機能をもつ必要がなくなった。

こうして港湾、物流の機能から解放された水辺は、新しい時代の価値観で、より人々の生活に結びついた多様な使い方へと転換することができた。そもそも、ヴェネツィアでは、東方貿易が衰退した一六世紀のルネサンス以後、次の一七〜一八世紀のバロック時代にかけて、交易と経済の都市から文化都市、演劇と祝祭の都市、ファッション都市へとその性格をソフトに変化させ、大運河に面した上流階級の館も、船で物資を運び込み、流通のビジネスを担う商館（カーザ・フォンダコ）から、人々を招き、社交の宴をもっぱら催すステイタス・シンボルとしての華麗な館（パラッツォ）へと性格を転じていた。大運河そのものも、物流の大動脈から、水面でしばしば祝祭や演劇的なイベントが繰り広げられる舞台としての性格をもつようになっていた。

その意味では、工業化の時代を抜け出て、物流からも解放された東京の水辺の転換する方向を見定めるのに、ヴェネツィアが経験したことは、きわめて示唆的なのである。

しかも、一九世紀後半、近代港が西南部にできて、それまで港の機能を分担していたヴェネツィア中心部では、解放された水辺を時代のニーズに合わせ、人間のために使うことができるようになった。

同じく、運河が同心円状（幾何学的だが）に巡り、東インド会社の交易活動による物資がどんどん船で運び込まれたアムステルダムでも、その内部の運河には、かつての舟運機能がなくなったため、岸辺の荷役の役割は失われ、新たな時代の使い方が可能になったのだ。水辺の快適なカフェテラス、さらには優雅な水上生活のためのハウスボートが数多く係留されるようになった。運河が現役の港湾機能、物流機能をもっていたら、そんな人間の生活と結びついた機能は水辺に入りこむ余地はなかったのだ。

図1　16世紀のヴェネツィア（ヴァティカン美術館蔵）

ヴェネツィアで起きた転換もそれとまったく同じ理屈で説明できる。さらに文化性を強くもって水辺空間を再生しているのが、この華麗なる水の都の特徴といえる。

## 3　水辺空間のタイプごとの現代的な機能と役割

水上に浮かぶ「水の都市」ヴェネツィアには、三つの水辺のタイプがある。第一のタイプは、本島のまわりに広がるラグーナに面した開放感のある岸辺だ。その最も象徴的で重要なのは、サン・マルコ広場への正面玄関にあたる小広場（ピアツェッタ）の前面の水辺と、そこから東に伸びるスキアヴォーニの岸辺である。そもそもスキアヴォーニの岸辺が今のように広々とした空間に拡大されたのは、比較的遅い時期である。ヴェネツィアの南に開く明るく輝くイメージのこの場所には、開放的なプロムナードが生まれる必然性があった。しかも、本来、港湾の中核だったサン・マルコ地区からこの東の一帯には、物流の船がたくさん停泊していたが、今は観光用のゴンドラ、そしてさまざまな系統の水上バスの乗り場などが集まる、人間のための舟運拠点となっている。観光の中心でもあるこの岸辺の館の多くはホテルに転用されている。

図２　ザッテレの岸辺の水上カフェ

ラグーナに面した岸辺の使い方でもっとも私が好きなのは、やや西側に寄ったザッテレの岸辺に見られる。ここは、ザッテレという地名がそもそも「筏」を意味し、実際、大陸のブレンタ川を使って上流域の森林から伐り出された木材が筏に組んで流され、最終的にこの岸辺に集められていたのだ。その流通機能からも解放された岸辺は、南向きの気持ちよい水辺のプロムナードとして、市民に親しまれている。幾つかのカフェ、ピッツェリアが水上に杭を打って張り出しており、足元を波が洗う涼しげな水上テラスで時間を過ごすのは、最高の気分だ。私も留学時代、何度も授業をエスケープし、ここで至福の時間を過ごした（図2）。もちろん、それぞれの店は場所の占有料を市役所に支払っている。契約社会の優れたシステムといえる。

第二のタイプは大運河沿いの空間で、水都ヴェネツィアで最も華やかな水辺である。貴族の館は、そのまま住まいとして使われているものも少なくないが、役所、大学、博物館や美術館、そして民間企業のオフィスなど、さまざまに転用されている。ピアノ・ノービレという主階にあたる二階、三階には、ヴェネツィア独特のバルコニーが水上に張り出し、そこからの水都の眺めは最高である。たくさんの船が行き交い、まさに水の大通りの感がある（図3）。

こうした館には、ホテルに転用されているものも少なくない。そもそも五つ星、四つ星のホテルであるためには、水上タクシーでそのまま直接乗りつけられることが求められる。したがって、水に正面玄関をもっていた貴族の館はホテルに転用するにも最適なのである（図4）。部屋の料金が運河側と裏手では大きく違うのは、いうまでもない。

大運河沿いの高級ホテルでは、一階

図3　カ・ドーロ（金の家）のバルコニーからの眺め

図4　大運河沿いの貴族の邸宅を転用したホテル

の前面に洒落た水上テラスを張り出し、朝食を優雅に楽しめるように工夫している所が多い（図5）。こうした水上テラスも、館が物流機能を必要としなくなり、水際を人間のために活用できるようになった二〇世紀に入ってからのことである。

私の研究室の博士課程に在籍し、ヴェネツィアに長く留学してこの水都の近代史を研究している樋渡彩《ひわたし》によれば、こうした水上テラスの登場は一九三〇年頃のことだという。ビエンナーレなど、ヴェネツィアの国際文化観光の興隆とともにつくられ、普及したようである。われわれが水都ヴェネツィアらしい特徴と思っていることが、案外、近代の新しい時代に生み出された産物なのだ。水都のイメージは近代にさらに豊かにつくられたといえる。

水辺の第三のタイプは、内部を巡るリオと呼ばれる小運河に沿った空間である。この毛細血管のように街を巡る小運河が極めて重要である。水の循環が悪くなれば、水質も悪化する。建物の修復工事にも、引越しにも、日用品、食料などをそれぞれの地区に運び込むにも、ゴミの回収にも、こうした小運河に入り込む小舟が活躍するのである。

個人所有のボートが、小運河沿いにたくさん係留されている（図6）。商店経営や他の職業にも必要だが、遊びが目的のボートも多い。申請すればそれほど苦労しなくても、その権利が得られるそう

上：図5　大運河沿いのホテルの水上テラス

左：図6　小運河沿いに係留されたボート群

だ。ルールを設け、整然と公有水面を皆で上手に使っている光景は、学ぶところが多い。洪水、高潮の際に、水上の船が障害物になるというわが国固有の事情はわからなくもないが、川や運河の水面から船の係留を締め出す一辺倒の考え方は、一度、見直してもよいのではないか。水門、閘門で守られている安定水面では、特に再考が必要だと思える。

ヴェネツィアでは、一九九〇年代頃から、運河の浚渫が活発に進められている。冬場、水をせきとめ、浚渫し、建物や護岸の基礎の補強工事が行われる。水循環がよくなり、水質の改善が進む。

また、アックア・アルタ（高潮による冠水）対策として、運河沿いの岸辺の道をかさ上げし、同時に、その下に簡易浄化槽を設置する事業も一緒に実施される。このように水都を維持するのに必要な、生活基盤の改善のための地道な公共事業に力が注がれているのである。

運河沿いの建物の基礎を守るため、ボートが波を立てないよう、速度制限が設けられている。水辺環境を安定されるため、船の一方通行も、ここでは当たり前である。

## 4 市民生活と国際都市の営みを支える多彩な舟運

ヴェネツィアから最も学びたいのは、舟運についてである。東京でも、スカイツリーの誕生とともに、舟運の見直し、復活が大きな話題になりつつある。水上タクシーへの取り組みもいよいよ始まりつつある。

ヴェネツィアでは、すでに述べたとおり、都市内の移動は歩くか船しかない。船の種類は歴史的にも数多くあった。有名なゴンドラはあくまで、その一つのタイプに過ぎない。都市内でものを運ぶ小舟は、ものすごい数が日常的に利用されている。食料や建材などだけでなく、郵便もゴミも船で運ばれ、霊柩船、救急船、消防船、警察のパトロール船の姿も時折見かける。引越しにも船が活躍する。リアルト市場には、朝早く行くと、数多くの小舟が昔どおり、野菜や果物、魚を載せて集まっている。

ヴァポレットと呼ばれる水上バスは、市民の生活に欠かせない。行く先、そして快速か各駅止まりかなどで何系統もあり、時間もかなり正確に運行している（図7）。本数は少ないものの、深夜にも運行しているのは有難い。空港から街までは、リムジン水上バスが運行していて、便利であるが、ホテルの目の前につけてくれるわけではない。

その点、水上タクシーが便利である。観光都市、あるいは国際イベント、会議の多いコンヴェンション都市ともいってよいヴェネツィアには、これが必要不可欠となっている。普通の街におけるタクシーとまったく同じように電話一本で、ホテルやレストランの目の前までつけてくれる。階段状の船着き場は、大運河にも、小運河にも随所にとられていて、乗り降りも簡単である。水上タクシーの業界の専用船着場も駅やリアルト橋の近くなどには設置されている（図8）。

ヴェネツィアに滞在する人々は誰も、水上バス、水上タクシーにすっかりお世話になる。この街のヴィジターとしては、一般の観光客だけでなく、国際会議や学会への招待者、参加者も数多い。その会場もサン・マルコの

図7　市民の足としての水上バス（ヴァポレット）

図8　水上タクシーの専用船着き場

沖合いのサン・ジョルジョ・マッジョーレ島にあるチーニ財団（修道院のコンバージョン）や大運河沿いのパラッツォなど、いずれも船で直接乗りつけるのが当たり前だから、参加者は、ホテルに迎えにくる水上タクシーで会場に乗りつけ、終わったらまた船でホテルに戻り、そしてシャワーを浴びた後、また船でレストランに出向く、という夢のような体験をすることになる。こうした最高のもてなしで迎えるヴェネツィアからの招待を断る人は稀である。

発想を切り替えれば、東京でも会議場をベイエリアなどの水際につくり、運河沿いにホテルを配置すれば、それと同じことを簡単に実現できるはずなのだ。

国際的に知られ、大勢の人々を集めるヴェネツィア・ビエンナーレのメイン会場である東のジャルディーニへは、水上バスで行くことになる。船着き場を降りると、すぐに正面ゲートがあるという段取りだ。この船によるアプローチの体験もいい。もちろん、映画祭が行われるのはリド島だから、本島に泊まりながら、船でリドの会場に行く人も多いだろう。

最近は、古くは修道院だったサン・セルヴォロ島にヴェネツィア国際大学の本部がつくられていて、そこでの授業にも船で行く。私も招かれ、講演をしにサン・ザッカリアから出る水上バスで出かけた。俗世間から隔絶されたかのような島での特別な時間。なかなか近代社会のなかで得がたい非日常的な体験を、ヴェネツィアは水の空間を最大限生かして与えてくれるのだ。

船でもう一つ面白いのは、公共交通機関として、大運河に五〜六本ある渡し舟（トラゲット、図9）で、一〇〇円もしない低価格で乗れる。大運

図9　渡し舟（トラゲット）の船着き場

河には、新たな北西のカラトラヴァ橋を加えても橋は四本しかないので、要所要所にある、大型のゴンドラのような格好の渡し舟は実に便利だ。通勤、通学にも、対岸のリアルト市場に買い物に行くにも、市民が日常的に利用する。

## 5　冠水とつきあい、水の恵みを楽しむ市民たち

ヴェネツィアといえば、冬場を中心としたアックア・アルタ（高潮による冠水、図10）の風景がよく報道される。ラグーナのデリケートな環境にあるこの街は、歴史的にも常に冠水に悩まされ続けた。だが、近代の大陸側工業地帯での地下水汲み上げで地盤が沈下し、その被害が戦後、増大し続けてきたため、近年、稼動式水門の設置を市当局もついに認め、その工事がいよいよ本格的に開始された。とはいえ、普段は海底に置かれており、いざ危ないときだけ立ち上がる水門なので、景観を損ねることは一切ない。

多少のアックア・アルタは受け入れ、店舗やホテルの一階入口に水の浸入を防ぐ板を置き、街の低いエリアの移動には、備えつけの渡し板（パッセレッラ）を通るという具合に、辛抱強く水とつきあう。

こうした深刻な問題を抱えながら、ヴェネツィアでは、今も水上での祝祭、イベントが季節ごとにさまざまに行われ、市民はこの街の生活を楽しむ。九月第一日曜には、大運河を舞台に、「レガータ・ストーリカ」（歴史的レガッタ）が盛大に行われ、ヴェネツィア共和国の栄光の歴史を物語る時代祭り風の水上パレードに引き続き、青年、女子、壮年男子など、さまざまなカテゴリーのレガッタが行われ、熱狂の渦に包まれる。

市民が最も愛する水上のイベントは、七月末のイル・レデントーレ教会の祭礼と結びついた前夜祭の花火である。昼から思い思いに仕立てた無数の船がサン・マルコ広場の沖合いの広い水面に集結し、一大水上祝宴を長時間繰り広げて、花火の開始を待つ。打ち上げ開始は一一時頃。三〇分ほど連続的に華やかに花火が打ち上げられ

図 10　アックア・アルタの光景（撮影：樋渡彩）

図 11　大運河でのヴォガロンガ（撮影：樋渡彩）

るが、その振動で歴史的な建物に亀裂が入るのでは、と心配になるほど、景気よく花火が続く。終了すると、若者たちはリドに移動して、夜明けを待ちながら祭りの余韻に浸るのが、ヴェネツィアっ子の楽しみらしい。

この二つの祝祭、イベントが伝統的なものなのに対し、比較的最近、活発になった水辺のイベントとして、五月に行われるヴォガロンガがある。一九七五年に、環境問題を起こすモーターつきの船を批判して始まったこの水上イベントは、手漕ぎのさまざまなボートが無数に集まり、タイムを競わずに楽しみながら、ラグーナを一周する。手漕ぎボートの市民マラソンという感じだ。水の環境を、そしてボートを漕ぐことを愛する人々によって行われるこのイベントは、今は世界中から人々を惹きつけるまでになっている（前頁図11）。

このように水害という災いを一方で受けながら、ヴェネツィアの人々は、水都に暮らすメリットを存分に享受している。水の恵みを生活の中で最大限生かすこの水都の人々の経験からは学ぶことが実に多いのだ。

# 第11章　今、水都が直面する危機

（共同執筆・樋渡《ひわたし》彩《あや》）

## 1　はじめに

毎年、秋から冬にかけて、ヴェネツィアの中心、サン・マルコ広場が水に浸かる映像が、ニュースで全世界に流される。水に沈むヴェネツィアのイメージが語られて久しい。

水上に誕生し、世界に類例のない水と共生する都市を築き上げたヴェネツィアは、世界の人々を魅了し続けてきた。

だが同時に、その歴史は水との闘いでもあった。近代の開発はラグーナに囲われたヴェネツィアの生態系を損ね、水との共生バランスを崩す結果となった。その反省に立って、ヴェネツィア人は、この水の都を救うべくさまざまな議論を展開し、またそのための行動に乗り出している。

ヴェネツィアの経験は、水辺環境をよみがえらせ、豊かな都市空間を再生しようとする世界中の人々に多くの示唆を与えるに違いない。本章では、この水の都が抱える都市環境の問題の背景を考察しながら、新たな時代に向けて、ヴェネツィアの人々がいかに水害から街を守り、どのように水と都市の共生を実現しようとしているのか、その最新の状況を紹介したい。

## 2　ヴェネツィアの立地

アドリア海の北の奥まった場所に位置するヴェネツィアは、特異な立地条件の上にある。ラグーナと呼ばれる浅い内海の上に浮かんでおり、アドリア海とこのラグーナの間には、南北にわたり自然堤防のように細長い島々が横たわっている（図1）。これらの島々は、本土からラグーナに注ぎ込む多くの川による土砂の堆積と、アドリア海の波の力との拮抗《きっこう》のなかで形成された。リド、ペッレストリーナ、キオッジア等の島と島の間（潮流口）では、ラグーナとアドリア海の潮流によりラグーナ内の水は常に浄化され、都市は清潔に保たれてきた。

こうしたヴェネツィアを取り巻く環境は、歴史のなかで自然の力によって徐々に変化してきたが、同時にまた、人々は河川の流路やラグーナの地形にさまざまな改造を加え、水環境を制御しながら、衛生状態もよく交通の便も保証された水の都を築いてきた。

## 3　水との戦いの歴史

### [1] 河川の制御

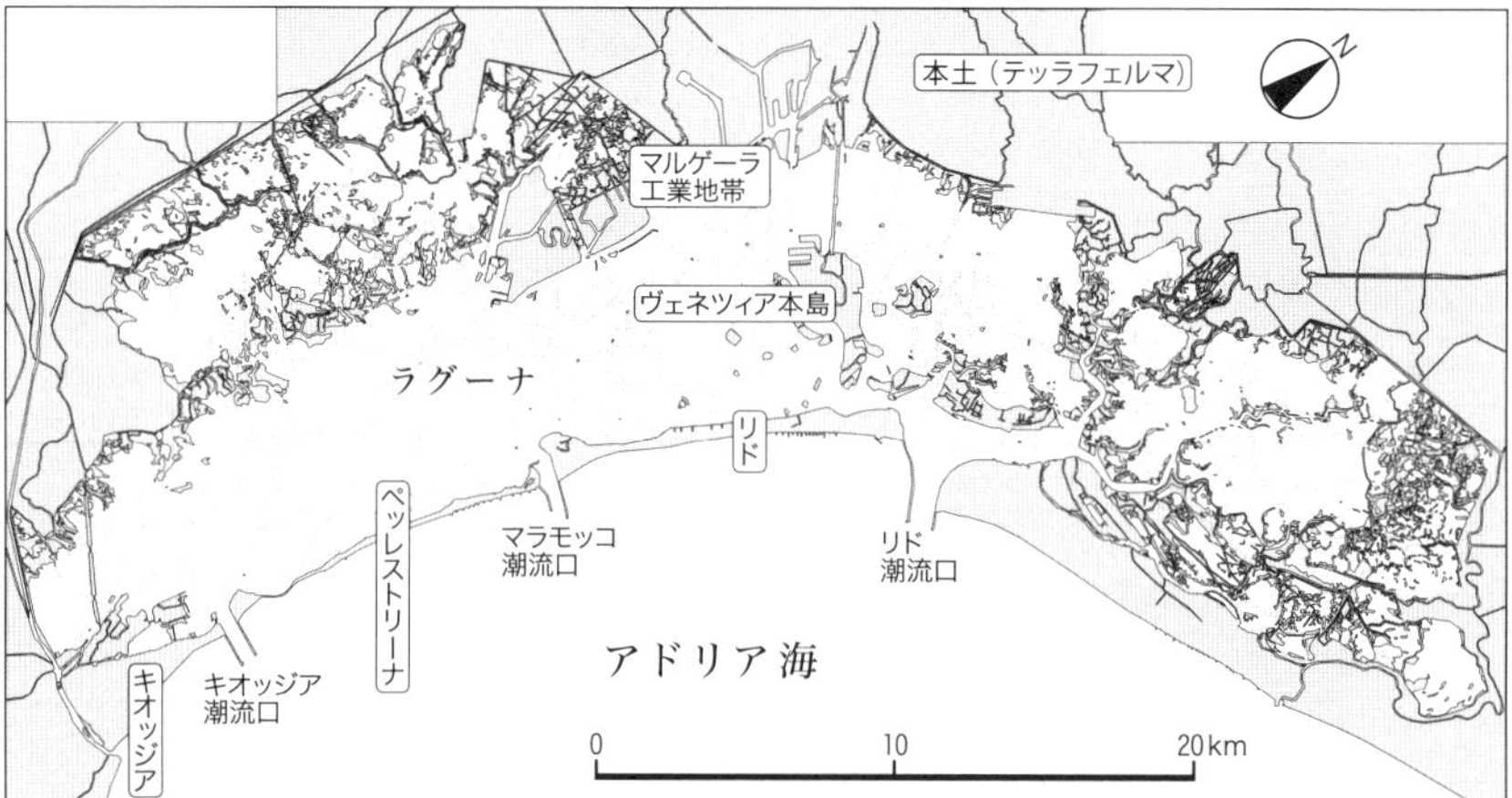


図1　ラグーナの全体図　中央にヴェネツィア本島がある．

ラグーナには、ブレンタ川、ピアーヴェ川、シーレ川などが土砂を運び、バレーナと呼ばれる広大な湿地地帯を形成した。バレーナは、満潮時でも水面下に沈むことはなく、多様な植生があり、ラグーナの動物、鳥類が生息する自然豊かな場所である。しかし、淡水と海水が混ざる所は、疫病が発生しやすく、マラリアの発生源になりかねなかった。そのためにこの地に人が住みついたときから、河川との闘いが始まっていた。

古い時代の河川形態を復元するのは難しいが、一二世紀ころから史料も多くなり、その姿がはっきりしてくる。一二八二年には、専門の行政官が設けられ、ラグーナの水面全体を公的立場から保護し管理する任務を負った。ラグーナはさまざまな深さをもつ内海で、網目のように川筋が入り組んでいる。したがって、その水路網の水深を確保し、ラグーナ内の水循環を良くする必要がある。特に、水が運んだ泥が堆積しやすい場所は注意が必要であった。

本土から注ぎ込む河川からラグーナを守るために、河川の付け替え工事が早くも一四世紀初頭には行われていた。それはブレンタ川で見られ、河口を南へ移動させる土木事業であった。以後、河川の氾濫のたびに付け替え工事が行われていくことになる。また、元老院は、アドリア海に面した海岸を波の脅威から守るため、砂の運び出し、木の伐採、低木を燃やすことなど、砂浜を弱くする行為を禁止し、砂丘に植樹を行った(1)。さらには本土側の農業開発のための開墾、開拓を制限するなど、環境を保全するための取り組みも行われた。ラグーナの水との闘いは、環境を守り、水路を調整することにあったのである。

一五世紀の中ごろから、ラグーナを含む環境に対して技術的、政治的に新たな解決を求める必要が生まれた。こうして大きな河川の流れを付け替えることによって、ラグーナに淡水が流れ込むのを締め出す一連の事業が本格的に開始された。

一六世紀初頭には、ラグーナの水環境を管理する体制を強めるために、国家の恒久的な組織として水の行政官という役職が設けられた。水の行政官長であるクリストフォロ・サッバディーノは、ヴェネツィアの「自然らしさ」を尊重する立場にあり、ラグーナを一つの有機体になぞらえ、キオッジアが肝臓、ヴェネツィアが心臓、トルチェッロ、ブラーノ、マッツォルヴォが肺、アドリア海との間の潮流口が腕、運河が足、ラグーナの運河が血管にあたるとした。そして、人間の体のように、ラグーナ環境の状態は水と陸とのバランスによっていると考えたのである。その上で、ラグーナにそそぐ河川の流れを変えること、ラグーナを浄化する働きのある海水の流入を容易にすることの必要を説いた。サッバディーノは、農業開発のための開墾や開拓はラグーナの環境を崩すとして批判し、またその環境を保全するために、ブレンタ川、バッキリオーネ川の流れを変え、河口を南のブロンド港の外へ移した。

　こうしたサッバディーノの考え方は広く受け入れられることになったが、それはヴェネツィアの指導階級が、土地開発の利益よりも、ラグーナと都市の環境を守ることに関心を持っていたことを意味している。

　図2は一七〇九年の本土からラグーナへ流れ込む河川の様子を示している。ブレンタ川、シーレ川、ピアーヴェ川の付け替え工事が実行されていたことがわかる。

　このようにヴェネツィアは、河川によって運び込まれた

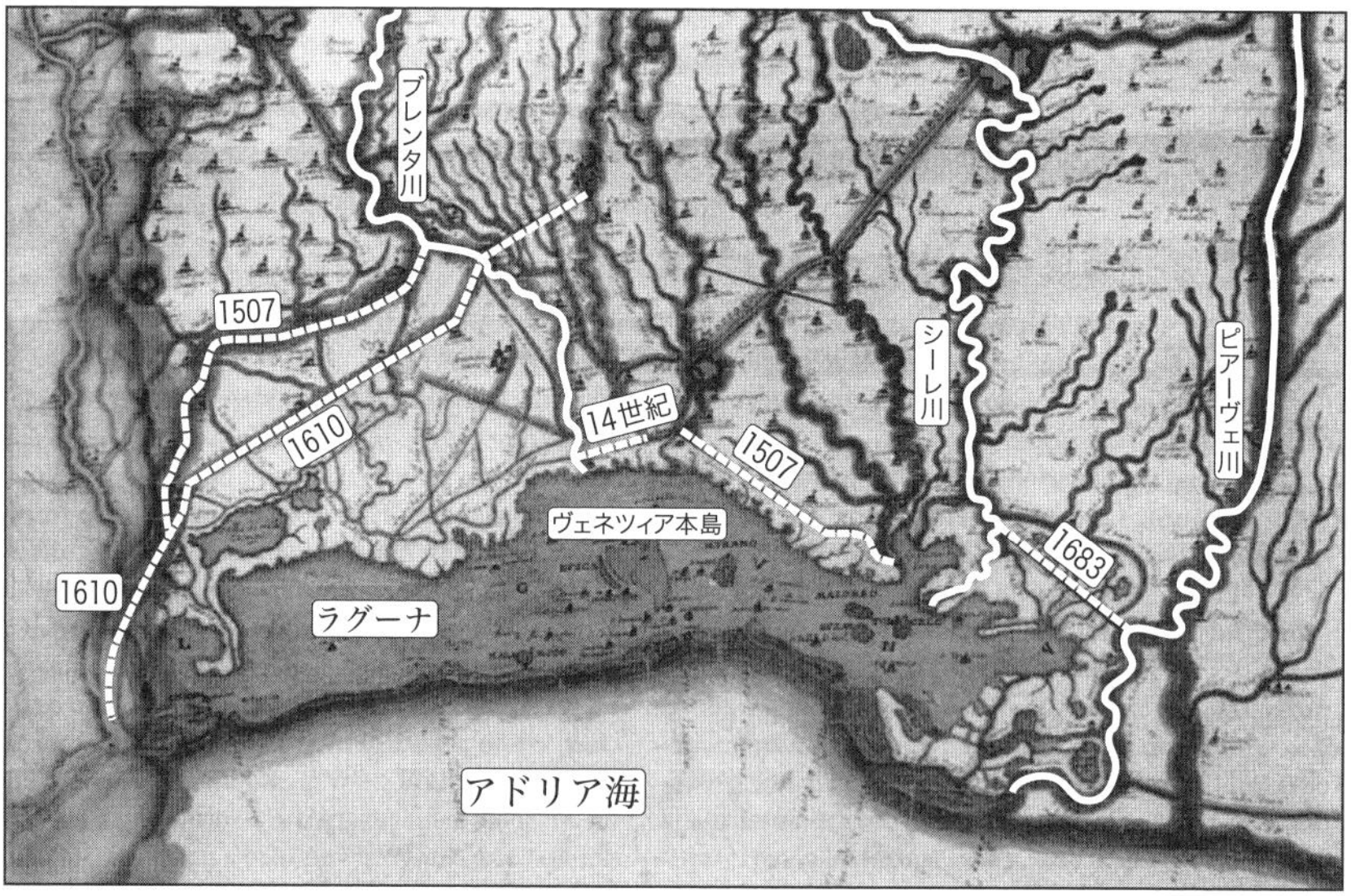


図2　18世紀初頭の河川の状況　アントニオ・ヴェストリの図（1709年）に河川の付け替えを行った箇所を点線で示した（数字は工事年）.

土砂で河口やラグーナが埋まるのを避けるために、水と戦い続けたのである。

## [2] 近代の開発と環境問題

一八世紀末にヴェネツィア共和国が崩壊すると、ラグーナの水環境への関心が薄れ、道路整備と港湾施設の建設に力が入れられた。ラグーナの本土沿いでは、広大な埋め立て地が造成され、工業用地も大量に生まれた。こうして誕生したマルゲーラ工業地帯への大型船によるアクセスを与えるため、一九一九年、ジュデッカ運河からのびるヴィットリオ・エマヌエーレ三世運河の掘削が開始され、ヴェネツィア－マルゲーラ間は交易のバイパスになった。

第二次世界大戦後もラグーナ内での開発は続き、工業の発展はより一層、社会の需要と結びついて拍車がかかったのである。一九五三年に第二工業地帯がつくられ、一九六〇年にはその上に運河、道路、鉄道が整備された。さらに一九六三年には、マラモッコ－マルゲーラ運河（石油運河）が掘られ、サン・レオナルドの石油ターミナルが建設されたのである(2)。さらに、この掘削で得た土を使って、フジーナとサン・レオナルドの間に、第三埋立地を計画した。工業地帯のさらなる拡大を求めたものであった。

また、アドリア海に開く潮流口が土砂で埋まるのを避けるために、それぞれに、海に突き出る突堤を建設した。だが、これができたことによって、海とラグーナの間の水の流れに変化が起こり、運河の流れが速まった。また、二つの大きな運河の掘削も、満潮時に海水が一気に流入する結果をもたらした。

こうして近代の産業開発を目的として行われたラグーナのさまざまな改造事業は、後に大きな環境問題を引き起こすことになったのである(3)。

# 4　直面する課題

## ［1］アックア・アルタの歴史

水上に浮かぶヴェネツィアは、冠水の現象に常に悩まされている。ヴェネツィア本島は標高が低く、サルーテ教会の先を基準点とした、基準水位八〇センチを超えると、アックア・アルタ（高潮による冠水）が引き起こされ、都市に影響を及ぼす。

冠水現象は、実はいつの時代にも、この水の都にとってやっかいな敵だった。

七八九年の史料によると、パオロ・ディアコノは「われわれはもはや水の上にも陸の上にも住めない」と書き残し、一二六八年にはある年代記作者が、「水位の増大で大勢の人々が水中に沈んだ」と記している。さらに、一四一〇年には「およそ千人が溺死した」ことを史料が伝えている。

ヴェネツィアの地面のレベルは、歴史的に少しずつ高くなってきたようで、現在、古いサン・マルコ広場の周辺が最も低くなっている。しかも、この広場の最初の舗装面（一二世紀）が、現在の舗装面のずっと下に位置していることが発掘で確認されている。こうして地面を徐々にかさ上げしてきたとはいえ、冠水から都市を守るのは難しかった。ヴェネツィア人はこの自然現象に対して、つい最近まで無力のうちに宿命として受け止めて来たのである。しかし、標準水位一九四センチを観測し悲惨な跡を残した一九六六年のアックア・アルタをきっかけに、ヴェネツィア救済のための国際的大キャンペーンが展開され、この水の都の保存再生のためのさまざまな活動が開始される。(4)その活動については後に詳しく触れたい。

ヴェネツィアの水位に関する資料は、一八六七年まで観測者や記者の文章記録または図だけであった。一八七二年からシステム的な検潮儀による測定が始まり、一九〇八年からヴェネツィア水管理局によって記録された。

一九六八年にヴェネツィア市は最初の高潮観測および予報のオフィスを設け、一九八〇年に潮位観測予報センターを設立した。現在、潮位を予測しアックア・アルタを予報するサービスも行っている。

## 2 アックア・アルタの原因

そもそも、アックア・アルタの原因は何なのであろうか。まずヴェネツィア・ラグーナの地理的特徴が挙げられる。ヴェネツィアはアドリア海の北東に位置し、ここはアフリカ大陸からの季節風（シロッコ）が行き止まる場所である。シロッコによって、波の押し寄せられやすい地理的要因が影響しているのである。また、潮の干満や気象条件が重なると、アックア・アルタを引き起こしやすくなる。

これらの要因に加え、近年において悪化させている主原因は、地盤沈下と世界的な海水面の上昇である。一九二六～七〇年の間にマルゲーラ工業地帯で行われた掘り抜き井戸による地下水くみ上げによって一四センチ近い地盤沈下が起こった。また、温暖化による九センチ近い海面上昇の変化があった。その結果、全体として二三センチの海面上昇になったのである。地下水汲み上げは禁止され、今日では年間〇・五～一ミリの自然沈下におさまっている。(5) しかし実際には、大潮による冠水は多発し、雨が降ると異常な潮位を記録する。

現在は、水位八〇センチ以上になると街の低い場所で冠水し、最も低いサン・マルコ広場では、大きな水たまりが広がっている。水位一一〇センチで街の約一一パーセントが水に浸かり、一三〇センチでは六八パーセント、一四〇センチに達すると街の九〇パーセントが冠水する。(6)

図3（次頁）は、一九二三年から二〇〇八年の間に、年間で水位一一〇センチ以上になった回数を表している。一九六六年に起こった脅威のアックア・アルタの後、ヴェネツィアを水没から救済するためのさまざまな活動が展開し、具体的な方策が検討されてきた。

次に、現在どのような対策が行われているのか見ていきたい。

## ③ ヴェネツィア救済――モーゼ計画

温暖化の影響によって増加傾向にあるアックア・アルタ対策として、モーゼ計画という最も大がかりな計画がある。これは、ラグーナと海をつなぐリド、マラモッコ、キオッジアの潮流口に可動式水門を設置し、アックア・アルタからラグーナ全体を守るというもので、一九七〇年代のはじめから検討されてきた。モーゼ(MO.S.E.)は Modulo sperimentale eletromeccanico の略で、「電気機械試験モジュール」を意味するが、旧約聖書の海を真っ二つにし、海底に道をつくった預言者の名にちなんでいる。

　この計画は、ヴェネツィア特別法に基づいて生まれた、ヴェネツィア水管理局下の新ヴェネツィア事業連合(Consorzio Venezia Nuova)に委託され、全額国費負担で行われてきた(7)。

　リド、マラモッコ、キオッジアの潮流口に設置される可動式水門は、海抜一一〇センチを超える場合に稼働し、潮流口をふさぐ。水門の高さは、将来、温暖化の影響によって海面が今より六〇センチ上昇した場合を見込んで設計されている。

　この可動式水門には、フラップ・ゲートの形式を採用している。中が空洞の薄い箱の形をし、一ブロックの長さは二〇メートルで、各潮流口の幅に合わせて数ブロックが設置される。普段は

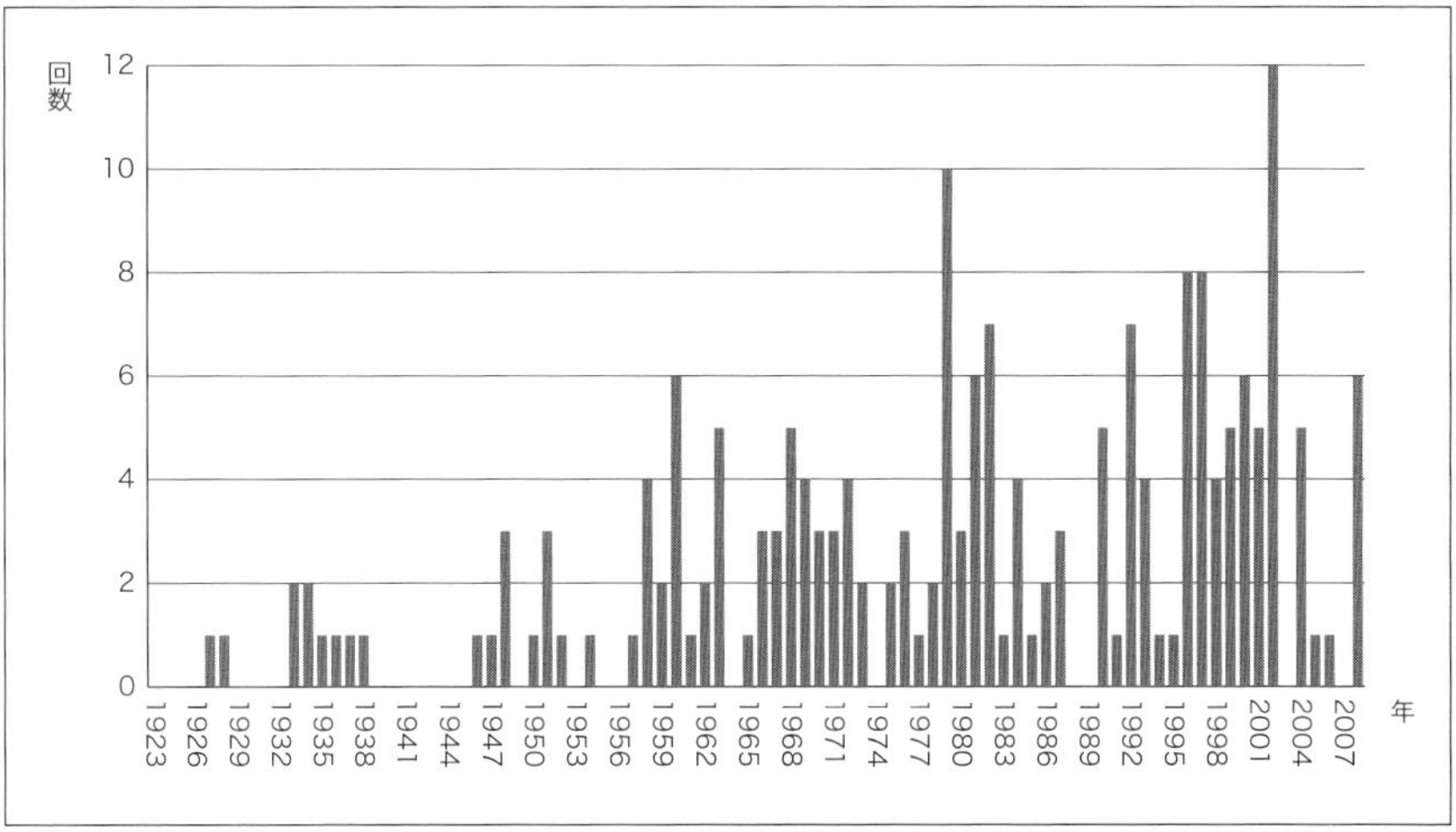


図3　年間に水位110cm以上を観測した回数(1923-2008年. *Atlante della laguna Venezia -tra terra e mare,* Venezia 2006と潮位観測予報センターの年間記録をもとに作成)

ゲート内に海水を含ませ海底の台におさまっている。予測水位が一一〇センチを超えると、空洞のゲート内に空気が注入され、普段そこに入っている海水が押しだされる。こうして浮力が働き、海底に設置されたゲートが起き上がり、アックア・アルタを防ぐ構造になっている（図4・5）。

リド潮流口は幅が広いため、中間に島をつくりゲートの連結数を少なくすることが計画され、現在はこの島の埋め立てが進んでいる。

各潮流口には、水門が閉まっている間も船が通れるよう閘門が設けられる計画で、現在は各潮流口でこの閘門建設が進んでいる。とくに、マラモッコ潮流口は、マルゲーラ工業地帯に続く運河の出入り口部分にあたり、船舶の通航を止めるのが許されない箇所である。水門稼働時も船舶の通航を保証しなければならないという難しい問題を抱えている。

また、環境面からモーゼ計画に反対する声もいまだに大きい。それは、ゲートを安定させる受け台の設置にともなって、潮流口部分を深く掘り下げる工事がラグーナ環境に深刻な影響を与えるという心配からである。潮流口にできる新たな深い溝

通常時：ゲートが海底の台に収まっている.

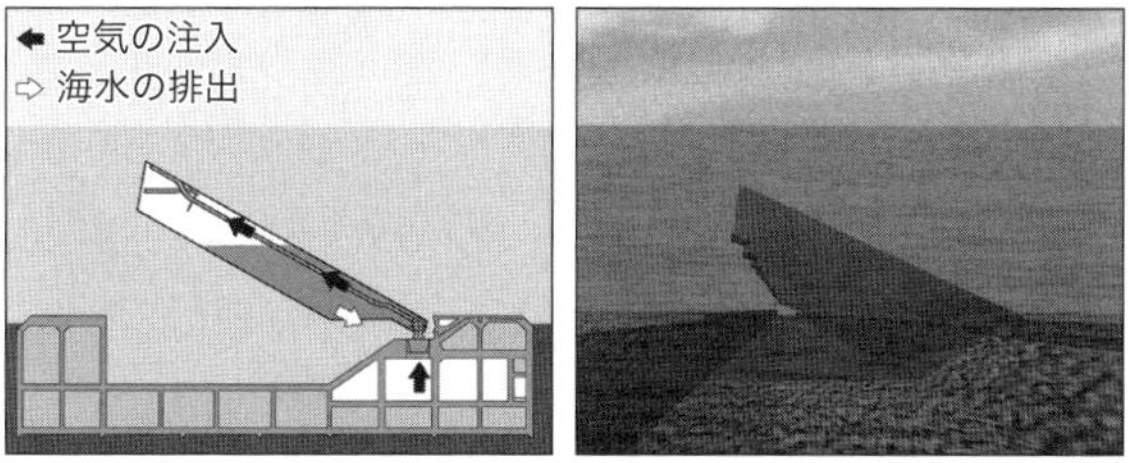


予測水位 110cm 以上：浮力によりゲートが立ち上がる.

起立時：水位差最大 2m までこのゲートで支えることができる.

図4　可動式水門のイメージ図（Consorzio Venezia Nuova による）

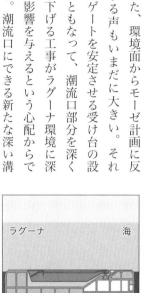

によって、ラグーナへの潮流速度が激しく変化し、自然に優れた微地形が侵食され、ラグーナの形態は失われていくという。このように建設段階で、すでにラグーナの環境に大きな影響を与え得ることが問われてきた。

州政府がモーゼ計画に最初から賛成したのに対し、市政府は長い間反対の立場をとってきた。しかし結局、後に市もこの計画の推進を認め、工事が進んでいる(8)。

このように、アックア・アルタから都市を守るためのモーゼ計画は、船舶の交通や自然環境に大きな影響を与えるとして、さまざまなところで議論が巻き起こっている。とはいえ、その間にもヴェネツィア本島から少し離れた場所でモーゼ計画は確実に進んでいるのである。

## 4 ラグーナの環境対策——自然回復的な試みと交通規制による保護

ラグーナの形態を見直す環境対策の動きがある。二〇世紀初頭から、経済成長を目的とし、本土とラグーナの接点に大きな埋め立て地を広げていった。そこは、ただ葦が生え湿地の自然地形が広がる、土地としては不安定な場所であった。しかし、この繊細な環境バランスがラグーナ形態

図5　モーゼ計画の実験現場（1990年）

を維持し、ヴェネツィアを守ってきたのである。

一九六〇年頃はまだ埋め立てが盛んに行われており、一九六〇年代、マラモッコ－マルゲーラ運河掘削時の泥で一二〇〇ヘクタールに及ぶ埋め立てが行われ、第二、第三工業地帯が形成されたが、その建設事業等は多くの自然を破壊した。このような動きに歯止めをかけたのは、一九六六年のアックア・アルタであった。ヴェネツィア救済として、ラグーナの環境バランスを取り戻すためのプロジェクトが始まった。

一九九〇年から一九九五年の間、マルゲーラの第二、第三工業地帯の埋立地を一部掘り返した。水循環をよくすることで、ラグーナの保水量を高めることが可能となる。バレーナは、ラグーナの形態を支えているものであるが、一九三〇年から二〇〇〇年の間に一〇〇平方キロ減少していることが明らかになっている。

そこで、現在、自然環境を取り戻すためにバレーナを増やす計画が行われている。もともとバレーナ地形があった場所に土を盛り、砂が逃げないように護岸を固め、自然に植物が自己増殖するようにする。七年もすると土壌が落ち着き、鳥が生息しはじめる。この一連の動きは、一九九三〜九五年に南ラグーナのヴァッレ・ミッレカンピで行われ、現在、一度失われたバレーナの地形を復活しつつある。

このほか、交通面からも自然環境を守る対策が行われている。二〇〇二年、モーターボートの使用を禁止し、あるいは速度を制限する特別地域が指定された(9)。

モーターボートによって起こる波は、ラグーナの保水機能をもつバレーナの侵食や海抜の沈下、海底の平均化を引き起こし、ラグーナの形態を変えてしまう。そこでモーターボートの立てる激しい波からラグーナの形態を守るため、二〇〇二年、速度制限による厳しい規定がしかれた。ラグーナ内において、全てのボートが時速二〇キロに制限され、運河の規模に応じて時速一四キロ、一一キロ、七キロと制限された。さらに、ヴェネツィアやキオッジアの都市内運河での速度制限は時速五キロに定められている。

また、二〇〇二年、環境特別地域が指定され、ここでは救援と警察の緊急出動時の船以外のモーターつきの通航が禁止された。指定された区域は、北ラグーナ区域、南ラグーナ区域、サンテラズモ区域の三か所である。これらの区域内にある、独特な風景をもつ養魚場では、ラグーナの特別な伝統漁業舟や伝統的な形の舟に対しては、船外機を取り付け、モーターボートとして使用することが許可されている。ラグーナでは伝統的手法もしっかりと守りながら、モーターボートの制限を行い、ラグーナの形態を守っていることがわかる。

このように、ラグーナの形態を取り戻すために、人工的な大規模事業によって自然地形を再編成する方法がとられている。バレーナを増やしラグーナ全体の保水力を高め水の道を多くつくることで冠水を軽減させる試みである。また、交通面からも自然環境を守る対策が行われている。ラグーナ内を往来する船舶によって引き起こされる強い波を制限し、保水機能をもつバレーナの侵食を防ぐ、ラグーナの環境バランスを取り戻すプロジェクトの今後の効果を期待したい。

### [5] ヴェネツィア本島内の対策――道のかさ上げとパッセレッラ

ヴェネツィアやラグーナの島では、地盤面の高さを上げるアックア・アルタ対策が行われている。この土木事業は一九九七年から、ヴェネツィア市に委託されたインスラ社が地面かさ上げ工事を行っている。かさ上げの高さは、ヴェネツィアで海抜一一〇センチまで、周辺の島では海抜一三〇～一八〇センチまでである。この舗装工事では、地面を上げると同時に、水道管、ガス管、電話線、電線の地中化および取り換え作業が行われる。

サンタ・クローチェ地区に位置し、ローマ広場から都市への入口にあたるトレンティーニは、地盤が低いためにアックア・アルタの起きやすい場所であった。岸と舗装面のかさ上げが行われ、それによって生じた街路と一階玄関との段差が調整された。岸は、以前の海抜八五センチから少なくとも一〇〇センチまで上げる必要があった。また、運河の浚渫、排水管の改修と新設、水道管やガス管などの再整備が同時に行われた。

最も地盤の低いサン・マルコ広場では、歴史的景観に配慮し、運河に面する岸のみ舗装面をかさ上げし、広場そのものは地中の排水溝の整備にとどめた。そのため、現在、潮位八〇センチですでに冠水状態となる。

このように、舗装面のかさ上げ整備は街全体で行われている。この整備は、高さを最小限に抑え都市景観を守り、また水循環を考慮した事業である。ヴェネツィアの基本的な都市構造を変えず、環境に配慮した方策といえよう。

そして、アックア・アルタ対策ではもう一つ注目すべきものがある。それは、アックア・アルタが起きやすい九月一五日から四月三〇日までの間、地盤の低い箇所で行われる、板（パッセレッラ）の設置である（図6・7）。

その設置はヴェネツィア市が実施しており、約一二〇センチの潮位まで「濡れない歩行」を保証する。水位八〇センチを超す予報が出ると、パッセレッラが並べられ、アックア・アルタ中の歩行移動を助けている。しかし、水位一二〇センチを超えると、今度は逆にそれが水をかぶったり流されたりと危険なので、パッセレッラは取り除かれる。

パッセレッラは公的機関などの主要施設や人の集まる場所に設置される。また、各水上バスの停留所に貼ってあるパッセレッラ配置図をみる

図6　サン・マルコ寺院前に置かれたパッセレッラ（2011年10月27日午前11時）

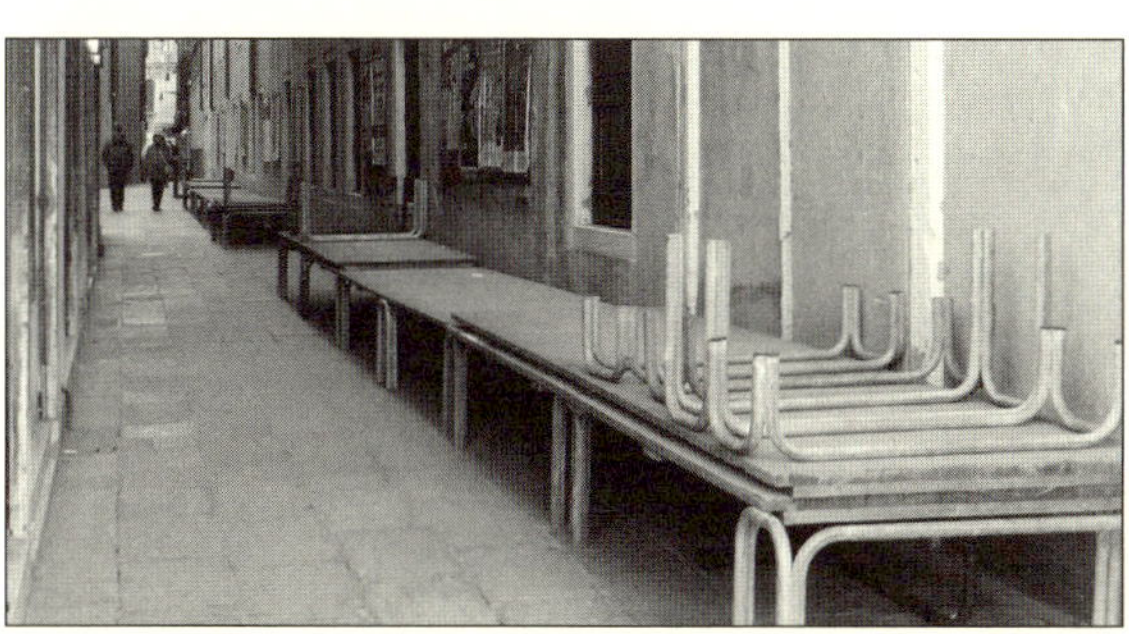

図7　アックア・アルタに備えて用意されたパッセレッラ（2013年）

と、水上バスの停留所や渡し船乗り場と接続するよう設置され、都市内を循環できるよう計画されていることがわかる。

普段、住民を困らせているのは、水位八〇センチから一〇〇センチ規模のアックア・アルタである。こうした頻繁におこるアックア・アルタには、都市構造を変化させないパッセレッラの設置は一時の対処法として効果的である。今後は設置箇所を増やし、より安心した歩行空間を保証することが必要だろう。

その他、ヴェネツィア市では、アックア・アルタになる数時間前に、携帯のメールや電話等で予測水位を通知するサービスや、水位一一〇センチに達する数時間前に、街中に鳴り響くサイレンで警報を知らせる活動を行っている。

### 6 アックア・バッサと浚渫作業

アックア・アルタの逆の現象でアックア・バッサという、基準水位マイナス五〇センチ以下になる現象がある。アックア・バッサはアックア・アルタ同様、潮の干満が原因で、大潮の干潮時に起こる。航行に影響を与え、内部の運河、運河の浅い部分では乾上がるところも出てくる。

運河はだいたい一年で二・五センチの泥が溜まる。何年も放置すると、航行に危険が生じ、不衛生な状態になる。これを防ぐために底の泥を周期的に取り除く必要がある。

一八七二〜二〇〇八年の間にマイナス五〇センチ以下を記録した頻度は、低くなる傾向を示しており、アックア・アルタの頻度が高まるのとは逆の傾向である。一九五〇年頃までは年に五〇回以上もアックア・バッサになっており、水位マイナス九〇センチを下回る記録もある。

一九世紀の主な原因は運河に溜まる泥であった。陸上交通に中心を置き、運河網を追いやった時代である。[10] 一九三〇年代後半に浚渫事業が行われるものの、また運河網のメンテナンスを怠ってしまう。本格的な浚渫作業が始まったのは、実は比較的最近のことである。

一九九七年、市から委託されたインスラ社が浚渫作業を行っている。適した時期に作業が行えるよう、運河の埋まるレベルは常にモニターで監視されている。

作業は二段階で行われる。まず、泥を集める浚渫機船で運河内の泥を取り除く。つぎに運河の両端を矢板で区切り水を除去し、本格的に泥をかき出す。かつてはすべて手作業で行われ、かき出した泥は島の拡張工事などに使われていた。この時、必要であれば運河の壁面も修復される（図8）。運河の海水は壁のモルタルを溶かし、家または道の基盤を崩壊させる可能性をもつ。また、スクリューによる強い波動や、船が岸に触れる影響で壁に障害を与えている。そのため、壁面の修復が必要となる。このような浚渫作業の一連は、少しずつ区切って行われ、だいたい四か月かかる。

以上見てきたように、作業は大変時間がかかるものである。しかし、運河を使用していくには必要不可欠な作業である。ヴェネツィアでも浚渫作業を怠っていた時期が何度かある。干潮の時は運河が乾上がり、航行不可能になったり、周囲に悪臭が立ち込めたりした。現在はこうした反省から、運河管理に再度目を向けている

## 5　おわりに

ヴェネツィアは常に水と真剣につきあってきた。決して輝かしい歴史だけではなく、水の恐ろしさも人々は経験してきた。その水環境を人間が制御し活用する長い経験を通して、ラグーナという不安定な場所に、

図8　浚渫作業と護岸整備

類《たぐい》まれなる水の都をつくりだしたのである。一度は、陸の都市の発想で都市化が進み、ラグーナの埋め立てが盛んに行われたが、現在は環境の視点から水の都市として見直されている。また、交通の視点からも自然環境への配慮がみられ、厳しい制限によってラグーナの形態を守る試みがなされている。その一方で、伝統的な船には規制を緩め、歴史性を重んじる姿勢を見せている。

このようにヴェネツィアの人々は何百年にもわたる歴史のなかで、自然環境の維持と都市の発展のバランスを模索してきた。環境を管理し、それと同時に都市の経済成長を遂げてきたヴェネツィアの経験は、これからの都市再生に必要な多くのことをわれわれに教えてくれるに違いない。

注

（1）拙稿「水とともに生きるヴェネツィア」『都市問題研究』第四一巻、第八号、都市問題研究会、一九八九年八月。

（2）V. Favero 他、*Morfologia storica della laguna di Venezia*, Venezia 1988.

（3）P・ベーヴィラクア、北村暁夫訳『ヴェネツィアと水——環境と人間の歴史』岩波書店、二〇〇八年。

（4）ヴェネツィア市のホームページ（http://www.comune.venezia.it/）

水位一五〇センチ以上を記録した日は次の通りである。一九五一年一一月一二日＝一五一センチ。一九六六年一一月四日＝一九四センチ。一九七九年一二月二二日＝一六六センチ。一九八六年二月一日＝一五九センチ。二〇〇八年一二月一日＝一五六センチ。

（5）G・チェッコーニ、シンポジウム『海抜ゼロメートル世界都市サミット』二〇〇八年一二月開催。

（6）P. Canestrelli 他、*1872-2004 La serie storia delle maree a Venezia*, Venezia 2006.

（7）中山悦子「ヴェネツィア特別法のゆくえ——世界遺産の町を維持するために」『CRONACA』一〇月、二〇〇六年。

（8）Città di Venezia, *Proposte progettuali alternative per la regolazione dei flussi di marea alle bocche della laguna di Venezia*, Venezia 2006.

（9）S. Guerzoni 他編、*Atlante della laguna Venezia–tra terra e mare*, Venezia 2006.

（10）G. Caniato 他編、*La Laguna di Venezia*, Verona 1995.

# 第12章　水と共生する苦悩と喜び

## 1　アックア・アルタの宿命

晩秋の一一月に入る頃、毎年、ヴェネツィアでは、もはや風物詩ともいうべきアックア・アルタ（高潮による冠水）の現象が見られる。水の都でも、特に地盤の低いサン・マルコ広場はしばしば水に浸かる（次頁図1）。だが、人々は慌てず、騒がず、あらかじめ準備された渡し板（パッセレッラ）の上を歩き、二〜三時間後に潮が引いて水が去るまで、何とか凌ぐ。この水都では、夏から秋のはじめのビエンナーレと映画際、冬の終盤のカーニバルが毎年、人々の注目を集めるが、ちょうどその間の静かな一一月の時期に、アックア・アルタがＴＶの映像を通じて世界の人々に格好の話題を提供することになる。それにしても、二〇一二年の秋は、観測史上四番目という強烈なアックア・アルタを記録し、人々を驚かせた。

だが、浅い潟のラグーナという不思議な水の環境に誕生し、華麗な水の都市として発展したヴェネツィアは、実はその形成のはじめからアックア・アルタに悩まされ、多くの市民が溺死する事態が起こってきた。一四一〇年には、千人もが溺死したという。アックア・アルタと辛抱強くつきあうことは、彼らの遺伝子に受け継がれているように見える。そして、悲観しているばかりでもない。アックア・アルタから着想を得た喜劇が一八世紀後半に上演されたし、水浸しになったサン・マルコ広場に入り込んで楽しむ何艘ものゴンドラを描いた一九世紀前半の絵画がある。遭遇した不思議な非日常的光景を楽しむ好奇心旺盛な観光客の姿が多いのは、今も変わらない。

## 2　水上の立地がもった有利な条件

このようにヴェネツィアの人たちは、水の厳しさ、難しさと辛抱強くつきあい、その恩恵にもたっぷり浴しなら、独特の華やかな水の文化を生み出したのだ。

そもそも、水で囲われた浮島は多くのメリットをもっていた。とりもなおさず、異民族侵入に揺れる激動の中世初期において、防御の面から格好の場所として水上の立地が選ばれたのだ。ゲルマン系の人たちは船を操れないことから、このラグーナの地形は天然の要塞の役割を果たした。

ヴェネツィア人は、こうして水上に誕生することになった迷宮構造の浮島の特性を活かし、中世から馬の通行も禁止し、船と歩行で成立する、今でいえばまさにヒューマン・スケールのスローシティを実現した。しかも、共和制による巧みな統治術で治安もよく、内紛もすくないこの都市では、建物は水に開く美しい外観を獲得したのだ。中世の時代にあって、かくも華麗な姿を都市景観に見せる都市は、他になかった。東方のビザンツに続き、イスラーム世界の高度な建築技法を取り入れたことも注目される。イスラーム世界では中庭側に見られた連続アーチの美しい空間を、この水の都では、大運河に面して実現したのだ。近代、ましてや物騒な現代においい

図1　冠水したサン・マルコ広場

て、こんな開放的な気持ちのよい都市空間がつくられることは望むべくもない。

安全を求めてラグーナに誕生したヴェネツィアは、結果的に立地のもう一つの大きなメリットをもつことになった。アドリア海を通って、オリエントの諸国へも船で出掛け、交易する上でも好都合だったのだ。操船術に長《た》けるこの街の人々は、まずアドリア海をわが海とし、やがて東地中海の各地に拠点を構え、アマルフィ、その後はピサ、ジェノヴァともしのぎを削りながら海洋都市としての力を大いに発揮した。イスラーム商人と手を組みながら、海路、ヴェネツィアに多くの商品を運び、それをアルプス以北の国々に売って、中継貿易で巨大な富を築いた。

## 3 水に開く建築と都市

ヴェネツィアの幹線水路、大運河沿いには、その主役である商人貴族たちの館がずらっと並び、独特の華やかな水景が生まれた。大きな連続アーチをもつ開放的なつくりの一階は、船着き場、荷揚げ場であり、玄関ホールの両側には商品の倉庫がとられ、一方、二階は商品展示場、オフィス、接客の場であり、同時に家族の住まいだった。二階も小さなアーチが数多く連なる構成をとった。このような大運河に開く独特の建築様式は、東方貿易が衰えても受け継がれ、まさにヴェネツィアが誇る最大の魅力となっている。

古今、ヴェネツィアを訪ねた多くの文化人、芸術家が、この街の壮麗な建築が水から直接立ち上がることの不思議さに驚いたことを書き残している。しかも、正面玄関が水の側にあるのも、ヴェネツィアならではだ（次頁図2）。この不思議を支える秘密は、実は地中にある。長い松杭が無数に堅い岩盤まで打ち込まれ、その上にイストリアから運ばれた白い石の基礎ができ、洗練された色の漆喰塗りの煉瓦壁からなる建物が立ち上がるというわけだ。従って、ヴェネツィアでは、地上に見えている美しい建物の姿に感激するだけでは不十分で、その地中に存在する壮大な松杭の森林を想像する必要がある。

## 4　水の都の生き残り戦略

ラグーナの水上に誕生した資源の乏しいヴェネツィアは、サバイバルのための知恵を常に発揮し、時代の変化を読みながら幾多の危機を乗り超えてきた点でも、興味深い。オスマン帝国の勢力の急速な拡大に加え、バスコ・ダ・ガマの喜望峰をまわる航路発見でインドと西欧が直接結びついたことで、それまで独占状態だったヴェネツィアの東方貿易に暗雲が立ちこめた。以来、この海洋都市も、海だけに生きるのでなく、陸に進出して農業経営を行う一方、国内では手工業と繋がるファッション産業や、出版、演劇など新たな文化産業を育て、安定した経済基盤を築いた。東方の海に危険を冒して繰り出していた貴族たちのメンタリティも安定志向に変化し、大運河沿いの邸宅も、東方貿易の商館の役割を失って政治と社交の場の性格を強め、ゴンドラで乗りつける人々の晩餐会が催される場となった。バロックからロココの様式で飾られた華麗なる室内を、ムラーノ島で生産される豪華なシャンデリアが飾った。通常なら教会の天井画にしか登場しない

図2　水に開く貴族の邸宅群

天使が空を舞うような題材のフレスコ画が、舞踏会の舞台となる貴族の館の大広間の天井を彩った。

カナル・グランデの役割も、ルネサンスの時代に入る一六世紀以後、大きく変化した。東方からの荷を満載した船が行き交う経済と物流の場から、水上でのイベント、祝祭が繰り広げられる華やかな舞台へと意味を転じた。外国からの国賓を歓待するスペクタクルもサン・マルコ広場ばかりか、大運河でも催された。一六世紀頃、世界劇場と呼ばれる水上を移動する劇場が、カーニバルの時期のヴェネツィアを彩った。

今のヴェネツィアの水の都市空間には、このように東方へ目を向け、ビザンツ、イスラーム世界のエキゾチックな文化をたっぷり取り入れた海洋都市の記憶と、イタリア本土と結びつくルネサンス、バロックの芸術文化を水の環境のなかで成熟させ独特の都市の魅力を生んだ経験とが重なり合う。

## 5 ラグーナの水の管理

華麗な文化の裏で、ヴェネツィア共和国の指導者たちがラグーナの繊細な水環境の維持管理に最大の努力を払い続けたことを忘れてはならない。一二八二年には専門の水の行政官が設けられた。大陸から幾筋もの川がラグーナに流れ込む河口には泥が堆積しやすく、マラリアの発生源になりやすかった。そのため、ラグーナに注ぐ川の流路を外へ付け替える土木工事が何度も行われたし、ラグーナを浄化する働きのある海水のアドリア海からの流入を容易にする運河の浚渫や突堤の建設が必要だった。

だが、一八世紀末、ナポレオンの征服によってヴェネツィア共和国の幕が下り、やがて一八六〇年にイタリア王国へ統一されるに及んで、水と共存するヴェネツィア固有の生き方は忘れられ、陸の発想によるこの水都の近代的な開発が進んだ。ヴェネツィア本島には今も水路が迷宮状に巡るとはいえ、リオ・テッラと呼ばれる埋められた運河が実は少なくない。それが水循環を損ねる結果となった。最悪だったのは、本土側のマルゲーラ地区での大規模な埋め立てによる工場地帯建設で、アックア・アルタの際の水の逃げ場がなくなった上に、水と大気の汚染をもたらした。さらには、工業用水の地下水汲み上げで地盤沈下が起こり、冠水の大きな原因となったのだ。石油タンカーを通すための運河の掘削も、高潮の際の水の侵入を強める結果となったといわれる。すべての近代開発が、絶妙なバランスで水と共に生きてきたヴェネツィアの息の根を止める危険性をもっていた。

一九六六年一一月四日、前代未聞のアックア・アルタに見舞われたヴェネツィアは三日間孤立し、甚大な被害を受けた。それを機に、ユネスコを中心にヴェネツィア救済のキャンペーンが張られ、その後、世界の宝であるこの水の都を水没から守る試みが始まった。地下水汲み上げは禁止された。とはいえ、地球温暖化による海面上昇の心配がある。結局、アドリア海とラグーナの間にある三か所の潮流口に可動式水門を設置する「モーゼ計画」という名のプロジェクトが長い論争の末に、実現されることになり、目下、工事が進んでいる。普段は海中に沈んでいて景観を損ねることのない可動式水門が、いざ危ないという時だけ立ち上がって、アドリア海の上昇する水の浸入を防ぐという巧みな仕組みなのだ。

とはいえ基本は、力ずくで守るというより、できるだけ冠水と我慢強くつきあうという精神だ。危険を知らせるサイレンの警報システムは整っているし、街の随所に渡し板（パッセレッラ）が備えられる。もちろんカラフルな長靴の備えには余念がない。徐々に頻度が増えているとはいえ、一一月を中心とした晩秋から冬の一時期を除けば、大半の季節には、水の都の美しく快適な日常生活を満喫できる。

かつて大運河沿いの貴族の館には、荷を揚げる必要があったが、その要請もなくなった近代、むしろ船着き場の脇を利用して快適なカフェテラスを張り出すことも可能となった。私の研究室に所属し、ヴェネツィア建築大学に長く留学して、この水の都の舟運を研究する樋渡《ひわたし》彩が、当時の設計図面などの史料から、こうした水上テラスが一九三〇年頃に大運河に沿って登場したことを突き止めた。むしろ、近代になって人々は水辺空間をより快適に活用することになったのだ。岸辺沿いに並ぶカフェやレストランも、船からの荷揚げが活発だった時代には、存在するはずもなかった。ヴェネツィアのザッテレにある南向きの明るい岸辺には、水上に張り出す実に気持ちのよいカフェテラスが幾つも並ぶ（図3）。背後には、ルネサンスのヴェネツィアが生んだ建築の傑作、パラーディオによるイル・レデントーレ教会の美しい姿がさりげなくある。足下を波が洗う水上の舞台に身を置き、時を忘れてしばし寛《くつろ》ぐのは、最高の贅沢だ。

水とともに呼吸するヴェネツィアだけに、四季の変化も存分に楽しめる。しかも、船を使った水上のイベントには事欠かない。七月末のイル・レデントーレの祭りの前夜に行われる盛大な花火には、市民が思い思いに仕立て上げたボートがサン・マルコの沖合に総結集し、深夜一一時頃の打ち上げ開始まで、水上で賑やかに祝宴を楽しむ。何といっても壮観なのは、ヴォガロンガと呼ばれる手漕ぎボートによる市民マラソン的なイベントだ。タイムは競わずラグーナを巡る楽しいイベントで、今ではとてつもない数のボートが世界中から集まって、水上が祝祭空間となる。

一方、水の循環を再生し、またモータボートの波で被害を受けてきた運河沿いの岸辺や建物の基礎を修復強化する工事が辛抱強く継続的に実施されている。同時に岸辺のか

図3　水上に張り出す岸辺のカフェテラス

さ上げもされ、アックア・アルタに備える。簡易浄化槽の設置、地中埋設のライフラインの修理補強も同時に実現される。よりよく住み続けるための地道な努力がなされていることも知っておきたい。

　ヴェネツィアは単に過去の栄光に生きる都市ではない。ビエンナーレ、映画祭、さまざまな展覧会、オペラ、国際会議など、日々世界に文化発信する国際基地の役割をますます強めている。効率と経済性の追求という、われわれを取り巻く窮屈な現代の俗世間から一歩この水の都に入ったとたん、われわれは非日常の想像性豊かな世界に解き放たれ、身体の愉悦を味わうことができるのだ。

# 終章　交易都市から文化都市へ、そして環境都市へ

## 1　水都の誕生から「交易都市」へ

これまで述べてきたように、ヴェネツィアの都市としての在り方は、その歴史のなかで、時代ごとに大きく変化してきた。それを簡単に振り返ってみよう(1)。

まずは、外敵の侵入から逃れ、安全を求めて、ラグーナの何もない新天地としての島群の上に形成を開始した建設の初期の姿がある。その環境のなかで、人々の船を操る能力が活かされ、東方の海へと繰り出して、一二、一三世紀からビザンツ、イスラーム世界との交易を意欲的に展開し、その交流のなかから巨大な経済力が生まれた。中世を通じてその富を都市建設に投資し、当時の先進地域であるオリエントの文化を導入しつつ、独自の華麗なる水上都市を築いた、まさに「交易都市」としての輝かしい歴史がまずある。ラグーナに開く都市全体が港町であり、東西世界を結ぶ経済中心としてのリアルト市場が栄え、経済的な活気に溢れた。交易経済都市が独自の商人、民衆の文化をはぐくんだ。

一五〇〇年頃までに、ヴェネツィアは、中世的な原理で数多くの自立性をもった教区＝地区からなる複核都市を、そして自然条件を巧みに読みながら複雑に織りなされた独特の水上の迷宮都市の構造をつくり上げた。その中にあって、政治と宗教の中心サン・マルコ広場と幹線水路カナル・グランデの存在は際だっていた。こうした都市の様子が幸い、一五〇〇年につくられたヤコポ・デ・バルバリの鳥瞰図に克明に見てとれる。この中世の時

代にこそ、ヴェネツィアの固有な性格を決定づける最大の都市づくりの歴史があったといえる。

アラブ・イスラーム世界との共通性をも感じさせる空間の複雑なプログラムがそこにある。貴族の邸宅の内に秘められたコルテと呼ばれる中庭にも、どこかアラブ世界の地上の楽園を体現する中庭とも相通ずる雰囲気が感じられる。もちろん、建築様式には、華麗なオリエントの装飾性がふんだんに取り込まれたのである。一九世紀末、ジョン・ラスキンがこのヴェネツィアの建築美学の虜《とりこ》となった。その後も続くことになる海洋都市としての国際性、多文化・多言語・多民族・異文化共存といったこの町らしい特徴もすべて、この「交易都市」が生んだ重要な性格だといえる。

## ②「文化都市」への転身

しかし、ヴェネツィアの歩んだ歴史は一五〇〇年の前後で、大きく舵を切り替える。資源のないラグーナの島上に形成された都市だけに、木材、石材、食料などの調達のため、すでに中世から徐々に本土（テッラフェルマ）に領土を広げつつあったヴェネツィアではあるが、一五世紀末には、アフリカの南回りで直接インド洋へ行く航路が開発され、同時に、東地中海でのオスマン帝国の勢力が拡大したことで、東方貿易に依存するヴェネツィア経済の在り方に暗雲が生じ、本土への進出展開をより本格的に進めることが求められたのである。

イタリア全体では、一五世紀前半から後半にかけて、新しい社会、文化の指導原理であるルネサンスの文化が台頭し、大きな影響力をもっていた。ヴェネツィアがそれに乗り遅れるわけにはいかない。そこで、ヴェネツィアにも一五世紀末から徐々に建築の世界にルネサンスが導入され始めるが、一六世紀の初期まではやはり、東方の影響を受けたヴェネツィア風ルネサンスの枠を出ることはなかった。装飾的で色彩豊かな独自の価値をもつとはいえ、それではイタリア、ヨーロッパの主流にはなりえない。

そこに登場したのが、大きな構想力をもつ総督、アンドレア・グリッティ（一五二三～三八）であり、手腕を発揮して、M・タフーリが「都市の革新」(rinovatio urbis)と定義した都市の改革を押し進めた。[2] そのもとで、中世を通じて、先進地オリエントの文化を取り入れ、それを自らのアイデンティティとして誇ってきたヴェネツィアの従来の価値の体系を転換し、当時、イタリア全体で主導原理となりつつあった古典的・西欧的な価値の体系を建築、都市空間の形成にとっての最も重要な規範に据えたのである。

その考え方の象徴的な動きが見られたのが、サン・マルコ広場である。すでに「交易都市」の中世からこの共和国の政治的・文化的な中心として特別な価値をもつ広場であったが、そのラグーナの水面に開くあたりには、中世の下町的な質素な建物群や港周辺の庶民的な雑踏が見られた。それを大きく改造し、透視画法的空間としての理想都市の広場、劇場としての広場につくり変える大事業を実現させたのである。[3]

この時期、都市経済を支える構造も大きく変化した。資源のない島国、ヴェネツィアは時代の空気を読み、生き残りのための舵取りをいつの時代にも見事に行って見せた。そのため、島国で資源の少ない日本の生き方を考えるのにも、ヴェネツィアが歴史の中で示したサバイバル戦略が大いに参考になるとされる。

こうして一五〇〇年の頃、ヴェネツィアは「交易都市」から「文化都市」へとその生き方の考えを転換させたといえる。[4] かつて東方の海に自ら船団を率いて繰り出した冒険的精神をもつ商人貴族たちも、富を得て、安定を選ぶようになり、本土に土地をもち農業経営に力を入れる一方、政治や文化に大いに関心を向けるようになった。都市社会が成熟段階に入ったともいえる。

この頃から、文化産業が多彩に展開した。一六世紀以後、手工業の発展が見られ、ファッション産業ともいえる分野がヴェネツィアの経済と文化を活性化させた。他都市に比べ、自由な表現活動が可能だったこの都市らしく、出版文化が活発になり、劇場の経営なども新たな経済活動に加わった。不動産経営という領域もさらに拡大した。

中世からはぐくまれた海洋都市としての開放性は、ここでも大きく貢献した。ドイツ人の靴職人、ルッカの絹織物職人など、ファッション産業の発展にも技術をもつ外国人の存在が欠かせないものだった。

小国ヴェネツィアは、一六世紀以後、ヨーロッパの列強が争いを繰り返す状況にあって、その独立を堅持するための巧みな外交を常に求められた。外国からの賓客を国家を挙げて歓待することも重要だった。貴族階級はその邸宅、別荘を宿泊に提供し、サン・マルコ広場や大運河、劇場などを舞台にさまざまな歓迎の催し、スペクタクルが行われた。それがまた、民衆にとっても楽しみの機会となり、都市文化の重要な要素となったのである。

とはいえ、一六世紀のルネサンスに始まり、一七世紀のバロックの時代にかけて行われた都市づくりは、中世に自然の条件を活かしてつくり上げられた従来の水上都市を壊すものではなく、その独特の文脈の上で、個々の敷地のレベルにおいて新たな建築様式での建て替えを行うのを基本としていた。大がかりな都市改造が行われたのは、サン・マルコ広場の特に小広場においてであり、それがヴェネツィアの文化性を大いに高めた。また、パラーディオによる、サン・マルコの沖合のサン・ジョルジョ・マッジョーレ教会、ジュデッカ運河のイル・レデントーレ教会の登場、続く一七世紀に大運河の入口近くにロンゲーナによって実現されたサルーテ教会の登場が、水都ヴェネツィアの都市空間における、大きなスケールでの魅力のアップに繋がった。「文化都市」としてのヴェネツィアにとって、才能豊かな建築家による貢献が大きな意味をもったといえよう。ヴェネツィアはこうして、中世に水上につくられた独自の基礎構造の上に、一六世紀以後、ルネサンス、バロックの精神でさらに輝きを加え、世界に類例のない魅惑的な都市として完成していったのである。

### 3 受け継がれる「文化都市」の遺伝子

「文化都市」としての歴史的な経験は、ナポレオンによる征服、オーストリア支配を経て、イタリアに統合された後にも、ヴェネツィアの人たちの間に遺伝子として強く生きていた。一八九五年という早い時期に、現代美術の国際美術展覧会、ヴェネツィア・ビエンナーレが開始され、一九三二年には映画部門が加わりヴェネツィア国際映画祭となった。さらに一九七五年からは、建築部門もスタートし、八〇年以後、ヴェネツィア建築ビエンナーレとして毎回話題を呼ぶ状況を生み出し、世界でも有数の影響力をもつ文化都市としてヴェネツィアは求心力を発揮しているのである。その意味では、過去の栄光に依存した単なる観光都市となったわけではない。文化創造都市としての性格を強くもち、リアルタイムに世界と連動し、発信する都市なのである。

しかし、その歴史と文化、水の都市空間の魅力から、世界中からあまりに大勢の観光客が押し寄せることになり、本来の市民にとっては住みにくい状況がますます強まっている。私が留学していた一九七〇年代前半には、島の人口が一〇万人を切ったといって大騒ぎしていたのが、今や六万人を割る状態になっている。何とかヴェネツィア本来のよさを守ろうという目的で、この都市を「ディズニーランド」、あるいは「テーマパーク」にするな、と叫ばれた時期もあったのだが、今は、大衆化した観光の進展に止《とど》めを刺すのが難しい状況にあるようにも見える。

### 4 ラグーナと共生する「環境都市」へ

この飽和状態になった歴史をもつヴェネツィアにあって、新たな動きが確実に見られる。ラグーナの豊かな環境を再評価する動きである。「文化都市」としてのヴェネツィアから、さらに「環境都市」へのシフトが起こりつつあるといえよう。

二〇一五年に、そのことを象徴する興味深い展覧会がヴェネツィアの総督宮殿で開催された。ミラノで行われた食をテーマにした万博に呼応する形で実現した「ヴェネツィアにおける水と食べ物」と題する展覧会で、私の長年来の友人でヴェネツィアの都市史研究の第一人者、ドナテッラ・カラビが企画実現した(5)。その若き協力者、ルドヴィーカ・ガレアッツォをわれわれの都市史学会の総会でのシンポジウム「水都史研究」に招き、その内容を特別講演として論じてもらった。ラグーナの豊かな水環境は、魚、狩猟による鳥（主にカモ）、塩、島々で栽培される野菜、果実、ワインなど、多種多様な食料を供給し、華やかな食文化を生み出したことが興味深く語られた。

歴史的には、ヴェネツィアはその周辺に広がるラグーナとともに形成され、その水環境と共生してきたにもかかわらず、近代には、そのことをすっかり忘れ、本土側では埋め立てを進め、巨大な工業地帯がつくられた。開発志向はヴェネツィアの地にも強まり、ラグーナには大型タンカーをその工業地帯まで導く深い運河が掘削され、水のエコシステムに大きな障害が生まれた。そのしっぺ返しともいうべく、一九六六年にヴェネツィアは大規模なアックア・アルタ（高潮による冠水）に襲われ、甚大な被害を受けたのである。

この悲劇を契機に、ユネスコを中心に国際的な「ヴェネツィア救済」のキャンペーンが巻き起こり、イタリア国家もヴェネツィア救済の特別法を何度も成立させ、財政的支援を行ってきた。ヴェネツィア自身もエコシステムを壊す近代的な都市と地域の開発への反省に立って、以後、いくつかの段階を踏みながら、ラグーナの自然環境を再評価し、それを再生する方向での動きが着実に展開してきたのである。

二〇〇六年には、ヴェネツィアの有力出版社、マルシリオ社から、ラグーナの自然環境を生態学的視点と歴史の視点から分析考察した『ラグーナのアトラス――陸と海の間に位置するヴェネツィア』と題するビジュアルな資料満載の大型出版物が刊行された[6]。

二〇一五年は、この「ヴェネツィアにおける水と食べ物」の展覧会とも呼応し、「ヴェネツィアはラグーナだ」（Venezia è Laguna）というマニフェストを掲げたフラッグが大運河沿いの邸宅などに掛けられた。ヴェネツィアはまさにラグーナの恵みとともに育ち、発展してきた。ラグーナあってのヴェネツィアということを思い起こそうという呼びかけである。

実は、ヴェネツィアの中世以来の古い都心部は飽和状態にあり、思い切った新しい動きは導入しにくい。それに対し、一九世紀、二〇世紀の前半に形成された島の周辺部には、すでに役割を終えた工場、倉庫などの近代の産業施設を保存・活用した文化施設、大学キャンパス、ホテル等が続々と登場し、ヴェネツィアの新しい顔になっている。その一つ、一九世紀末にジュデッカ島の西側に建設された巨大製粉所、モリーノ・ストゥーキが最近、ヒルトンホテルにコンバージョンされた。一方、ラグーナに浮かぶ北隣のガラス工芸で世界的に有名なムラーノ島では、一九世紀、二〇世紀前半に建設され、すでに使われず廃屋になっていた大規模なガラス工場を再生し、やはり超高級ホテルへと転換する動きが見られる。

さらには、ラグーナに浮かぶ小さな島々にも新たな光が当たりつつある。中世の修道院の後に精神病院が置かれ負のイメージを長らく負わされていたサン・クレメンテ島では、その建物を見事に修復再生し、五つ星ホテルにつくり変えた。周辺のバレーナ（湿地帯）近くのエリアには、アグリトゥリズモが幾つか登場しているし、ラグーナをボートで周遊し、変化に富む水の環境を愉しむ人々もふえている（図1）。また、歴史的に形成されてきたヴァッレ・ダ・ペスカ（養魚場）を取得して、現代的な経営センスを持ち込み、捕獲した魚をイタリア各地へインターネット販売し、さらに、その漁業を支えた古い建物を現代のインテリ

図1　ラグーナをボートで周遊する新たな楽しみ方

アデザインで見事に蘇らせ、ヴァカンス用のレジデンスとして貸し出すビジネスも登場している（図2）。

市民の暮らしにとっても、ラグーナの重要性が高まっている。ヴェネツィアの市民には、プレジャーボートをもつ人たちも多い。簡単な船外機をつけた小さなボートでも十分に楽しめる。人々は観光客がひしめくヴェネツィアの雑踏を離れ、雄大なラグ

図2　ヴァカンス用レジデンスに生まれ変わった養魚場の住居（上）とその内部（下）

図3　ボートで乗りつけられる水上レストラン

ーナの自然環境のなかで、釣りや日光浴など、思い思いにのんびり楽しむ。自然の豊かな島でピクニックをしたり、歴史の記憶をもつ島々を訪ねる面白さもある。ボートで直接、アクセスできる水上レストランも人気スポットの一つとなっている（図3）。懐の深いラグーナの水風景、水環境は、無限の可能性をもつように思える。

今、ヴェネツアで最も旬で注目すべき動きは、ラグーナに見られるといっても過言ではない。こうした動向を捉えるなら、ヴェネツィアの今後は、まさに「環境都市」の道を確実に進むものと考えられる。

## 5 研究テーマの変遷

このように多様な在り方を示してきたヴェネツィアだけに、その都市の歴史を研究する上でのテーマ、その方法もまたさまざまにありうる。そもそも都市史という研究分野が確立するのは、イタリアもわが国もよく似ていて一九七〇年代からである。先述のドナテッラ・カラビは、二〇一三年に他界したエンニオ・コンチナと並び、都市史研究の第一世代といってもよい。

従って、私がヴェネツィアに留学した一九七三〜七五年の頃は、政治史、経済史、文化史、美術史、そして建築史は分厚い蓄積をもつものの、本格的な都市史はまだ形成の途についたばかりという感じであった。しかも水都の歴史などという視点はほとんど見られなかった。

一方で、イタリア全体において、戦後の近代化、開発の反省に立ち、歴史的な都市空間を再評価する動きが一九六〇年頃から活発になっていた。特に、歴史の空間の面白さ、価値をよく受け継いだヴェネツィアは、早くから研究対象として注目された。しかも、ヴェネツィア建築大学には、優れた研究者、理論派で著名な建築家の教授陣が揃い、あらたな価値を創造し続けてきた。その意味でも、ヴェネツィアは都市の歴史的研究の変遷を追跡するのに、極めて意義深い対象であるといえよう。

本書の最後に、私自身がリアルタイムに体験してきたヴェネツィアでの研究者、専門家のテーマ、関心の変遷と、それを意識しつつ、自分自身が興味をもって研究してきたテーマ、その対象に迫る方法というものを振り返って書き留めておきたい。

なお、この点では、私の研究をさらに発展・拡大させるべく、修士課程、博士課程を通じて陣内研究室で学び、ヴェネツィアに長く留学して本格的に研究を深めた樋渡《ひわたし》彩が、「水都ヴェネツィア研究史」において、その動向を詳細に論じており、大いに参考になる。(7)

## 6 有機的都市を読む方法を学ぶ

私が大きな影響を受けた本の筆頭は、自分の指導教授として選んだエグレ・レナータ・トリンカナート女史が、一九四八年という早い段階で先見性をもって出版した『小さなヴェネツィア』である。(8) 誰もが、サン・マルコ広場や大運河に面した政治、宗教の重要な境界、邸宅ばかりに目を向けていた時期に、トリンカナートは、ヴェネツィアのマイナーな建築にこそ独自の価値があると考え、この注目すべき本を出版した。そこでは、一つ一つの建物が、いかにその敷地において、運河、路地、広場などの周辺要素を考え、有機的な関係をつくりながら、機能的にも、環境的にも、そして美的にも理にかなった内部の平面構成と外観を生み出したかを、豊かな事例とともに見事に説明している。近世の庶民住宅も多く取り上げられているが、中世につくり上げられたヴェネツィアらしい建築と都市の有機的構造を解き明かすという研究の視点が、当時としては極めて斬新だったと思われる。それはある意味で、車中心で機能的な合理性ばかりを追求する近代都市への批判を根底にもっていたと考えられる。

その後、一九五〇年代の半ばから終盤にかけて、中世にラグーナの特殊な自然条件の上にできたヴェネツィアの都市の構造を解き明かす研究がなされた。まず土木・都市計画の分野で、エウジェニオ・ミオッツィが、『歴史のなかのヴェネツィア』と題する大著を一九五七年という早い時期に著した。(9) 彼は都市計画の実務家で、水上都市ヴェネツィアを近代にどう活かすかという視点から新たなインフラ建設、運河の掘削など、多くの提案を行ったが、基本には、この特殊な条件にあるヴェネツィアの固有性に常に配慮を払ったのである。

この著作を読むと、水上にどういうプロセスで都市ができ上がったかその過程がよく理解できる。運河を掘削し、同時にそこに護岸工事を行って埋め立て地を造成した手法をも明らかにしている。トリンカナートとはまた違った次元で前衛的な研究であった。

私にとって決定的な役割を果たした研究がそのすぐ後の一九六〇年に刊行された。サヴェリオ・ムラトーリとその助手をつとめたパオロ・マレットが、ヴェネツィア建築大学を舞台に、学生たちの教育プログラムと連動させて、都市を読む方法を開拓したのである。フィールド・サーヴェイの成果として、ムラトーリは都市組織(tessuto urbano)に重きを置いて千分の一、マレットは建築類型学(tipologia edilizia)の視点から見た構成に重きを置いて五百分の一のスケールでの連続平面図を作成し、それぞれ価値ある報告書を一九六〇年に刊行した。ムラトーリの『ヴェネツィアの実践的都市史のための研究』[10]とマレットの『ヴェネツィアのゴシック建築』[11]というこれら二冊との出会いは運命的であった。「都市組織」と「建築類型」を武器として、歴史のなかででき上がった複雑で有機的な構成をとる都市を読み解く方法は、私にとって、その後、さまざまな局面で大いに役立つことになった。

トリンカナートの存在は、イタリアの都市計画雑誌『ウルバニスティカ』のヴェネツィア特集号(五二号、一九六八年一月)に掲載された素晴らしい都市形成の歴史に関する二つの論考を通して知った[12]。ミオッツィの大著は幸い、東京大学建築史研究室での私の指導教官、稲垣栄三氏が一九六〇年代にヴェネツィアを訪ねた際に持ち帰っていた。ムラトーリとマレットの二冊の本に関しては、イタリア留学の大先輩で、一九六〇年からミラノで研究、実務を体験された日本でのイタリア都市研究の先駆者、田島学氏から、有難いことにこの極めて貴重な文献資料をお借りすることができた。これらの文献を頼りに、修士論文でヴェネツィアの都市形成史に関する研究をまとめ、その成果をベースに、一九七三年からヴェネツィア建築大学に留学することとなった[13]。実際に、トリンカナート教授、マレット教授（当時、パドヴァに住み、ジェノヴァ大学で教える）に直接、指導を受けつつ、留学中、徹底的にフィールド調査を重ねた研究成果を博士論文「ヴェネツィアの都市形成史に関する研究」（一九八二年）にまとめた。それは後に『ヴェネツィア――都市のコンテクストを読む』（鹿島出版会、一九八六年）として刊行されているので、本書ではその内容については、エッセンスが随所に登場する程度にとどめる。

また当時、建築史の側からの都市史への関心が広がりつつあった。そこで私は、ジュセッペ・サモナのグループによるサン・マルコ広場の研究や、マンフレード・タフーリらのルネサンス建築史研究などから学び、象徴的でモニュメンタルな都市空間の形成過程を建築史から読み解くことを試みた。こうしてカナル・グランデ、及びサン・マルコ広場の形成を考察する作業にチャレンジした。その成果が本書の第3章、第5章などに反映されている。結局、ヴェネツィアは、水上に形成された有機的・迷宮的構造をもつ中世的な都市と、ルネサンス、バロックの秩序や造形を導入して改造された空間という二つの原理の重なり、組み合わせからなるといえるのであり、その考え方が本書の通奏低音をなす。

## 7 社会史研究の面白さ

一九七六年秋に留学から戻り、法政大学で教鞭をとることになり、地元東京の研究を開始した。イタリアで学んだ方法論を基礎としながら、東京の実情に合う形の方法を探究する試行錯誤を続けた。そこで考えたことが、次に一九九一年に在外研究で再びヴェネツィアに留学した際に、大いに活かされた。当時、日本でもイタリアでも、社会史研究（アナール派）の影響もあって、都市史の研究が学際的な交流のもとで活発化していた。幸い、国内でもその刺激を受ける機会が多かったので、自分自身の研究テーマにも大きな広がりをもたせて、再度、ヴエネツィア研究に取り組むことができた[14]。私より少し年長のカラビ女史が第一人者としてヴェネツィア都市史研究を牽引していた。水の都市、市場、港湾都市、ユダヤ人を含む多民族都市などが彼女の最も専門とするところで、私自身の関心とも合致する領域が実に多かった。このヴェネツィア滞在中の研究成果は、『ヴェネツィア――水上の迷宮都市』（講談社現代新書、一九九二年）に結実し、そこでは都市の機能、役割、意味をさまざまな視点から論じてみた。浮島、迷宮、五感、交易、市場、広場、劇場、祝祭、流行、本土という二字熟語のキーワードを一〇挙げて、この都市の特質を浮かび上がらせようと考えたのである。「交易都市」、そして「文化都市」のいずれの切り口にとっても、密接に結びつくテーマが多く含まれている。本書の第1章、第3章、第7章などに、ここで考えたことが大いに活かされている。

## 8 テリトーリオへ広げる意味

また、この著書『ヴェネツィア――水上の迷宮都市』の冒頭を「浮島」とし、ラグーナのもつさまざまな意味、役割を論じたこと、そして最後を「本土」とし、ヴェネツィアの後背地との密接な結びつきを読み解くことの重要性に触れておいたのは、次の展開にとって、大きな意味を生むことになった。

樋渡彩の前掲論文「水都ヴェネツィア研究史」が詳しく論じるように、一九八〇年代より、イタリア全体におけるテリトーリオ（地域、領域）への関心が高まるのと軌を一にして、ヴェネツィアのテリトーリオにあたるラグーナ、及びテッラフェルマ（本土）への関心が急速に高まりを見せたのである。樋渡自身、これまであまり注目されなかった一九世紀以後のヴェネツィアに光を当て、近代化と向かい合いながらも，独自の水都を築いたプロセスを考察する一方で、新たな領域となりつつあるラグーナ、及びテッラフェルマを対象とするテリトーリオ研究にも精力的に取り組み、興味深い成果を挙げている[15]。

テッラフェルマに関しては、重要な役割を果たした三本の河川、ピアーヴェ川、シーレ川、ブレンタ川に注目し、それぞれの機能、役割の在り方を文献と現地の徹底的なフィールド調査で描く研究を実施した。川やそこから分岐する運河は筏流《いかだ》し、舟運、水車による各種産業をはじめ、実に多彩な役割を果たしてきたのである。彼女のコーディネーションのもと、二〇一三年に陣内研究室としての調査を組み、私も以後三年続けて、ヴェネト地方の奥地まで足を運び、新しい研究を切り開く作業を共有することができた。その成果はすでに、樋渡彩＋法政大学陣内秀信研究室編『ヴェネツィアのテリトーリオ――水の都市を支える流域の文化』（鹿島出版会、二〇一六年）として刊行されている。

もう一方の柱、ラグーナ研究についても、それをさらに進展させるため、樋渡の企画提案に基づき、私に加え、長年、陣内研究室のイタリア研究プロジェクトに協力してきたマッテオ・ダリオ・パオルッチ（現ヴェネツィア建築大学講師）の参加を得て、二〇一六年の夏も含め三年間、精力的にフィールド調査を実施してきた。ムラーノ島在住の友人たちの協力のもと[16]、彼らのボートでラグーナを自由に周遊し、その自然条件としての浅瀬の分布や古い運河の流路の観察、幾つかの大規模なヴァッレ・ダ・ペスカ（養魚場）の調査、小さなヴァッレ・ダ・ペスカをもちアグリトゥリズモを経営する家族からの聞き取り、かつての塩田跡の確認、ブラーノ島周辺の漁業の状況や野菜栽培で重要なサンテラズモ島の観察、ラザレット・ヌオーヴォ島などの歴史的に重要な役割を担った島の調査、負の遺産扱いだった島の施設が高級ホテルに転ずる現状に関する調査など、多岐にわたる視点からの研究に取り組んでいる。

しかも、ラグーナの姿は歴史のなかで、大きな変化を見せてきたという。M・ドリーゴとE・カナールらによって、古代から中世初期にラグーナの水位が今より低く、人々の居住地がすでに分散的に広がり、農地開発も見られたとする見解が示され[17]、従来のヴェネツィア中世起源説に疑問が投げかけられているだけに、この水環境の形成変化に関する調査は興味が尽きない。

「交易都市」として社会史的な視点をも含め、舟運、港、市場、エスニック・コミュニティの問題などを掘り下げる研究や、「文化都市」として建築と都市空間の設計・演出を解読する研究、劇場や祝祭、ファッション産業の研究などに加え、今日的な視点からの、「環境都市」ヴェネツィアを深く理解するためのラグーナ、そしてテッラフェルマ（本土）を対象とする研究がまさに求められているのである。

注

（1）ヴェネツィアの形成の歴史に関する包括的なものとしては、拙著『イタリア海洋都市の精神』（講談社、二〇〇八年）の第一章「水上都市・ヴェネツィア」、第二章「ヴェネツィアを歩く」を参照。

（2）M. Tafuri 編、*Renovatio Urbis. Venezia nell'età di Andrea Gritti (1523-1538),* Roma 1984.

（3）拙稿「ピアッツェッタの象徴的造型とその社会的背景――十六世紀ヴェネツィアにおける都市空間の統合戦略」『建築史論叢――稲垣栄三先生還暦記念論集』中央公論美術出版、一九八八年。

（4）拙稿「水都ヴェネツィア：交易都市から文化都市へ」『文明の基層――古代文明から持続的な都市社会を考える』大学出版部協会、二〇一五年。

（5）D. Calabi, Ludociva Galleazzo 編、*Acqua e cibo a Venezia: storie della laguna e della città,* Venezia 2015.

（6）S. Guerzoni, D. Tagliapietra 編、*Atlante della laguna: Venezia tra terra e mare,* Venezia 2006.

（7）樋渡彩「水都ヴェネツィア研究史」『水都学Ⅰ』法政大学出版局、二〇一三年。

（8）E.R. Trincanato, *Venezia minore,* Milano 1948.

（9）E. Miozzi, *Venezia nei secoli: La città,* Venezia 1957.

（10）S. Muratori, *Studi per una operante storia urbana di Venezia,* Roma 1960. なお、この書籍としての刊行前に、建築史雑誌 *Palladio* に一九五九年に発表された。

（11）P. Maretto, *L'edilizia gotica veneziana,* Roma 1960.

（12）E.R. Trincanato, "Venezia nella storia urbana","Sintesi strutturale di Venezia" in *Urbanistica,* no.52, 1968. gennaio.

（13）現地での調査研究の体験に関しては、拙著『都市のルネサンス――イタリア建築の現在』中公新書、一九七八年（講談社＋α文庫に『イタリア　都市と建築を読む』として再刊）参照。

（14）拙稿「ヴェネツィア庶民の生活空間――十六世紀を中心にして」『社会史研究』三号、一九八三年一一月。

（15）樋渡彩「水都ヴェネツィアと周辺地域の空間形成史に関する研究」法政大学二〇一五年度博士論文。その成果が、樋渡彩『ヴェネツィアとラグーナ――水の都とテリトーリオの近代化』（鹿島出版会）として、二〇一七年三月に刊行された。

（16）ラグーナの状況に詳しいイヴァン・バッラリン、谷村宣子夫妻の協力を得ている。

（17）W. Dorigo, *Venezia Origini*, Milano, 1983 及び E. Canal, *Archeologia della laguna di Venezia 1960-2010*, Verona 2013.

# 初出一覧

序章　比類なき水都の魅力
原題「世界で唯一の都――その魅力の源泉」（『ヴェネツィア展――日本人が見た水の迷宮』一宮市三岸節子記念美術館特別展図録、二〇一三年、四―七頁）。

第1章　海の都市国家としての誕生
原題「海の都市国家――ヴェネツィア」（研究会報告11『歴史の中の港・港町I――その成立と形態をめぐって』中近東文化センター、一九九四年、一七―三〇頁）。

第2章　一六世紀における庶民の生活空間
原題「ヴェネツィア庶民の生活空間――十六世紀を中心として」（『社会史研究』三号、一九八三年一一月、一二九―一九三頁）。

第3章　一六世紀における都市空間の統合
原題「ピアッツェッタの象徴的造型とその社会的背景――十六世紀ヴェネツィアにおける都市空間の統合戦略」（『建築史論叢――稲垣栄三先生還暦記念論集』中央公論美術出版、一九八八年、四六一―四九六頁）。

第4章　カナル・グランデの機能と意味
原題「カナル・グランデの機能と意味の変遷」（『ISLA』一号、一九九一年冬、七八―八八頁）。

第5章　カナル・グランデを望む貴族住宅
原題「ヴェネツィアの貴族住宅――大運河を望む象徴」（『is』特集:住居、二四号、一九八四年三月、三三―三五頁）。

第6章　教会建築と運河の関係

原題「ヴェネツィアにおける教会建築と運河の関係」（『日伊文化研究』二九号、一九九一年三月、二三―三七頁）。

第7章　祝祭空間としての都市構造

原題「ヴェネツィア――都市の祝祭空間」（『季刊カラム』一〇二号、一九八六年、一九―二五頁）。

第8章　都市図における表現法の変遷

原題「イタリアの都市図における表現法の変遷」（昭和六〇、六一年度科学研究費補助金特別研究成果報告書『都市図研究報告書』研究代表者：渡辺定夫、一九八七年、九九―一一五頁）。

第9章　水都史から見た東京との比較

原題「水都史から見たヴェネツィアと東京の比較論」（都市史学会シンポジウムの基調講演の原稿。『都市史研究』三号、二〇一六年一一月、六五―八一頁）。

第10章　水を現代に生かす都市づくり

原題「水を現代的に生かすヴェネツィアの都市づくり」（『RIVERFRONT』七七号、公益財団法人リバーフロント研究所、二〇一三年、一八―二一頁）。

第11章　今、水都が直面する危機（共同執筆・樋渡彩）

原題「水の都ヴェネツィアの危機」（『21世紀の環境とエネルギーを考える』四〇号、二〇〇九年七月、三一―四八頁）。

第12章　水と共生する苦悩と喜び

原題「水と共生するヴェネツィアの苦悩と喜び」（『Realitas』三号、株式会社日立製作所、二〇一三年一月、二二―二七頁）。

終章　交易都市から文化都市へ、そして環境都市へ

書き下ろし。

# 図版出典一覧（記載なきものは著者自身による）

## 口絵

*Architettura e Utopia nella Venezia del Cinquecento*, Milano 1980.　①頁上、③頁上
*Calli e canali in Venezia: A portrait of 19th century Venice*, Venezia 2013.　④頁
*Ippolito Caffi: Tra Venezia e l'Oriente 1809-1866*, Venezia 2016.　①頁下
Renier-Michiel, Giustina, *Origine delle feste veneziane*, Venezia 1994.　②頁上・下
トリンカナート、E・Rの水彩画（東京藝術大学大学美術館蔵）。⑤頁

## 目次

Moretti, D., *Il Canal Grande di Venezia*, Venezia 1828.　i～vi頁

## 第1章

*Jacopo De' Barbari, Perspektivplan von Venedig*, Unterschneidheim 1976.　図5、図6、図7、図10
Moretti, D., *Il Canal Grande di Venezia*, Venezia 1828.　図8、図9
Perocco, G. & Salvadori, A., *Civiltà di Venezia*, vol.1, Venezia 1973.　図1、図4
Perocco, G. & Salvadori, A., *Civiltà di Venezia*, vol.2, Venezia 1975.　図11、図12、図14
Trincanato, E.R., *Venise au fil du temps*, Paris 1971; D. Beltrami, *Storia della Popolasione di Venezia*, Padova 1954.　図3
Zorzi, A., *Una Città una Repubblica un Impero*, Milano 1980.　図2、図15

## 第2章

*Catasto nopoleonico*, 1808.　図24
*Jacopo De' Barbari, Perspektivplan von Venedig*, Unterschneidheim 1976.　図13

Maretto, P., *L'edilizia gotica veneziana,* Roma 1960.　図1、図14、図16、図22
Maretto, P., *Nell'architectura,* Firenze 1973.　図18、図19
Maretto, P., "Storia edilizia come storia civile" in *Comunità,* 1963.　図20
Moretti, D., *Il Canal Grande di Venezia,* Venezia 1828.　図3
Muratori, S., *Studi per una operante storia urbana di Venezia,* Roma 1960.　図8
Perocco, G. & Salvadori, A., *Civiltà di Venezia,* vol.2, Venezia 1975.　図9
*Planimetria della città di Venezia edita nel 1846 da Bernardo Gaetano Combatti,* Treviso 1982.　図7
Trincanato, E.R., *Venezia minore,* Milano 1948.　図17、図21、図25、図26、図27、図28
ヴェネツィア市役所提供　図6

第3章

*Architettura e Utopia nella Venezia del Cinquecneto,* Milano 1980.　図8
Bacon, E.N., *Design of Cities,* New York 1967.　図5
Cassini, G., *Piante e vedute prospettiche di Venezia (1479-1855),* Venezia 1982.　図1、図4
*Jacopo De' Barbari, Perspektivplan von Venedig,* Unterschneidheim 1976.　図2、図3
Mazzarotto, B.T., *Le feste veneziane: i giochi pololari le cerimonie religiose e di governo,* Firenze 1980.　図12、図13、図14
Perocco, G. & Salvadori, A., *Civiltà di Venezia,* vol.2, Venezia 1975.　図10
Rainold, K.E. 編、*Erinnerungen an merkwürdige Gegenstände und Begebenheiten,* V. Jahresband, Wien 1825, S.32.　図9
Tafuri, M., *Venezia e il Rinascimento,* Torino 1985.　図16
*Venezia e lo spazio scenico,* Venezia 1979.　図6、図7、図11、図15

第4章

*Architettura e Utopia nella Venezia del Cinquecneto,* Milano 1980.　図2
Cortelazzo, M. 編、*Arti e mestieri tradizionali,* Mailano 1989.　図4
*Jacopo De' Barbari, Perspektivplan von Venedig,* Unterschneidheim 1976.　図7

*Planimetria della città di Venezia edita nel 1846 de Bernardo Gaetano Combatti*, Treviso 1982.　図3
Talamini, T., *Il Canal Grande*, Venezia 1990.　図9

第5章

Fietcher, B., *A history of architecture on the comparative method*, London 1905.　図5
Moretti, D., *Il Canal Grande di Venezia*, Venezia 1828.　図1
Swoboda, K.M., *Römische und romanische paläste*, Wien 1918, 復刻版 1969.　図3、図4
Trincanato, E.R., *Venezia minore*, Milano 1948.　図6
ポープ、A・U／石井昭訳『ペルシア建築』鹿島出版会、一九八一年。図7

第6章

*Jacopo De' Barbari, Perspektivplan von Venedig*, Unterschneidheim 1976.　図2、図9、図15、図21
*Planimetria della città di Venezia edita nel 1846 de Bernardo Gaetano Combatti*, Treviso 1982.　図1、図3、図4、図5、図6、図7、図8、図10、図11、図12、図13、図14、17、図18、図19、図20、図22、図23、図24、図25

第7章

Battista, G., *Guida di Venezia*, Venezia 1785.　図13
Mazzarotto, B.T., *Le feste veneziane: i giochi pololari le cerimonie religiose e di governo*, Firenze 1980.　図4、図5、図7、図8、図9、図18、図19
Perocco, G. & Salvadori, A., *Civiltà di Venezia*, vol.1, Venezia 1973.　図1
*Venezia e lo spazio scenico*, Venezia 1979.　図3、図6、図12
Wikimedia Commons より。二〇一五年、Abxbay 氏撮影。　図21
『A＋U』一九八二年一一月号。　図20

第8章

Bortolotti, L., *Siena*, Bari 1983.　図2

Cassini, G., *Piante e vedute prospettiche di Venezia (1479-1855)*, Venezia 1982.　図1、図4、図5、図6、図7、図8、図9、図12、図16、図17

Fanelli, G., *Firenze: architettura e città*, Firenze 1973.　図3

*Planimetria della città di Venezia edita nel 1846 de Bernardo Gaetano Combatti*, Treviso 1982.　図19

Vercelloni, V., *Atlante storico dell'idea europea della città ideale*, Milano 1994.　図10、図11、図13、図14、図15

朝日ジャーナル編『大江戸曼陀羅』朝日新聞社、一九九六年より「江戸じまん」（東京都立中央図書館特別文庫室蔵）。　図18

第9章

Bellavitis, G. & Romanelli, G., *Venezia*, Roma-Bari 1528.　図1

Canal, E., *Archeologia della laguna di Venezia 1960-2010*, Verona 2013.　図7

Mangini, N., *I teatri di Venezia*, Milano 1974.　図11

Mazzarotto, B.T., *Le feste veneziane: i giochi pololari le cerimonie religiose e di governo*, Firenze 1980.　図10

Perocco, G. & Salvadori, A., *Civiltà di Venezia*, vol.1, Venezia 1973.　図5下

Trincanato, E.R., *Venise au fil du temps*, Paris 1971.　図5上

大田区立郷土博物館特別展図録『写真が語る東京湾——消えた干潟とその漁業』一九八九年より「東京湾漁場図」（国文学研究資料館蔵）。　図3

同前書より「隅田川口付近」（海上保安庁蔵）。　図6

「関東五カ国水筋之図」（船橋市西図書館蔵）。　図4

参謀本部測量局「五〇〇〇分の一東京図」一八八四年。　図9

鈴木理生『江戸の川・東京の川』に基づく。　図8

東京都立中央図書館特別展図録『港をめぐる二都市物語』（東京都立中央図書館特別文庫室蔵）。　図2

『柳橋新聞』昭和三三年一〇月一五日。　図12

第10章

Solzano, E. 編，*Atlante di Venezia: La forma della città in scala 1:1000 nel fotopiano e nella carta numerica*, Venezia 1989.　図1

第11章

*Atlante della laguna Venezia -tra terra e mare*, Venezia 2006 と潮位観測予報センターの年間記録をもとに作成。　図3

Caniato, G. 他編，*La laguna di Venezia*, Verona 1995.　図2

Consorzio Venezia Nuova, *Venezia. Il sistema MOSE per la regolazione delle maree in laguna*, Venezia 2007.　図4

# あとがき

ヴェネツィアは、建築や都市の研究を続ける自分にとって、常に戻るべき原点である。幸いにも、この都市はまさに発想の玉手箱であり、そこから実に色々な研究の視点、アイデアが導き出せる。

古代こそほとんど見るべきものはないが、中世から近世にかけてはヨーロッパの中心的存在の一つであり続け、常に歴史の表舞台に登場しただけに、どの時代をとっても建築の歴史、都市の歴史に見所がある。そこには、オリエントとの深い交流という要素が加わり、ビザンツ、イスラーム世界にも、私の眼を開かせてくれた。同時に、そうした海洋都市、港町であることによって、人々の営みが多様で、さまざまな都市機能、経済活動がはぐくまれ、独特の都市社会と複合的な文化の在り方が熟成されたから、社会史的なアプローチにとっても研究テーマの宝庫といえる。

一方で、むしろ最初に書くべきことかもしれないが、ラグーナの水上に誕生し、自然条件を巧みに活かしながら、水と共生する都市を築いたことが、ヴェネツィアの固有性を決定づけ、そこからまた多くの研究の視点が生まれる。陸の都市のように、中心の広場を設け、明確な原理で求心的に都市をつくるのとは真逆で、部分、部分からその形成を進め、徐々に全体の統合に導いた。この形成の原理、その結果できあがったそれぞれの地区の空間の構成が、骨格、血管、神経、細胞が相互に密に関係してできている人体の有機的な構造を見ているようで、実に面白い。それがいかにつくられたのか、その過程を解明する研究に、私は留学時代（一九七三～七六年）に没頭した。その成果は、博士論文「ヴェネツィアの都市形成史に関する研究」（一九八二年）に結実し、後に『ヴェネツィア――都市のコンテストを読む』（鹿島出版会、一九八六年）として刊行することができた。

本書は、この博士論文、著作を書き終えた後に取り組み、さまざまな機会に執筆・発表してきた学術論文、さまざまな論考を一冊に編んだものである。三〇年以上に及ぶ長い年月の間に生み出された多種多様な広がりを見せる文章群を、現在の時点での問題意識のもとに整理分類して、より意味のあると思える並べ方を考え、全体を構成してみた。その本書の構成と、各パートの内容とそこにこめられた意図について簡単に述べておきたい。

「序章　比類なき水都の魅力」は、あるヴェネツィア絵画展の図録に依頼されて執筆したもので、この水都の成り立ちとその魅力を総合的に語るイントロ的な性格を考え、冒頭に置いた。

「第1章　海の都市国家としての誕生」は、留学から戻り、人類学、歴史学、民俗学などの領域をまたぐ色々な研究会に参加し、異分野と交流するなかから得られた多くの刺激をもとに構想した研究の成果であり、中世以来、長い歴史のなかで形成されたヴェネツィアの水都、あるいは交易都市の構造をハードとソフトの両方から分析考察したものである。

「第2章　一六世紀における庶民の生活空間」と「第3章　一六世紀における都市空間の統合」は対になるもので、中世を通じて交易都市として、そして有機的都市として形成されたヴェネツィアが、大きく都市の性格を転換していく一六世紀を扱っている。前者が、その時代の民衆の生活空間に光を当てているのに対し、後者は、国家の統合に大きく貢献したサン・マルコ広場の再構成の過程を論じている。そこで提示した「交易都市から文化都市へ」という言い方は、一六世紀のヴェネツィアの生き方の特徴を示すものである。

「第4章　カナル・グランデの機能と意味」及び「第5章　カナル・グランデを望む貴族住宅」は、サン・マルコ広場と並び、ヴェネツィアの都市空間の象徴的な舞台である大運河を取り上げ、その華やかな性格を生んだ中世の在り方と、やはり中世からルネサンス期に入って大きく変化する状況を分析考察している。

「第6章　教会建築と運河の関係」は、中世から一六世紀以後のルネサンス、及びバロックの時代にかけての大きな変化を物語る、教会建築と運河（水面）の関係に注目した論考である。

「第7章　祝祭空間としての都市構造」は、偉大なる「文化都市」へ転じていく一六世紀以後のヴェネツィアを象徴する大きなテーマ、「都市の祝祭空間」について論ずるものである。

都市の営み、生き方の変化は、都市の姿形と同時に、そのイメージ表現にも投影される。「第8章　都市図における表現法の変遷」はその観点を論ずる。特に一六世紀以後、出版文化が活発になったヴェネツィアでは、数多くの都市図が刊行されてきたので、それらを比較し、描き方、記述内容の変遷とその意味を解読した。

私自身のヴェネツィア研究は、それと平行して進めてきた江戸東京の都市の歴史に関する研究との相互の関係のなかから進展してきたといえる。特に、われわれが近年推進している「水都学」の立場から、都市史学会の「水都史」をめぐるシンポジウム（二〇一五年一二月）での私自身の基調講演をもとに執筆されたのが、「第9章　水都史から見た東京との比較」である。そこには、最近、考えてきたヴェネツィアを見る新たな着想、方法が多く入っている。

本書の終盤には、水都ヴェネツィアの現代を直視することを考え、水と共生してきたこの都市の歴史と現状について論じた「第10章　水を現代に生かす都市づくり」、及び「第11章　今、水都が直面する危機」を並べた。さらにそれを発展させた「第12章　水と共生する苦悩と喜び」では、アックア・アルタの問題は今に始まったものではなく、この都市の人々は、水に関しては、災いと恵みの両面を熟知していて、水から守り被害を減ずる術を身につけながら、水を最大限に活かす知恵を働かせてきたことを論じている。災害大国としての日本の都市、地域での人々の暮らしの歴史と現状を考えるのにも大きなヒントになるはずである。

「終章　交易都市から文化都市へ、そして環境都市へ」では、本書の全体を貫くテーマ、ヴェネツィアが歴史のなかで時代状況に合わせいかに変身してきたか、という点について、その考え方を述べている。同時に、これまで自分が取り組んできたヴェネツィア研究の系譜を振り返りながら、自身の近年の考え方を簡潔に述べて結んでいる。

幸いにも、私の研究室で学び、ヴェネツィアに長く留学して本格的にこの水都の研究を深めてきた樋渡《ひわたし》彩氏が、若い世代らしい時代感覚を発揮して、水都ヴェネツィアの研究を新鮮な角度から貪欲に切り開く姿を見て、私自身も大いに触発された。

ヴェネツィアの背後に広がり、その繁栄を支えてきたラグーナとテッラフェルマ（本土）。現在の、そして近未来のヴェネツィアを考えるのに、実に魅力的で大きな可能性のある領域である。彼女が企画し研究室で実施してきたテッラフェルマ（本土）の川の流域の現地調査、そして今、進行中のラグーナの調査研究を通じて、私のヴェネツィア研究の視野もさらに広がり、今後への展望もクリアーになったと感じている。

サステイナビリティを発揮して都市の営みを時代に合わせ見事に先へ進めてきたヴェネツィア。それにあやかり私自身も、この魅力的な水都の研究に持続的な粘りをもってもう少しばかり挑戦していきたい。

本書を編むにあたり、発表当時の元の文章は極力生かす方針で進めたが、時間の経過を示す表現を一部改めるとともに、その後の研究の進展などで加筆修正が必要な箇所だけ、そのような配慮を施した。

こうして自身のヴェネツィア研究の集大成としての本書を刊行できる運びになったこの機会に、これまで研究を押し進める上で直接、お世話になった多くの方々に感謝の意を表したい。まずは、東京大学の建築史研究室での指導教授だった故稲垣栄三先生、イタリア留学を応援して下さった故芦原義信先生、イタリア留学の大先輩で貴重な文献資料を快くご提供下さった田島学先生には、改めて感謝を申し上げたい。この三人の先生方の導きなしには、私のイタリア、ヴェネツィアの都市研究は存在しなかったであろう。イタリアでの留学中にご指導いただいたE・R・トリンカナート先生、P・マレット先生との出会いは決定的だった。いずれも故人となっているが、ご遺族の方々との親交は続いており、改めて心よりお礼申し上げる。実は、トリンカナート教授が若い頃に描かれたヴェネツィア風景の水彩画五点が、ご遺族の思いがかない、イタリア都市研究の長年来の友人、野口昌夫氏のご尽力で東京藝術大学大学美術館へ寄贈されており、本書の口絵にその内の三点を掲載させていただくこともできた。恩返しの道を切り開いて下さった野口氏にお礼を述べたい。また、在外研究で再度、ヴェネツィアに長期滞在した際には、同世代か少し上の世代の研究者との交流が私の目を開かせてくれた。特に、D・カラビ、E・コンチナ、G・ジャニギアン、R・ブルットメッソの諸氏に心より感謝したい。

日本の学界にあっては、地中海学会や建築史学会、都市史学会の先輩、仲間の多くの方々に、日頃から研究の構想に関し、また個別の事象に関し大きな示唆と知的刺激をいただいてきた。それと平行して、一九八〇年代から九〇年代にかけて、実にさまざまな研究会に参加し、異分野の方々と議論できたことも、大きな財産となった。個々のお名前は挙げられないが、お世話になった方々にこの場を借りてお礼を申し上げたい。同時に、これまで論文、論考の執筆に際し、ご尽力下さった数多くの編集者の方々へもお礼を述べる。

そして、やや停滞気味であった私のヴェネツィア研究に再び火をつけてくれたのは、私の研究室から巣立とうとしている樋渡彩氏である。大きな成果をあげて、この水都研究の新たな可能性を示してくれたことに、大いに感謝したい。そして、彼女に協力し、テッラフェルマ、ラグーナの調査を一緒に精力的に担ってくれているM・ダリオ・パオルッチ氏にもお礼申し上げる。

最後に、本書の出版企画を受け入れて下さった法政大学出版局、特に郷間雅俊編集長にお礼を述べたい。そして、これまでに『都市を読む＊イタリア』、『イスラーム世界の都市空間』など、法政大学出版局から刊行した私の著書の編集制作をしていただいた秋田公士氏が今回も、この私にとって大切なヴェネツィア研究の集大成の本づくりを丁寧に進めて下さったことに深謝し、衷心よりお礼申し上げたい。

二〇一六年　一二月

陣内　秀信

**著 者**

陣内秀信（じんない ひでのぶ）

1947年，福岡県生まれ．東京大学大学院工学系研究科博士課程修了・工学博士．法政大学デザイン工学部教授．イタリア政府給費留学生としてヴェネツィア建築大学に留学，ユネスコのローマ・センターで研修．専門はイタリア都市史・建築史．パレルモ大学，トレント大学，ローマ大学にて契約教授を勤めた．地中海学会会長，都市史学会会長．

主要著書に『東京の空間人類学』（筑摩書房，1985年），『ヴェネツィア——都市のコンテクストを読む』（鹿島出版会，1986年），『都市を読む＊イタリア』（法政大学出版局，1988年），『ヴェネツィア——水上の迷宮都市』（講談社，1992年），『都市と人間』（岩波書店，1993年），『迷宮都市ヴェネツィアを歩く』（2004年，角川書店），『南イタリア都市の居住空間』（編著，中央公論美術出版，2005年），『地中海世界の都市と住居』（山川出版社，2007年），『イタリア海洋都市の精神』（講談社，2008年），『イタリアの街角から——スローシティを歩く』（弦書房，2010年），『イタリア都市の空間人類学』（弦書房，2015年）など他多数．

受賞歴：サントリー学芸賞，日本工業新聞技術・科学図書文化賞優秀賞，地中海学会賞，建築史学会賞，日本建築学会賞，イタリア共和国功労勲章，パルマ「水の書物」国際賞，ローマ大学名誉学士号，アマルフィ名誉市民．

水都ヴェネツィア——その持続的発展の歴史

2017年4月20日　初版第1刷発行

著　者　陣内秀信 © Hidenobu JINNAI

発行所　一般財団法人 法政大学出版局

〒102-0071 東京都千代田区富士見 2-17-1

電話 03（5214）5540／振替 00160-6-95814

組版：秋田印刷工房，印刷：平文社，製本：誠製本

ISBN 978-4-588-78608-2

Printed in Japan